光阴一叶

茶史两千年

高鹏/著

文化艺术出版社
Culture and Art Publishing House

图书在版编目（CIP）数据

光阴一叶：茶史两千年 / 高鹏著 . — 北京：文化艺术出版社，2023.7
ISBN 978 – 7 – 5039 – 7423 – 6

Ⅰ . ①光… Ⅱ . ①高… Ⅲ . ①茶文化 – 文化史 – 中国
Ⅳ . ① TS971.21

中国国家版本馆CIP数据核字（2023）第087422号

光阴一叶

——茶史两千年

著　　者　高　鹏
责任编辑　董良敏　袁可华　吴梦捷
责任校对　董　斌
书籍设计　马夕雯
出版发行　文化艺术出版社
地　　址　北京市东城区东四八条52号（100700）
网　　址　www.caaph.com
电子邮箱　s@caaph.com
电　　话　（010）84057666（总编室）　84057667（办公室）
　　　　　84057696—84057699（发行部）
传　　真　（010）84057660（总编室）　84057670（办公室）
　　　　　84057690（发行部）
经　　销　新华书店
印　　刷　国英印务有限公司
版　　次　2023 年 7 月第 1 版
印　　次　2023 年 7 月第 1 次印刷
开　　本　880毫米 × 1230毫米　1/32
印　　张　10.625
字　　数　240千字
书　　号　ISBN 978-7-5039-7423-6
定　　价　68.00 元

版权所有，侵权必究。如有印装错误，随时调换。

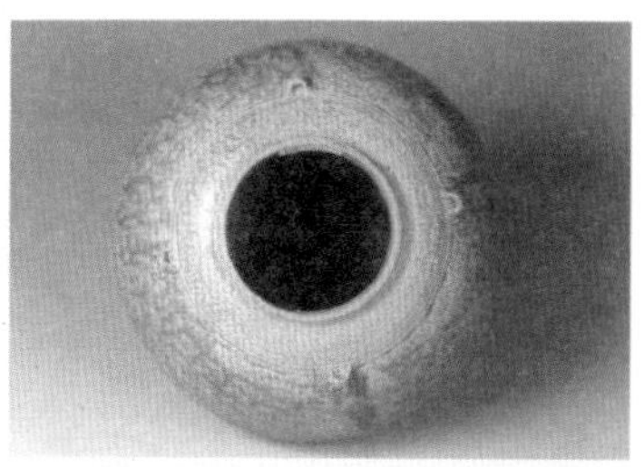

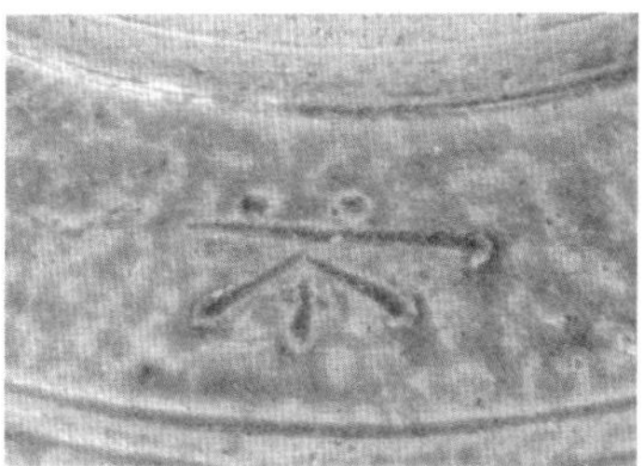

▲**彩图1**　东汉末至三国（3世纪前后）时期的青瓷印文四系“荼”字罍，出土于1990年。它是迄今为止人类历史上首次出现带有“荼”信息铭文的器物，“荼”字以隶书书写

▲**彩图2** 8世纪后期，茶传入西藏地区。今天，西藏僧侣熬煮茶饮的方式就像唐代煎茶法的“复刻版”——除了煮茶器物、操持工具需要被放大之外（著名摄影家徐家树老先生摄）

▲彩图3　今陕西西安青龙寺内铜像，主人公是804年的日本留学僧空海与他的中国老师惠果禅师。空海是日本历史首位将"茶"字录入日文的人

▲**彩图4** 805年，日本留学僧最澄归日后在今天京都东北面的比睿山山腰处种植了来自中国的茶籽，开启了茶的“海外移居”之路。2019年，笔者带领北京市某小学学生进行茶道研学。这片袖珍茶园今天名为“日吉茶园”（友人王丹妮摄）

▲**彩图5** 873年，法门寺地宫被唐僖宗永久性“封存”。1987年，一系列抢救性发掘让地宫中的唐代瑰宝重见天日，此为法门寺地宫中宝室复原图

▲**彩图6** 法门寺地宫中的金银器不乏唐代宫廷茶器，右上角器物即为鹾簋

◀彩图7 《萧翼赚兰亭图》，辽宁省博物馆藏

◀彩图8 《萧翼赚兰亭图》，台北故宫博物院藏。这两作为宋人摹本，相传原作出自生活在7世纪的著名画家阎立本之手。然而，通过一件小茶器，可以证明它们都是后人冒名之作

▲彩图9 《宫乐图》完美再现了唐代贵妇们饮宴行乐的场面。现藏于台北故宫博物院

►彩图10 《文会图》由北宋徽宗皇帝创作。不论是文学还是书画，赵佶都对北宋茶学贡献卓著

▲彩图11 《围炉博古图》出自刘松年之手。背对画面的人物看到悬挂的画作，似乎已经忘记手中正在点茶的茶筅。有学者认为，该人物手中拿的是杵，正在研碗中的茶。然而在南宋后期，杵与碗都不是文人的研茶工具，茶桌更不是研茶地点，且这项工作多交由下人处理

▲彩图12 《撵茶图》同样由南宋著名画家刘松年创作。这幅绢本图画既有充沛的茶器又有直观的使用方法，对南宋茶学历史具有极其重要的意义

►彩图13 《茗园赌市图》对人物面部的细节处理同刘画师的存世之作相去甚远，但无论它的作者是谁，都可以反映出南宋人的市井茶相

▼彩图14 《五百罗汉图》48

1178至1188年，《五百罗汉图》由明州东钱湖惠安院住持绍羲，邀请佛像画师周季常、林庭珪绘制，宋末元初辗转流往日本。卷组中每幅绘画包括五名罗汉，共一百幅。其中下面四幅与茶事有关，极为珍贵

▶彩图15 《五百罗汉图》54

▼彩图16 《五百罗汉图》55

▶彩图17 《五百罗汉图》56

◀**彩图18** 此图为天守阁最初的模样，来自大阪城天守阁博物馆，与今日的天守阁不同，它原本通体黑色、镶金饰。今天的天守阁顶层颜色保留了丰臣秀吉的样式，下层则选用德川幕府重建时的规制，在此处可以很好地研究日本茶文化形成的历史背景（友人王丹妮摄）

◀**彩图19** 喜多川歌磨将18世纪末期最受东京欢迎的茶女，永远留影在他的画卷中

目录

第三章　贯穿幕府时代的日本茶文化

第四章　大航海时代之后的茶版图

附　录

茶道，法自然

在我刚开始接触茶饮的那些年，曾充满了未知与好奇——她有好多类别，好多品饮形式，好多听起来很玄乎的故事。之后，我查阅了各类书籍，喝了很多茶，但关于她的疑问越来越多。茶道仅仅是如何泡茶吗？“茶马古道”在哪？全世界这么多种茶又究竟来自何方？那个时候，我非常希望得到一本书，带我穿越历史的层层迷雾，梳理出一条关于茶的主线。即便之后再有人编造关于她的故事，我不戳穿，也可以像个智者一样笑笑了事。

十几年前，我到南半球的一个国家留学、生活。毕业后没几年，带着对茶的热忱与疑问在那里开了一家茶 · 瓷体验店。开店之初，我几乎阅遍了市面上所有能买到的中文茶书。30 岁生日那天，我为来自四个不同国度的茶友奉献了人生第一堂茶课，算是给自己而立之年的生日礼物。

2018 年年底，出于家人原因我回到国内，茶店交由他人打理，之后寻得如意的合伙人。第二年，机缘巧合使我为新西兰大使上了一堂茶课。因为效果不错，之后我有了机会为更多国家的驻华使节、使领馆工作人员以及他们的家人分享茶历史。其实，为各国朋友上茶课是双向吸收，对于中国茶，我略有所闻，但对于世界茶，我仍在探寻。正是基于上述经历，我又一次开启了对全球茶版图的学习，也接触到了许多类似于茶通史、茶简史的外文书籍。

很钦佩那些书籍作者，他们很早便拥有了关于茶的国际视野，但同时我也发现了一个不容忽视的问题。写茶史必定要涉及“茶道大爆炸”的原点——中国，世界上大多数国家茶种植物与茶学思想的原发地。要了解早期茶史必须翻阅大量中国史书，这是一份很耗时、很考验文言文功底的工作。一部《资治通鉴》前后花掉我五年时间，它对茶的记述不过只言片语，而深入研究它仅是为了能在头脑中构建出从公元前 300 年到公元 1000 年，茶的存世背景。反观国际茶学者，他们要攻坚的课题更严峻——即便默认其对所选内容的中外语言翻译准确无误，他们仍需克服多方阻力。

难以避免的错解

阻力一来自创作者本人的史学功底。如果仅从中国史书翻译中检索“Tea”，再对前后文加以分析，有时仍会出现错解。因为茶可能在一个 300 年的文化与价值断层内，不了解与之相关的政治、经济、文学思想、社会风气，就会片面，混淆概念。“蒙古的茶史比西藏晚几百年”，这句陈述曾出现在一部很不错的英文茶书中。时间先后没问题，但比较本身不合史学逻辑，是电子查询的结果。如果没有成吉思汗与他的黄金家族，塞北高原就不会在 12 世纪之后以一个当地小部落的名字——蒙古命名，但此地的饮茶史远早于蒙古民族将其统一，甚至是诞生之日（见第二章“国小贡献大，命短影响长”)。它与7世纪就已经和唐帝国婚配，8世纪晚期就有茶传入的吐蕃（西藏古称）不在同一时空单元。

阻力二则更不可控，它来自中文古籍翻译者的茶学功底——是否具备客观全面的茶史知识，能将史料中一手茶知识准确译注成现代白话文。茶学在中国近代一直处于相对边缘化的位置，由于社会发展的客观因素、文物文献的逐步重整、茶道思想的流失断代，中国当代茶学起步远晚于其他许多学科。以宋茶为例，许多人了解宋人对宫廷团茶推崇备至。那是一种紧压绿茶，品饮时需要研磨成粉末，放在碗中，注水后用类似于小扫把的工具——茶筅刷打，这个动作的学名称为“冲点”，宋茶也因此被称为“点茶”。

宋代官员写过许多关于“点茶”的专著，歌颂他们的皇家贡茶院、尊贵仪式以及用银模具压制出的龙、凤图案茶饼。然而，绝大多数宋人对“龙团凤饼”无福消受，他们冲点被碾碎的叶茶，甚至直接品饮散茶。问题在于，记录宋代民众饮茶的段落相对分散、篇幅相对短小，没有官员们的专著那么耀眼。不要说几十年前，就是时至今日，也很少有古籍译注工作者提炼出这样一个事实：真正孕育宋茶道的是那些散茶品饮者，而不是那些“自卖自夸”官茶的宋代显贵或者皇帝。（见第二章“无声的宋茶道”）

茶学专著名气大，内容集中，艺术性强，涉及茶品高贵，可惜宋代大部分人都不知道它们在说什么，它们的作者在喝什么，它们又如何具备时代代表性。把这些书译注得再精准，也只能看到宋茶的冰山一角。如果把它们当作宋茶精髓，将永远无法正确还原宋人的茶学思想，也就不可能正确解读。今天，世界上绝大多数茶学者仍被这一问题误导，早期茶史研究也仍旧因此而偏离轨道。

当代能读懂中国古文的人远少于中外语言翻译者，读不懂古书就必须被动接受由文言文译注成现代文的“二手茶知识”，这不免让国际茶学者对公元前1世纪到公元15世纪这1600年间茶史的认知精度大打折扣。然而，茶饮的萌生、完善、入道、普及几乎都在这一时期完成。若将此问题归罪于史书译注者，未免有失偏颇，毕竟茶文化并不是史学侧重点。但根据这些译注创作的茶书——不论是外文原版还是中文译书，都有较多值得商榷的内容。

以偏概全的误导

其实，问题并不仅限于外文茶书。我们的茶专家一直在强调宋茶对日本茶学的影响，但真实情况是，元人对日本茶道有不可磨灭的贡献。我们总是紧盯罗伯特·福琼，因为他是“茶叶大盗”——将中国武夷茶培育到印度大吉岭的主人公，然而殊不知，在他之前中国茶种早已落户欧洲或它们的亚洲、美洲殖民地；即便没有福琼，中国也终将接受失去制茶专利的无奈。我们总是强调《恰克图条约》是茶叶出口俄国的起点，然而在恰克图城竣工后的一百年，它仍不是中俄“万里茶路”的必要中转站（上述三点的真实情况见第三章、第四章）。无法沉浸于过去的某个时段，就不能看清沉浮中茶的过往，以片面史料探寻茶踪迹则更具误导性。是时候先用中文把茶文化讲全了。

创作此书的最后一个原因来自对茶的一些个人情怀。茶学起自公元8世纪中后叶唐代陆羽的《茶经》。在那之后，它历经五代、宋、元、明、清，近1300年直至今世，始终处于哲学递减趋势。

唐代“煎茶”可能是我为五湖四海重要宾客举行过最多的茶仪式，尽管它器具多样、操作繁复，但出于对茶思想传承、传播的责任，我别无选择——茶道非煎茶、点茶而不可体会，且煎茶大于点茶。这二者中的任何一个都更容易让初次接触茶的朋友步入它的世界，那是一种既充实又孤寂的精神体验，是经千年简化的当代泡茶无法给予的四维飨宴。

现代茶局中，充实不常有，孤寂更难求，这正是多数品饮者听到“茶道”一词便会顺势问“那是什么”的原因。孤独是一份修行，是达成科学、哲学乃至“神学”“道学”的必经之路，它可以为一切思想创造源泉；寂寥是一方气场，是思想家、哲人、先知、阴阳家特意为自己营造的时空氛围，置身其中，道法自然。孤独与寂寥是表里如一的和谐，而它们既是茶的伴侣，也是茶的本性。

第一章

神『茗』纪元

中国，作为茶饮的诞生地，历来都有关于茶起源的各种推论。随着现代科技不断发展，许多古籍影印版都可以在指尖阅览，这为更客观、更全面地收集、分析茶历史提供了可能。近年来，先后涌现出许多关于茶史的著作。然而，茶文化自形成以来并非只被现代人整理成册，公元8世纪成书的茶学首作——《茶经》与后世诸多茶学专著都有茶史段落，它们通常被看作了解古人饮茶风尚的捷径。问题在于，古代茶学家查阅资料的能力有限，在庞大的信息库中拣选茶过往难免出现偏差。如果把这些录入当作史料，稍不留神就会将个人理解误会成史实。

《茶经》的伟大毋庸置疑，但陆羽是哲学家、茶神，他的检索能力和今天的“信息存储、查找之神”——计算机不可相提并论。读《茶经》第七章会让人觉得唐代以前的茶史很丰满，“茶”字被普遍接受。事实上，这种观点已经在茶界达成共识。然而，在记录古代政治、社会的正统史学中，真实的茶“权重”分量很轻，且人们最初记录这种叶饮时，用的并不是“茶”，而是书写成另一个符号——“茗”。由于当代茶史学者过度相信，或者说过度依赖茶专著，使分散各处的确切茶史未被系统整理，才会出现茶饮起源与早期发展难有定论的局面。这让国人对“茶自中华”失去自信的同时，也令世界在了解中国茶文化时缺乏动力。

在近些年经营茶、宣讲茶的过程中，我经常和各地国（华）人交流，大家会就自己关心的茶话题提出五花八门的疑问。然而，绝大多数朋友在了解我的工作后都会相对一致地问：“茶是来自咱们中国吧？”另一个相似之处在于，对此质疑的人大多具备相当的文化素养、求知欲高，知其然也要知其所以然。起初我很诧异，觉得它是小概率事件，但随着时间推移，我发觉它的普遍性，华人在这件事上极其不确定、不自信。而通常情况下，不自信的原因恰恰是大家觉得对曾经听到的“茶史”缺乏可信度，就比如“茶起源自炎帝神农氏”。

二手故事与一手史实

（121，东汉）

作为旧、新石器时代之际最杰出的部落首领之一，炎帝神农氏被历代华夏子孙崇敬，但也免不了被子孙们营销。汉代著名医书《本草经》的作者就知道要以他老人家的名字为自己的新书冠名——《神农本草经》，听上去就可靠。要知道《本草经》成书时，炎帝已经去世了五千多年（据现代估算炎帝大约生活在公元前5000年）。而在炎帝生活的时代，中华各民族语言远没有统一，甚至距离现今已知甲骨文的发明还有三千多年。没有文字只能通过口耳相传，要把几千年前的秘方记住，完整刻录在龟板上——如果上面曾刻有药方的话——哪怕只有一个也实属不易。然而，近些年此事又发展出了新桥段，“炎帝写药书”被二次营销——《神农本草经》跨界火了一把。

对祖先美好的憧憬

不知从何时起，茶界一些人默契地达成了共识——《神农本草经》中收录了一句与茶相关的话，称为：“神农尝百草，日遇七十二毒，得荼而解之。”还由这句话发展出一个故事。话说一天神农氏照常在山林里采药，老规矩——边采边尝。但嚼着嚼着，他发觉有些上头，尽管中毒很常见——日遇 72 次之多，但这次显然比较严重。就在这千钧一发的弥留之际，他顺手从一株植物上抓了几片叶子放入嘴里——也有版本说叶子是随风飘来的。没过多久神农氏苏醒，明白是“荼”救了自己。言下之意，“荼”对炎帝，甚至华夏文明有救命之恩。更有甚者在宣传、书籍中直接将“荼”改成了“茶”字，并声称那就是茶的起源时间——旧石器时代晚期。

首先需要指出的是，在东汉晚期（公元 220 年灭亡）以前的古籍中，尚未发现使用过“茶”这个书写字符。文字属“需求导向”，全世界各民族智者在造出某个字符之前都会确定它的市场行情，不会凭空创造一个没有任何价值的符号。汉字也不例外，从字形到字数都是循序渐进的。汉末以前没有“茶”符号，说明当时社会对这个字需求的呼声还不够响亮。从实践角度出发，人们大概并不在意自己锅里煮的是哪种“菜叶”。当然，这种特殊乔木或灌木叶子煮成的饮品可能已在某些地区形成小气候，只是尚未得到广泛认知。

另一个可以肯定的是，“荼”字虽在周朝（前 1046—前 256）已有应用，但那时还不包含“茶”的定义。以中国最早，约成书于公元前 6 世纪的诗歌总集——《诗经》为例，在它收录的作品中曾数次出现“荼”字，比如：《邶风 · 谷风》中有“谁谓荼苦，其甘如荠”，“荼”此处意思为“苦菜”，这是“荼”字在《诗经》中出现频次较高的含义。[1] 另外《豳风 · 鸱鸮》中有“予手拮据，予所捋荼”，“荼”此处指“茅草的花”。当然，还有另一种用法今天仍普遍存在，即“荼毒”[2]。这应该是“荼”在先秦的全部解释，多数情况下，意为“苦菜”。

此外，还有比《诗经》更专业、更权威的证据。《尔雅》是中国历史上第一部词典，保存了当时极其丰富的生物学概念。它比《诗经》稍晚一些完成，大约成书于公元前4世纪到公元元年之间。《尔雅》第十三篇《释草》中对“荼”的定义很简练，就是“苦菜”。[3] 今天它对应的植物学名称为“苦苣菜”，是一种可以清热解毒的食材或中药材。《尔雅》诞生几百年后，几乎是《神农本草经》被搜集成册的同时代，另一部更具学术影响力的字典——《说文解字》在公元2世纪初创作完成。虽然此刻时间轴已经来到东汉中期，但《说文解字》中对“荼”的解释与《尔雅》别无二致。[4]

在证明了《神农本草经》时代没有“茶”字和那时的“荼”不含“茶”意之后，有一个令人啼笑皆非的事实——现存《本草经》中根本没有“神农尝百草……得荼而解”这句话存在。全世界各民族通常会将一些特长与贡献集合在一位优秀祖先身上，然而多数情况下，那些只是美好的愿望。炎帝神农氏是否在忙着填饱肚子的同时去山中采过药，又是否在中毒后因为吃了“荼”而幸免一命呜呼，我们不得而知。可以考证的是，在关于炎帝出生地的争论中，所涉及的六个地域均分布在黄河中游。虽然今天那些地方气候相对干燥，但在炎帝生活的时代要湿润许多，说不定他老人家的菜谱中就曾经有过茶这种植物。当然，没有证据显示他有心情给这种植物取过名字、画过符号。

一则振奋人心的消息

就在2021年年底，考古学家将人类已知饮茶历史又提前了300年。《中国日报》（*China Daily*）在11月26日的发文中，第一时间将这件事译成英文放在网站上。[5]这一学术成果出自山东大学科研团队，内容是在今天山东济宁邹城，也就是战国早期（前453—前410）邾（zhū）国的故城遗址中，提取到了品饮后的茶渍。考古学家自2015年开始，对这座2500年前的邾国国君与夫人墓进行抢救性发掘。2019年，专家在夫人墓一枚倒扣的原始青瓷[6]碗中发现了朽坏的植物残留。兴奋之余，考古专家并不确定它们来自何种植物，当即将其取样送检，并研究了两年有余。

据邾城遗址发掘项目总领队、山东大学历史文化学院教授王青介绍，那些茶渍，还包括将它扣入其中的原始青瓷碗很可能来自当时的越国，也就是今天江苏省、浙江省与安徽省部分地区。原因在于邾国稍早前曾被越王勾践（？—前465）纳入势力范围[7]，且邾国墓中的原始青瓷与越王大墓中的陪葬品形制一模一样。这不禁令人们发问，为什么在越王墓中没有茶叶遗存？而这也正是邾国茶遗迹的幸运之处。首先，原始青瓷碗在邾国墓中呈倒扣状，隔绝了部分氧气，密封性强。其次，容器本身是类瓷器而非陶器，原始青瓷比陶器透气性差，更利于残渣保存。再次，此地的土壤为黄土，不像长江以南红土酸性强，进一步确保叶子没被腐蚀殆尽。

当然，能辨认远古茶渍，很大程度上要归功于考古学家请来的科技援军——北京科技大学蒋建荣老师的团队与他们先进的科学仪器。比样是个极其复杂的过程，要借助红外光谱、气相色谱质谱、热辅助水解甲基化裂解气相色谱质谱等高科技手段，随后还要进行大量数据分析。最终，科技工作者与考古工作者共同见证了茶史上激动人心的新篇章。2016 年，同样是上述两个团体，在汉景帝刘启与王皇后的合葬墓陪葬品中发现了茶植物标本。同年，那些标本便获得吉尼斯世界纪录“世界上最早茶叶”的认证。5 年后，这个纪录被刷新。

今人有理由相信，郳国古墓茶渍的发现不会是“世界上最早茶叶纪录”唯一一次被打破。随着更多科学仪器的发明，在不久的将来必定会有更多古墓被发掘。只要有早过战国的墓穴，就有可能出土更早的茶植物遗迹。毕竟比起山东，茶树在江南的存活概率更大，适种环境更广。然而，不论是战国早期的叶饮，或是汉景帝的叶饮，都不具备同时期的文献记载。没人能证实他们是否曾建立独立的种植、制作、品饮规则，或仅是当作另一种食材的“菜粥”而已。在东汉以前的古籍中，没有任何一个汉字符号用作指代茶植或茶饮。这有点像人类发现与应用铁的历史。

今天，人们通常把远古时代定义为石器时代、青铜时代与铁器时代，但这并不意味着我们石器时代的祖先没有发现“铁”。赤铁矿石是后世冶铁的主要原料，成色好的赤铁矿更是财富的象征。在早铁器时代几千年的旧石器时代末期，人类先祖已经深谙红色的赤铁矿石可以为他们的岩画添加色彩。世界各地许多古老岩洞内都曾有赤铁矿石的涂鸦痕迹，考古学家在兴奋之余并未把它们归入使用“铁”的定义，只是看作一种绘画石器而已。比起赤铁矿石颜料的应用，铁器的加工显然要复杂很多，茶同样属于精加工制品。如果仅是将茶叶采集、蒸煮，那它并未脱离“菜”的范畴，即便有朝一日发现更早的茶标本，似乎也不该划在茶史名下，而那些关于它的传说也终将无法成为事实。

获取真相的唯一途径

比起那些盲目坚称传说是正史的人来说，英国茶学者罗伊·莫克塞姆（Roy Moxham）先生显然表现得理智许多。莫克塞姆曾经在非洲马拉维生活过十三年，去那里是为了管理一家英国茶叶种植园。后来他回到英国，成为伦敦大学图书馆的工作人员。他著有《茶：嗜好、开拓与帝国》（后文简称《茶》）一书，是众多中外茶书中可读性非常高的一本。这本书的第二章主要记述了鸦片战争前后，中英茶贸易的相关事宜，下文谈到18—19世纪茶史时还会涉及此作，眼下只需关注第二章的开始部分。《茶》在这一部分简介了中国茶的起源与发展，开篇就指出神农的故事是个传说。但其中也出现了史学错误——神农并不是一位“皇帝”，充其量算个部落首领。

《茶》对中国茶史的介绍比当代许多茶史宣传、茶艺师培训课甚至权威书籍的内容都更贴近史实，看得出莫克塞姆先生一定查阅了很多相关内容，但遗漏与错误也在所难免。比如，对茶文化贡献极大的第一首辞赋[8]并没有被提及。再比如，明朝以前中国人喝茶并不像书中所说采用石器，而是一直以瓷器为主。[9]此外，还有一部分内容并未在茶史中出现却被收录。[10]总之，从阅读中可以感受到莫克塞姆先生了解的部分早期茶史和多数茶爱好者们一样，属于野史或“伪史”，这主要归结于近代部分茶学者缺少求真精神，或热衷于自我创造。

像莫克塞姆先生这样的爱茶人在当今世界不计其数，其中大部分也对中国文化，特别是古代茶文化情有独钟，想了解其背后真实的历史变迁。只可惜人们缺少途径，要么是对茶学专业性不甚满意，要么是对史料真实性产生怀疑，最终导致彻底放弃。其实，要梳理茶文化并非不可能，途径很明确——去中国古籍中一探究竟。以另一个关于茶起源的假说为例，现代故事与古代记录就存在两个截然不同的版本，哪怕对于博物馆说明也不可放弃质疑。

西汉的“荼”不是“茶”

当代茶的西汉（又称“前汉”，前 202—8）起源说，大多基于一篇文章，四川省某著名博物馆节选了该文章的一部分，赫然将其制成展板，加以说明，称其影射了茶的起源时间。公元前 59 年，有位才俊在今天中国四川省彭州市碰到了一起纠纷。有户人家养了一位奴仆，谁知没过几年家中男主人去世，奴仆已长大成人。成年后的小奴不听女主人的使唤，原因是他坚称主人买他时只说要看家，没约定其他工作。才俊听闻未亡人的遭遇很恼火，决定花重金重新买下这个仆人，要求只有一个——另立规矩。

奴仆满口答应说只要写进“券”，也就是“卖身契约”中的要求都可以照办。就这样，才俊为奴仆罗列了一张工作清单，但清单中包含的工作内容纵使一个人用一生时间也绝不可能完成。比如要求他务农、打扫、捕猎、修缮、买办等；同时“券”对被执行人的行为严格约束，比如不准骑乘、喧哗、交友、嗜酒等。字据在最后声明，只要不服管束就打一百大板。听到这样的契约，小奴仆丑态百出，又是叩头、又是求饶，原文称他哭得鼻涕流了一尺。

这篇风趣的“劳动合同”称为《僮约》，从全文诙谐的语言不难看出，它的目的更像是要给奴仆一个教训。《僮约》的作者，也就是那位才俊名叫王褒，是西汉宣帝[11]时的谏议大夫。王褒一生辞赋众多，但传世作品在近代名气最大的莫过于此文，原因是人们发现它其中有两句话似乎涉及茶，一句类似煮茶——“烹荼”；一句类似买茶——“武阳买荼”。可惜事与愿违，真实情况并非如此。用现代文翻译“烹荼”的一段，内容是这样的：如果家里来客人，需要提壶打酒、提水烧饭、酒杯洗干净，餐桌整理好，园子里拔蒜，还要准备各种肉食，把鱼、龟蒸好，最后还要煮“荼”。这个动作显然属于烹饪的一环——煮菜，而不是煮饮品。更直接的证据来自古书原篇。

现存明代成化年间的《僮约》刻本影印版在“荼”字下面有两排注释：“荼，苦菜也，煮以为茹。”[12]“茹”的意思是“吃”，所以这句话是说：“荼代表苦菜，煮后食用。”由于第一处提到“荼”时已经标有注释，原文第二处“武阳买荼”自然无须赘述解释，意思是“到武阳买苦菜”。即便古汉语在今天比较难理解，但原文注释如此明显，只要这家博物馆的专家、学者稍做查询，也不至于出现这种以讹传讹的错误。且上述错误并非仅出现在该博物馆中，它普遍存在于各种涉及茶起源的文字说明。四川是茶文化在中国最早的普及地之一，但《僮约》中并未出现关于“茶”的内容。

就在人们即将对两汉文献中的茶内容失去耐心时，它又通过一部字典撩拨了茶植物认知初期神秘的面纱。东汉（后汉）是中文融汇、普及与再创造的高峰时期，后人称方块字为汉字，是对这一时期文字创造者最大的褒奖，它的字典怎能对“荼”一无所知。公元 121 年，《说文解字》的作者收录了一些在《尔雅》之后创造的新字，其中一个隶属于“草”部首的字被解释为“荼牙”[13]，当时“牙”涵盖后世“芽”的意思。这该不是“苦菜”的芽应用更广泛，而是“荼”已经扩充出新的含义，囊括了其他植物物种。该植物的“芽”如此重要，以至于人们要为它创造一个新符号来显示，这个符号被画作——“茗”。

注释：

［1］在《大雅 · 绵》和《豳风 · 七月》中，也有“荼”字“苦菜”含义的应用。

［2］《大雅 · 桑柔》中有“民之贪乱，宁为荼毒”，“荼毒”意为毒害、残害。

［3］参见（晋）郭璞注，（宋）邢昺疏，王世伟整理《十三经注疏 · 尔雅注疏》，上海古籍出版社 2010 年版，第 399 页。

［4］参见（东汉）许慎撰《说文解字》，中华书局 1985 年版，第 26 页。《说文解字》原著作于汉和帝永元十二年（100）到汉安帝建光元年（121），全书未收录“茶”字。

［5］Zhao Ruixue，“World’s oldest tea residue discovered”，Nov.26，2021，chinadaily（http://www.chinadaily.com.cn/a/202111/26/WS61a0aac9a310cdd39bc77d0d.html）.

［6］原始青瓷出现在夏末商初，系瓷土为胎，表面施釉，烧造在 1200℃，但由于工艺仍不成熟，故称为“原始”。自西周，经春秋，至战国，原始青

瓷产量逐渐增加，技艺日臻完善。（信息出自故宫博物院武英殿陶瓷馆）

［7］春秋战国之际，越王勾践灭吴后，越国的势力愈发强盛，曾北上称霸中原，并把鲁南地区的鲁国和邾国纳入其势力范围。考古学家猜测邾国国君夫人可能是勾践的后人，那些茶可能来自她的故乡。

［8］（西晋）杜育《荈赋》，约为公元300年的作品。本章后篇“建立在推测上的茶历史”中有详解。

［9］考古过程中，确实曾出土唐代石质茶器套组十二件，它们极为珍贵，由骊山石雕琢而成，但器具本身形制过小，不具备实用性，应该只是明器。参见廖宝秀《历代茶器与茶事》，故宫出版社2018年版，第214页。

［10］参见［英］罗伊·莫克塞姆《茶：嗜好、开拓与帝国》，毕小青译，生活·读书·新知三联书店2015年版，第51—56页。

［11］宣帝，西汉第10位皇帝，公元前74—前48年在位。

［12］（西汉）王褒：《僮约》，载（宋）章樵注《古文苑》卷17，中国书店2012年版，第4页。据中国国家图书馆记录，该书为中国书店藏明成化十八年刻本的影印本。原文：“舍中有客，提壶行酤，汲水作餔，涤杯整案，园中拔蒜、斫苏切脯、筑肉臛芋、脍鱼炰鳖、烹荼尽具。”“荼”字在许多后世刻本中被有意无意改为“茶”字，例如在（清）严可均的《全汉文》中，“烹荼”被写成“烹茶”，“买荼”没有变，这为当代研究茶史带来了一定阻力。参见（清）严可均辑《全汉文》卷42，载《全上古三代秦汉三国六朝文》第一册，世界书局2012年影印本，第350页。

［13］（东汉）许慎撰：《说文解字》，中华书局1985年版，第27页。

以替身出道

（270，吴国）

公元184年，黄巾之乱爆发。虽然起义以失败告终，但它造成的战争与分裂使汉朝名存实亡。自西汉太祖以降，刘氏基业近四百年的帝王之气在“太平道”旌旗下灰飞烟灭，化为三国时期的九州烽火。一百年后，当西晋司马氏以三国曹魏政权为根基重铸天下，史学家陈寿（233—297）[1]梳理这段历史时，“茶”字书写竟在没有任何预兆的情况下，惊现于《三国志》的章节中。

给生活添滋味

公元252年，三国江左政权的掌门人、吴大帝孙权病逝。在一系列略显意外的政权交替后，废太子——孙和之子孙皓成功上位。年纪轻轻的他“入职”之初还算敬业，抚恤民情、开仓赈贫，这让吴国人仿佛看到了政权紊乱后复兴的征兆。然而随着时间的推移与本性的召唤，孙皓的生活逐渐被酒色占据，性格也变得越发残暴，朝臣只得提心吊胆迎合主上。

孙皓最大的爱好就是喝，经常摆酒设宴，与臣下一道痛饮。酒

图 1-1　汉代蒸馏三件套，西安博物院藏

桌上的规矩是：每人 7 升起（换算后相当于如今 1.4 公升），不论酒量如何，喝不下也要强行灌入。三国时期的酒精饮品以浊酒为主，权贵阶层可以享受清酒。虽然此刻清酒的蒸馏技术没有后代完备（图 1-1），酒精含量不是很高，但一次性摄入如此大量酒饮势必令群臣失去理智、丑态百出，这也正是孙皓揶揄众人的手段。

在这群醉生梦死的君臣中，有位先生与众不同，可谓真正的"众人皆醉我独醒"，他的名字叫韦曜（204—273）[2]。若论酒量，韦曜至多 2 升（约今 400 毫升）。起初孙皓碍于他是自己父亲生前的老师，且确实德高望重，故"法外开恩"，让人秘密将他的酒换成"茶荈（chuǎn）"[3]。如此做既不会使老先生因醉酒而难堪，也不至于坏了自己的规矩。就这样，后世成语“以茶代酒”[4]的两位主人公正式进入角色。

按理说以茶代酒这等事是在极其私密的情况下进行的，《三国志》作者陈寿此刻更是远在晋国，没有机会知晓，但他收录的吴史章节大量取材于江南《吴书》，《吴书》的主要编写者正是此故事主人公之一——韦曜，这无疑令整件事凿凿有据。如果推理成立，“茶”字第一次被史书收录可能比《三国志》开始编纂还要早十年，也就是在公元 270 年前后，韦曜版的《吴书》中。

比起那些烂醉的同僚，韦曜保住了尊严，但清醒的头脑也一次次点燃他刚正耿直的劝谏，这终究激怒了行将就木却浑然不觉的孙皓。暴躁的孙皓改变了态度，开始用酒强灌韦曜，韦曜也并未因此停下对主上的口诛笔伐。最终在公元 273 年，孙皓将韦曜打入监牢，不久便杀了这位古稀长者。[5]当然，这就意味着再没人能警醒这位昏聩的“王三代”。六年后，伴随着东吴的灭亡，三国时代寿终正寝，西晋一统天下。

尽管司马家在覆灭吴国之前已经成功取代了曹魏政权，但他们也为此付出了沉重的代价。魏国逼迫汉献帝“禅让”后不到半个世纪，西晋如法炮制逼迫魏元帝“禅让”[6]。士大夫阶层奉行了三百多年的儒家经典被频繁篡位的行为反复蹂躏，圣人书中的“君臣父子”在此种大环境下甚至显得有些不合时宜。这种颠覆性的剧变催生出读书人前所未有的价值观[7]，他们纵情山水、浮夸诗文，与“太平道黄巾军”的存世哲学相同，他们也用黄老学说粉饰自己的价值趋向。这些读书人本该是治国人才“储备军”，此时都以避仕沽名钓誉，烂醉、袒露、嗑药、清谈为行事准则。其间，他们所嗑之“药”就是“五石散”或名“寒食散”。

“寒食散”这类“药物”的配方在魏晋前就早已被药书收录（图1-2），像后代的“毒品”一样，它对某些症状会产生立竿见影的麻痹功效。曹操的女婿何晏就曾指出：吃“五石散”并不都为治病，有时它会使人进入一种飘飘欲仙、精力旺盛的状态。[8]这无疑符合道家“得道”的气质，是为清谈、玄学烘托气氛的绝佳途径。之所以称“五石”，是因为它的主要成分为五种矿石，在不同的配方中原料略有差异，但都是类似石钟乳、紫石英、石硫黄这类矿物。之所以又称“寒食”，是因为服药后的人需要吃凉透的食物，洗个凉水澡效果更佳。后人在以“竹林七贤”这类魏晋文人为题作画时，人物形象几乎都是披头散发、衣不遮体，甚至在林中裸体癫狂，这正是服用“五石散”后的写照。

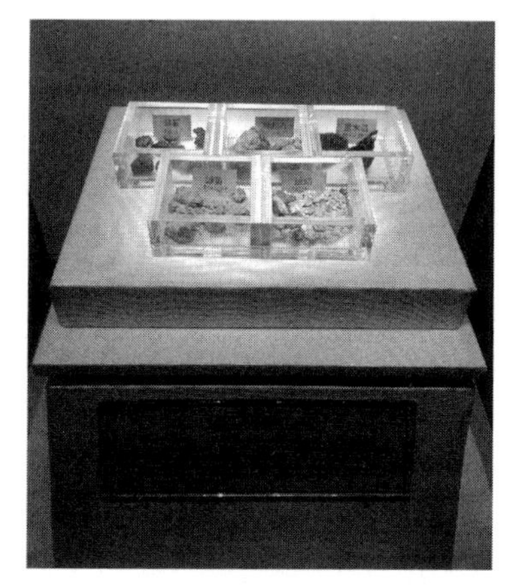

图1-2　五石散，西汉南越王博物馆藏

有一个关于茶做酒“替身”的间接证据就源自魏晋酒文化。“竹林七贤”每一位都有自己得意的子嗣。山简（253—312）是山涛的爱子，在都督荆州时完美继承了父亲的“风度”——尽管贼寇频出、天下分崩，他仍旧生活得优哉游哉，出门饮宴作乐，经常大醉而归。民间以他在宴会上的醉态编了首歌，朗朗上口，读起来像首打油诗，后来被《世说新语》收录。原文中形容山简醉醺醺样子的词语为“茗芋”，它是“酩酊”的古写法。[9]这里的“茗”显然沾染了酒气，它们在今天扯不上半点关系，没想到曾经靠得这么近。当代许多人在被问及喝茶原因时，都会称自己只是嫌弃白水没有滋味。在茶出现前，酒是唯一有滋味的饮品，它们最初彼此互通也在情理之中。

独“木”难支

其实，《三国志》不止一次在其篇幅中为“茶”字赋能，除了创造“以茶代酒”的成语外，还把一处地名改了称呼。中国湖南省株洲市有一个下辖县，秦帝国“行郡县”时它已存在，《汉书》完成时，它属于长沙国，名字叫“荼陵”。[10]公元445年编著完成的《后汉书》进一步证明，至少在两汉后期此地仍旧沿用着前朝的地理名称。[11]《后汉书》成书一百多年后，北魏著名地理学家郦道元撰写《水经注》时，选择继续用“荼陵”这个称呼。[12]然而公元290年，当此地两次出现在《三国志》中时，它都被改为“茶陵”且都与东吴有关。[13]可见，“茶”字的改造与江左渊源颇深。

更权威的证据来自1990年4月发掘的一件青瓷罍（léi），它出土于浙江省湖州市一座砖室墓[14]，今天已经成为湖州博物馆的镇馆之宝。罍通常为大型盛酒器或礼器，始于商代晚期，流行于春秋中期，早期罍以青铜为材质。此件青瓷罍色泽黄褐、釉体莹润、器形古朴，工艺精湛，被确定为东汉末至三国时期的产物。[15]更难能可贵的是，它并不是酒器，罍口肩部的隶书“荼”字铭文（彩图1）证明它极有可能是储茶罐。此类器物很可能曾在吴国大量生产，广泛应用，甚至可能比韦曜的《吴书》更早问世。虽然青瓷罍的确切制作年代还有待确定，但它的出现足以证明“茶”字书写在吴国不仅应用在士族层，也流行于市井间。不论它究竟是何用途，都可以作为世界茶史的“开篇”。

然而，当吴国归附晋国之后，被征服者的文化很难倒流向征服者，与归命侯[16]同来的“茶”字也要跟着居客席。今人经常根据“茶”字拆分出的上、中、下三部分称茶事意境为“人在草木间”，但在魏晋时期，底部写作“木”并非主流认知。“茶”写法在《三国志》出版后很长时间仍因为自己的“败军身份”屡屡受挫，有种难登大雅之堂的局促感。西晋人在描述这种饮品时更习惯用古时候存在的“荼”字或《说文解字》中的“茗”字。此外，西晋文学中又创造了两种新称呼，可惜这其中仍不包含“茶”。

约公元300年《尔雅注》成书，它是西晋著名文学家、博物学家郭璞[17]的力作，听名字就知道该作与《尔雅》有关。由于《尔雅》属中华文字初创时期的作品，单一字符在那时并未衍生出太多关联意思，多数与指代含义一一对应，也就不需要篇幅庞大的词义解释。这就是《尔雅》中对于字的注解极为精简的原因。即便如此，600年后它依然深深吸引着郭璞。他评价这本书奥义非凡，是人类了解自然界动、植物最便捷的途径。由于《尔雅》存世已久、内容模糊，更由于时代发展，郭璞决定为其中收录的字填写注释，这就是《尔雅注》的创作动机。为了表达自己对原作的尊重与爱戴，郭璞提笔前做了翔实的准备工作，而这一干就是18年。[18]

《尔雅》中有一古字写作“槚（jiǎ）”，注解是“苦荼”。仅凭这两个字很难猜测先秦时它到底指代哪种植物，阻碍了这个字符的推广。事实上，“槚”在当时的书面使用率极低，基本处于闲置状态。郭璞注意到了上述问题，为“槚”加了一列注解。[19]翻译成现代文意思是：“‘槚’是一种植物，在该植物上早采的芽称为‘荼’，晚采的就称为‘茗’，也有人称其为‘荈’。”[20]这的确说明了“槚”的用途，但令郭璞没想到的是，三个明确的注释彻底架空了本尊——“槚”。不论“荼”“茗”还是“荈”都被后人反复使用，“槚”这个兼容的概念却失去了用武之地，直到五百多年后才在陆羽的《茶经》中昙花一现，随即彻底被搁置。

《尔雅注》的注解内容还提供了另一条信息：“荼”字此时被细化了用法，代表早采的芽，而“茶”则完全没有出现，重新注解后的字典没有为其正名。郭璞该作比陈寿的《三国志》晚成书十年，就两位学者对文字的研究深度而言，前者的热忱与花费的精力显然要数倍于后者。我们有理由相信，由于《吴书》在当时传播还不广，“茶”字大概还不曾走出吴地，出现在郭璞的认知里。

“荈”字的名气归功于与郭璞同时期的另一位文学家杜育（？—311），他著有一篇题为《荈赋》[21]的文章。在其中杜育描述了荈草的产地特征、生长规模、采集时节。更难能可贵的是，辞赋还包括取水、选器与煮成茶的状态这一类带有强烈文化气息的内容，而所有上述信息都是有史以来第一次被记录在案。“荈”作为“茶”的别称之一，在后代鲜有建树，但杜育为它赋予了太多含义，以至于人们一提到茶文化，《荈赋》就无疑是最早的旗帜。只可惜杜育没有郭璞那么幸运，他没能随琅琊王司马睿在公元317年南渡建康、建立东晋王朝，而是将自己的尸首留在洛阳“永嘉之乱”[22]的战火下。

在两晋之交，华北向江南大规模逃亡的人潮中，还有一位幸运儿，他的名字叫任瞻。虽然渡江让他保住了命，但并不能使他快乐。任瞻的家乡——乐安在今天山东省境内，偏安一隅的东晋政权已将此地悉数沦丧。国破家亡令任瞻在意志消沉中残度余生。在一次饮茶时，他问周围人自己喝的是“茶”还是“茗”，令一众友人十分尴尬。这个故事被《世说新语》记录[23]，可以勉强算“茶”字在历史中露了第二面。然而笔记小说并非正史，且《世说新语》成书后曾被后世改动，它无法改变“茶”字书写在魏晋时期不入主流的局面。难怪李唐有位茶学者错误地认为“茶”在东晋前未曾出现[24]，这分明是对三国时期吴国人“造字”努力的无视。

注释：

[1] 陈寿，起初效力于三国蜀汉政权，蜀政权降晋后入晋为官，仕途不顺。然而，他的著作《三国志》被后人推崇，更在当代译为多国语言，被全世界史学家研读，经典永驻。《三国志》创作于公元280—290年。

[2] 原名韦昭，后为避晋文帝司马昭名讳，在史书中改名为韦曜。

[3] “荈”是茶的另一个名称，具体解释见下篇。

[4] 故事与成语出自《三国志 · 吴志 · 韦曜传》。参见（晋）陈寿撰，（宋）裴松之注《三国志》第四册，中华书局1959年版，第1462页。原文：“皓每飨宴，无不竟日，坐席无能否率以七升为限，虽不悉入口，皆浇灌取尽。曜素饮酒不过二升，初见礼异时，常为裁减，或密赐茶荈以当酒。”

[5] 参见（晋）陈寿撰，（宋）裴松之注《三国志》第四册，中华书局1959年

版，第 1462、1464 页。原文：“收曜付狱，是岁凤凰二年也。”“凤凰”是孙皓年号之一，“凤凰二年”为公元 273 年。

[6] 首领生前让位，存在于尧舜禹时期。魏晋南北朝时期成为篡位王朝自欺欺人的做法。

[7] 史学家为这种价值观取了一个极其优雅的名称“魏晋风度”，指名人们饮酒、服药、清谈、纵情山水、躲避政治。

[8] 参见（南朝宋）刘义庆著，王能宪解读《世说新语（选文）》，国家图书馆出版社 2021 年版，第 67 页。原文：“何平叔云：‘服五石散，非惟治病，亦觉神明开朗。’”何晏，字平叔，是曹操的女婿，后为司马懿所杀。

[9] 参见（南朝宋）刘义庆著，王能宪解读《世说新语（选文）》，国家图书馆出版社 2021 年版，第 325 页。歌词：“山公时一醉，径造高阳池。日莫倒载归，茗艼无所知。复能乘骏马，倒箸白接篱。举手问葛强，何如并州儿？”

[10] 参见（汉）班固撰，（唐）颜师古注《汉书》卷 28《地理志第八下》，中华书局 2015 年版，中册，第 1281 页。

[11] 参见（南朝宋）范晔撰，（唐）李贤等注《后汉书》卷 112《志二十二 · 郡国四》，中华书局 2015 年版，第 2272 页。

[12] 参见（北魏）郦道元著，陈桥驿等译注《水经注》卷 39，中华书局 2020 年版，第 3105 页。原文：“洣水出荼陵县上乡。”

[13] 分别位于《吴主传》与《贺全吕周钟离传》，参见（晋）陈寿撰，（宋）裴松之注《三国志》第四册，中华书局 1959 年版，第 1146、1384 页。

[14] 参见竺济法《湖州出土三国前青瓷“荼”字四系罍的重要意义》，《中国茶叶》2015 年第 8 期，第 41 页。

[15] 参见湖州市文物局、湖州市博物馆、湖州市文博学会编著《湖州 · 博物馆联盟馆藏集萃》，安徽美术出版社 2015 年版，第 12 页。彩图 1 出处相同。

[16] 东吴末代君主孙皓，公元 280 年投降西晋后被封为归命侯。

[17] 郭璞（276—324），可谓两晋一个半世纪首屈一指的学者，他对文学、历史、天文、历法、算术的造诣不同凡响。

[18] 参见（晋）郭璞注，（宋）邢昺疏，王世伟整理《十三经注疏 · 尔雅注

疏》，上海古籍出版社 2010 年版，第 7 页。原文：“璞不揆梼昧，少而习焉，沉研钻极，二九载矣。”

[19] 参见（晋）郭璞、（宋）邢昺疏，王世伟整理《十三经注疏·尔雅注疏》，上海古籍出版社 2010 年版，第 481 页。原文注解：“树小似栀子，冬生叶，可煮作羹饮，今呼早采者为荼，晚取者为茗、一名荈，蜀人名之苦荼。”

[20] “早”“晚”根据字面意思理解可能是区分时间，分别指早晨和下午。也可能是区分时段，分别指早春和晚春。然而到底哪一个是正解，只有两晋时期的人才能知晓。

[21] （西晋）杜育：《荈赋》，载高泽雄、黎安国、刘定乡编《古代茶诗名篇五百首》，湖北人民出版社 2014 年版，第 4 页。杜育《荈赋》残篇如下：“灵山惟岳，奇产所钟。瞻彼卷阿，实曰夕阳。厥生荈草，弥谷被岗。承丰壤之滋润，受甘霖之霄降。月惟初秋，农功少休。结偶同旅，是采是求。水则岷方之注，挹彼清流。器择陶简，出自东隅。酌之以匏，取式公刘。惟兹初成，沫沈华浮。焕如积雪，晔若春敷。”

[22] 西晋怀帝永嘉五年（311），匈奴军队攻陷西晋京师洛阳，随即大肆抢掠杀戮，并俘掳晋怀帝及王公大臣，史称“永嘉之乱”。“永嘉之乱”是西晋于 316 年灭亡的直接原因。

[23] 参见（南朝宋）刘义庆《世说新语》，中国文联出版社 2021 年版，第 650 页。原文：“便问人云：‘此为茶？为茗？’”

[24] 参见（唐）裴汶《茶述》，载（唐）陆羽、（清）陆廷灿著，申楠评译《茶经·续茶经》，北京联合出版公司 2019 年版，第 68 页。原文：“茶，起于东晋，盛于今朝……人嗜之若此者，西晋以前无闻焉。”

建立在推测上的茶历史
（490，南朝）

公元317年后的长江以南，东晋王朝的确立并未让它免于祸乱，即便不考虑输出战争与抵御外敌，政权也仅仅维持了百年，于公元420年灭国。此后，江南又经历了四朝更迭（宋、齐、梁、陈），史称“南朝”，直到公元589年隋朝一统天下才与华北破镜重圆。茶在这一阶段处于缓慢发展期，虽然饮茶习惯与茶礼仪在逐渐形成，却再未出现《荈赋》这类像样的茶学文章。

当然，南朝的茶事还是远远领先于北方。其一，江南是当时中国乃至世界唯一的产茶区；其二，北方被战争蹂躏得更彻底。晋王朝南迁使中原成为无主之地，在多方分裂政权的撕扯下，黄河流域生灵凋敝，直到一个全新的少数民族统治——鲜卑人的北魏政权（386—534）建立一段时间后，才逐渐恢复生产。[1]因此，对这一分裂时期的茶史研究可以先放眼江南地区。东晋王朝对茶的贡献集中在一部著作上，不过从严格意义上讲，它并非源自东晋手笔。

东晋继承的遗产

1980—2010年，随着更多历史文物发掘带来的佐证，一部原本因误解而划归为杂录或伪史的古书被重新定义为极具价值的史籍——《华阳国志》，作者为常璩（qú）（约291—361）。书籍叙述的时间线从远古时代到东晋永和三年（347），作品的特殊意义主要体现在填补性与开创性两方面。《华阳国志》集中展示了梁、益、宁三州（对应今天川渝、云贵等地）的地理与历史面貌，填补了人们对其早期情况的认知空白。开创性源于它开中国史书地理志之先河。全书十二卷，第一卷至第四卷为地理志格式，逐条录入上述地区的郡县状况，整体可以作为书籍第一部分。之所以能创作出如此伟大的作品，还要从作者常璩的身世说起。

常璩出生在西晋后期的蜀郡，常姓氏族属当地高级知识分子阶层，在治学、文辞方面多有建树。奈何世事难料，西晋傻皇帝——司马衷（290—307在位）[2]承继大统，致使群雄逐鹿。天下动乱，无人可以幸免，常氏首领只得带领族人开启颠沛的流亡生活。由于常璩家境相对贫困，没有能力跟随族长出逃。但“塞翁失马焉知非福”，后来李雄（274—334）[3]在川蜀地区成为一方诸侯，于304年建立了成汉王国，区域内很快安定下来。常璩因才学出众成为李家政权的座上宾，被封为散骑常侍[4]，由此他可以随时查阅官府档案。

随着李氏政权在川地的巩固与扩张，常氏先前迁徙到交趾、南中、荆湘[5]的族人纷纷回归故土，自然而然聚集到常璩的羽翼下。就这样，常璩得到周边区域的逸事、资料，地理知识更上层楼，才逐步具备撰写这部西南区域地理志的能力。尽管常璩仕途顺畅，成汉的国势却在李雄死后迅速倾颓，政权接替者皆是庸碌之辈，最后两世更加奢侈荒淫、杀伐无度。常璩对西晋的“直系后裔”——东晋倾心已久，在东晋权臣桓温伐蜀时，极力劝谏成汉末代之主投降，并最终凭借“三寸不烂之舌”将其成功说服。

尽管在常璩的努力下，晋、蜀两地避免了大规模流血冲突，东晋兵不血刃收复失地，但这并未给他带来理想的回报。对东晋的向往在常璩于公元 347 年踏入建康[6]那一刻破灭，这大概也是《华阳国志》的历史线为何终止于这一年的原因。东晋士大夫拉帮结派，他们歧视这位既无根基又近暮年的降将。对事业不抱任何幻想的常璩开始整理汇总他的知识，并最终著成《华阳国志》。从后来者的角度看，常璩晚年的坚持似乎比早年草率投降的策略更加睿智，即便他上任东晋的封疆大吏也绝不可能比肩于创作《华阳国志》的历史成就。

《华阳国志》第一卷开篇就有关于茶的记载。讲的是武王伐纣（约前 1046）之后，茶作为供奉由巴国（川渝地区）国君进献给周天子。[7]然而这条史料早常璩生活的时代千年有余，作为茶起源的论证略显冒失，只能待史学家继续考证。当然，这与“川地是茶应用最早的地区之一”并不冲突。第一卷中还提到今重庆涪陵地区产茶[8]，第四卷中记载今贵州毕节地区产茶[9]，这些应该是常璩根据同族描述所知。《华阳国志》中涉及三个名茶产区，一个是成都北面的什邡，另两个分别是成都南面的南安和武阳。[10]

有一点值得注意，现存影印最早版本的《华阳国志》是明本[11]，从东晋到明代就已被反复誊抄，“茶”字在这期间业已定型，并取代所有早期关于这种叶饮的称呼，常璩最初创作《华阳国志》时很可能在“茶”字位置用的是“荼”字，有一点可以证明。明本《华阳国志》第四卷曾提及一个少数民族，民族的名字一共出现过两次，第一次是“五茶夷”，第二次是“五荼夷”，这个“荼”字可能是全书唯一遗漏，没有被后世修改的一处。[12]《华阳国志》虽是常璩到达建康后，于东晋穆帝永和四年至十年间（348—354）创作，但它事实上并不属于东晋，应算成汉或西晋的遗物。

莫“茗”困惑

除《华阳国志》外，南朝唯一拿得出手的茶史记载属于一部药典，称为《桐君采药录》或《桐君药录》，只不过书中没有涉及“茶”字，它所描述的对象是“茗”。“桐君”相传是中华古老首领黄帝的医师，《桐君采药录》的创作者们就像《荷马史诗》的作者们一样，为有利于作品传播，不惜隐姓埋名——以古代同行业专家为噱头，让书名更醒目。据唐代早期记载，《桐君采药录》确有其书，但宋代以后失传。[13]幸运的是，它描写茗的段落被一本成书于公元 490 年前后，叫《本草经集注》的典籍引用过。引文还提供了另一条关于《桐君采药录》“茗段”创作时间的线索——据它包含的几个地理名称的使用年代判断，该段大概是在东晋至南齐之间写成，并不比《本草经集注》的完成早很久。

《桐君采药录》“茗段”主要记录如下：“苦菜，三月叶茂盛，六月开花，八月结果，落果可扎根长出新树，冬季不枯萎，跟当时的‘茗’非常相似。”随后，引文给出了四个产好茗的地点，对应今天湖北黄冈与武昌、安徽庐江与安庆。之后继续介绍："东部地区产青茗，茗有沫渟，喝起来令人心旷神怡。"文章后部提到在今重庆奉节地区产"真茶"，饮前需要用火烤至卷曲。"真茶"应该是"茗"的别称，用以区分"荼"——其他一些花草饮品、药物。最后，引文指出："'茗'味道苦涩，如果磨成粉末后煮来喝会令人整夜不睡，煮盐的工人靠它提神。交州、广州人很重视这种饮品，客人至都会设有。"[14]

今天，尽管人们在用现代汉语翻译《桐君采药录》时注意语序、表意，但仍会对段中记载产生疑问："茗"的概念在开始阶段为何会如此混乱？对于这点只有一个合理解释，《桐君采药录》的作者也很困惑。南朝药剂师们在古代医书中得知"荼"对应"苦菜"——一种学名为"苦苣菜"植物，然而"茗"直到几百年后的《说文解字》中才被收录，甚至是被创造。南朝未能察觉这种出现的先后顺序，也就造成他们觉得苦苣菜与茗这两类本不相干的植物似乎同属一类。《本草经集注》的作者陶弘景延续了前代的不确定，在苦菜的备注中也声称它可能是"茗"。[15]

此种困惑在南朝"种下"，但当时的医师仍相对严谨，他们用了一系列例如"疑""极似""恐或是此""亦似"这类字眼，表示它仅仅是一种"推测"。到了后世，对于"'茶'古时写作'茗'，更早写作'荼'"的假设被忽略，逐渐演变为默认的"概念"，困惑的种子扎根茶界，长成参天大树，直至近代一直误导着茶史学者。

虽然《桐君采药录》与《本草经集注》对文字概念有些混淆，但其仍对茶史研究作出了不可磨灭的贡献。火烤、研磨成茶粉、以水煎煮、味道苦涩、有沫渟呈现，这些都是后代煎茶的重点。煮盐工人与交州、广州人对茗的使用，证明此刻的品饮文化已在局部地区形成群众基础，它们终将成为李唐完备煎茶体系的一部分。

陶弘景创作《本草经集注》时，南朝处于齐政权统治。公元493年是南齐第二位皇帝武帝萧赜在位的最后一年，他是一位崇尚节俭，关心百姓，顺势而为的君主。这年二月，雍州刺史王奂诬陷朝廷官员并将其下狱杀害，还谎称官员畏罪自杀。这个举动令武帝震怒，发五百禁卫军逮捕王奂。没想到王奂竟武装抵抗，这几乎令他满门灭绝，唯有一名后代逃到北国[16]，在那里有一桩茶故事在等待着他。半年后，武帝病重，弥留之际，他写下遗诏："我灵上慎勿以牲为祭，唯设饼、茶饮、干饭、酒脯而已。"[17]这些应该都是他生平的膳食之物。

注释：

[1] 直到北魏建立后半个多世纪的公元439年，中国北方才全部统一。

[2] 晋惠帝司马衷当政期间，皇后贾南风乱政，杀太后，迫害太子，之后司马家王族纷纷起兵，史称"八王之乱"。

[3] 李雄，成汉割据政权的首领。

[4] 掌管著作的官职。参见（晋）常璩撰《明本华阳国志》第一册"序言"，国家图书馆出版社2018年版，第15页。

[5] 交趾，中国古代地名，今在越南北部地区。南中，相当今四川大渡河以南和云南、贵州两省。荆湘，长江中游以湖南、湖北为中心的地区。

[6] 东晋都城，今南京的古称之一。

[7] 参见（晋）常璩撰《明本华阳国志》第一册，国家图书馆出版社2018年版，第13页。原文："武王既克殷，以其宗姬封于巴……丹、漆、茶、蜜……皆纳贡之……园有芳蒻、香茗。"

[8] 参见（晋）常璩撰《明本华阳国志》第一册，国家图书馆出版社2018年版，第38页。原文："涪陵郡……无蚕桑，少文学，惟出茶、丹、漆、蜜、蜡。"

[9] 参见（晋）常璩撰《明本华阳国志》第一册，国家图书馆出版社2018年版，第139页。原文："平夷县，郡治。有祧津、安乐水。山出茶、蜜。"

[10] 参见（晋）常璩撰《明本华阳国志》第一册，国家图书馆出版社2018年版，第99、104页。什邡今属四川德阳市管辖。南安与武阳距离不远，今天分别隶属于四川省乐山市与眉山市。

[11] 参见（晋）常璩撰《明本华阳国志》第一册"序言"，国家图书馆出版社2018年版，第17页。《华阳国志》在北宋与南宋年间都曾被抄录，可惜都已散佚，只有序言尚存。现存最早的完整版收集完成于明嘉靖四十二年（公元1563年）。

[12] 详见（晋）常璩撰《明本华阳国志》第一册，国家图书馆出版社2018年版，第135页。

[13] 参见（唐）魏征等撰，马俊民、张玉兴校注《隋书》第九册，中国社会科学出版社2020年版，第2796页。原文："桐君：相传为黄帝医师……两《唐志》著录《桐君药录》三卷，《宋志》无载，亡佚。"

[14]《桐君采药录·茗段》，载（梁）陶弘景编，尚志钧、尚元胜辑校《本草经集注》（辑校本），人民卫生出版社1994年版，第481页。原文："《桐君药录》云：苦菜叶三月生扶疏，六月华从叶出，茎直花黄，八月实黑；实落根复生，冬不枯。今茗极似此，西阳武昌及庐江晋熙茗皆好，东人止作青茗……又巴东间别有真茶，火熘作卷结，为饮亦令人不眠……又南方有瓜芦木，亦似茗，至苦涩。取其叶作屑，煮饮汁，即通夜不眠。煮盐人唯资此饮尔，交广最所重，客来先设，乃加以香芼辈尔。"

[15] 参见《桐君采药录·茗段》，载（梁）陶弘景编，尚志钧、尚元胜辑校《本草经集注》（辑校本），人民卫生出版社1994年版，第481页。原文："苦菜……疑此则是今茗。茗一名茶。"

[16] 参见(宋)司马光著,弘丰译《资治通鉴》第十二册卷138,民主与建设出版社2021年版,第94页。

[17](梁)萧子显撰,王鑫义、张欣校注:《南齐书》,中国社会科学出版社2020年版,第230页。

《齐民要术》里的小竹扫把

（540，北朝）

北魏在公元386年由鲜卑氏族，15岁的代国遗孤拓跋珪（371—409）建立，伴随着“神州上国”[1]前几任掌门人的东征西讨，华北地区终于在439年硝烟散去。公元5世纪末，北朝迎来了自己的第七位君上，这是一位精力旺盛、勤于政事的英主，他的名字叫拓跋宏（元宏），谥号孝文。北魏太和十七年（493），得罪了江南执政者的王奂已被剿灭，他硕果仅存的后代王肃（464—501）选择投靠拓跋宏，没想到这位文武兼备的降将还为新主人备了一份厚礼。

公元493年对于拓跋宏至关重要，他做了一个极其冒险的决定，危险系数不亚于五百多年前恺撒决定跨过卢比孔河，他准备将魏的首都从平城（今山西大同）迁至洛阳，打旗号正是向南征讨齐国。初来乍到的王肃对于南国有一手材料且分析能力出众，迅速在北国站稳了脚跟。他为孝文帝旁征博引、出谋划策，筹备讨伐南齐的战备。在交往过程中，孝文帝日益器重王肃，有时候甚至屏退左右侍从，单独与他论事，通宵达旦。之后，王肃通过一系列征讨南齐的成功战役进一步得到孝文帝认可。[2]在军中效力一段时间后，他被征召回魏国朝中，而在这次觐见过程中，发生了一件有趣的茶故事。

“以茶代酒”虚荣版

王肃刚来北国时不吃羊肉，不喝乳酪浆（发酵酒），鲫鱼汤拌饭是他最爱的食物，渴了就喝茶。然而经过几年在北魏的生活，他的饮食习惯也随之改变。王肃此次入朝前，孝文帝拓跋宏由于倾心汉化，已经完成了向南迁都与改换姓氏两件大事，此刻他姓“元”。一次，皇帝元宏在宫中摆宴，席间他开玩笑问王肃道：“羊肉比鲫鱼汤怎么样？茗饮和乳酪浆比起来又如何呢？”王肃的回答很机智，他说：“羊是陆地上最鲜美之物，鱼则是水中令人垂涎之品，只有‘茗’最为不忠，做了‘酪’之奴。”

元宏得到这样的答案，自然心情畅快，于是他举杯，出了一个谜语。谜面是：“三三横、两两纵”，打一字。三个三横、两个两竖，谜底是一个“習”字，也就是今天“习”的繁体字。皇帝这样做意思是说王肃不是奴，只是习惯而已，用一种轻松的方式为他缓解尴尬。这的确是一段暗藏玄机的对话，一则不错的茶故事，然而通篇历史文献用的都是“茗”，没有一个“茶”字出现。[3]上述记载还体现出另一个事实——北国此时对“茗”，这个近三百年前的“汉末产物”仍知之甚少，整个朝廷似乎有且仅有王肃一人品茗。当然，鲜卑人并非对南国祖先的发明都不感兴趣，相反，他们对另一件消耗品极为依赖。

魏晋遗风对南北朝影响极深，“五石散”也随之谬种流传，史不绝书。[4]然而，真正吃得起这丹药且能长期服用的人并不多，他们非富即贵。“五石散”不仅没有因为黄河流域换了主人而在此地消亡，反而令北魏孝文帝一朝的王公贵族趋之若骛。公元500年前不久，魏国人将“五石散服用后毒性发作，身体发热”简称为“石发”。由于某人出现“石发”症状带有一种贵族色彩，有些服不起丹药的人也会故作体热、假装“石发”。人们并不相信这些人都有消费“五石散”的经济能力，偶尔也会质疑他们行为的真实性。关于它还曾留下一则非常有意思的记载：

> 后魏孝文帝时，诸王及贵臣多服石药，皆称石发，乃有热者。非富贵者，亦云服石发热，时人多嫌其诈作富贵体。有一人，于市门前卧，宛转称热，因众人竞看。同伴怪之，报曰：“我石发。”同伴人曰：“君何时服石？今得石发。”曰：“我昨在市得米。米中有石，食之乃今发。”众人大笑。自后少有人称患石发者。[5]

要知道，“五石散”所含矿物为后世火药的发明立下不世之功，可想而知，人服下后会进入怎样一种欲仙欲死的状态。当时人们也意识到“‘嗑药’一时爽，疯完见阎王”的问题，研发了一些控制毒性的手段，称作“行散”。在所有“行散”举措中，最必不可少的莫过于饮酒，而这种酒必须被温热且要好酒，魏晋时期就曾有知名人士服散后因喝了冷酒死于非命的。[6] 有人装“石发”，自然就有人会继续装“行散”，事有凑巧，好酒也非人人可得。若是要不停地喝一种热饮，以至于仿佛长期处于微醉的状态，煮点叶子可能更实际，这类人必定需要“以茶代酒”来做足戏码。拿茶当酒喝这件事还真被一部古书收录在案。

公元499年，年仅33岁的元宏病逝。南国此时已经乱作一团，齐在三年后被南朝另一政权“梁”取代，而北国在此后也陷入泥潭，三十年后的529年，北魏已从孝文帝的盛世顶点迅速衰退成内战连连。几个月前，南梁武帝派遣大将陈庆之护送降梁的魏北海王元颢归国。经过一系列军事战争，陈庆之所向披靡，连拔三十二城，杀入魏都洛阳。此时的他确实有理由骄傲，然而得意忘形令他颜面扫地。在一次酒席宴间，微醉的陈庆之借酒撒疯，当着北国文臣的面，称人家是五胡鲜卑，并扬言南朝才是正统。殊不知在座的中大夫杨元慎非等闲之辈，他虽人在北国，却对南朝宫廷“八卦”、纲常败坏之处了若指掌，抛出的道德观点各个切中要害。与此同时，杨元慎使用的言辞，清雅连贯、纵横喷薄，连陈庆之这位悍将也被震慑得哑口无言。

没过几天，陈庆之患病，杨元慎再次登门拜访，将他羞辱一番。在众多讽刺的言语中，杨元慎称陈庆之“菰稗为饭，茗饮作浆”[7]，“浆”在古代指酒精含量低的酒。尽管受骂的只有陈庆之一人，但出于某些原因，南朝人喜欢把“茗”当作酒的替代品，理由之一很可能就包含假装“行散”。茶在民间的普及除了饮品本身提神的内因，很可能还曾受“五石散”引发“面子工程”的助推。此刻，它所挽救的是虚荣心上的最后一层遮羞布。

茶筅的原型

公元533年，北魏在经历了一连串战乱后毫无悬念地进入分裂状态，形成西部以宇文泰为首，东部以高欢为首的对峙格局。[8]这样的乱世令人心浮气躁，每位文官都恨不能为主上想出兼并敌人的方略，每位武将都迫切希望为政权开疆拓土。然而，就是在这样的时代背景下，一位农学巨擘定下心神，他即将用之后十几年时间为全人类奉献一部农业百科全书，他的名字叫贾思勰，他的书称作《齐民要术》。《齐民要术》创作的十余年，是中国历史最动荡的时期之一，贾思勰深入考察农、林、牧、副、渔各个门类，他的研究弥足珍贵。如今，《齐民要术》已经被世界广泛认知，不同国家、不同语言对它的章节、段落多有译注。

《齐民要术》在第七卷中讲述了如何酿造被称为“白醪”的浊酒，它是一种速酿的连糟甜米酒。制作这种酒要先将糯米在冷水中清洗干净，过滤后放入瓮中，用 80℃水浸泡，浸泡过程持续一夜，这样米就会因发酵而变得非常酸。第二天，将糯米糊取出，烧火馏干成饭，摊放至全凉。之后将 6 公升 80℃水加入米糊中，加水后熬煮，待熬成 1.8 公升时，将所有液体倒回瓮中，并用竹扫把搅拌，这样液体表面会形成像茗沫一样的白泡沫。[9]当然，在这之后还要有一系列操作，才能酿出好喝的糯米酒，但对于茶文化来说，这第二天的工作已经足够了。

如果把瓮体积变小，把米糊换成茶粉，再用小竹扫把——茶筅搅动、冲点，直至液体表面出现白色泡沫，这分明就是点茶的操持与效果（见第二章“喋喋不休的两宋茶官”）。《齐民要术》并未提及茗在当时必须用小竹扫把搅动，瀹茗（煮茶）也可以获得白泡沫，200 多年前杜育的《荈赋》中已经用“焕如积雪”描述过这种物质，但竹扫把确实为后来的茶筅划定蓝图。人们甚至有理由相信，点茶曾受到贾思勰酿酒技艺的点拨，因为它们实在太像了。

尽管茶文化经魏晋南北朝发展，尤其是到后期，已经具备相对成熟的呈现形态，但比起即将到来的大一统时期，它仍旧十分稚嫩。茶的称呼仍旧游离于“荼”“茗”“槚”“荈”各种方式之间，而“茶”似乎是其中底气最弱的一种。不论是官家茶还是民间茶都没有特别明确的记录、名称或分类，茶器更是极少被提及。多数情况下，后人不得不对茶的存世状况进行推理，茶学、茶道则根本无从谈起。不过，这一切都将伴随和平的到来而改变。

注释：

[1] 公元 398 年，北魏首位君主——拓跋珪依臣下建言，因“魏”有“神州上国”之意，故定其为国号。参见（宋）司马光著，弘丰译《资治通鉴》第九册卷 110，民主与建设出版社 2021 年版，第 434 页。原文：“‘夫魏者，大名，神州之上国民，宜称魏如故。’珪从之。”

[2] 参见（北齐）魏收撰，许嘉璐主编《魏书》卷 63《列传第五十一》第二册，汉语大词典出版社 2004 年版，第 1165—1167 页。

[3] 参见曹虹释译《洛阳伽蓝记》卷 3，东方出版社 2020 年版，第 178 页。《洛阳伽蓝记》于公元 547 年成书。原文：“肃初入国，不食羊肉及酪浆等物，常饭鲫鱼羹，渴饮茗汁……经数年已后，肃与高祖殿会，食羊肉酪粥甚多。高祖怪之，谓肃曰：‘卿中国之味也。羊肉何如鱼羹？茗饮何如酪浆？’肃对曰：‘羊者是陆产之最，鱼者乃水族之长。所好不同，并各称珍……唯茗不中，与酪作奴。’高祖大笑，因举酒曰：‘三三横，两两纵……’因此复号茗饮为‘酪奴’。”

[4] 参见（唐）太宗皇帝御撰《晋书》卷51《列传第二十一》,（台湾）中华书局2016年版，第4页；（北齐）魏收撰，许嘉璐主编《魏书》卷2《帝经》，汉语大词典出版社2004年版，第35页。原文："六年夏，帝不豫。初，帝服寒食散，自太医令阴羌死后，药数动发，至此逾甚。"

[5]（宋）李昉等编，高光、王小克主编:《太平广记》卷247，中华书局2021年版，第4310页。此段引文意为：一天，有这样一个坏小子，躺在集市门前满地翻滚，称自己热，惹得人们竞相观望。同伴问他怎么了，他说："我石发。"又问他什么时候服了"石"，他说："我昨天在集市买了米，米里吃出了石头，今天就发作了！"他的戏谑、讽刺行为非常奏效，经由这次玩笑过后，当地很少再有人称自己"石发"了。

[6] 魏晋时期地理学家裴秀，一次服用寒食散后误饮冷酒身亡，终年48岁。参见（唐）房玄龄等撰《晋书》卷35《列传第五》,（台湾）中华书局2016年版，第4页。原文："服寒食散，当饮热酒而饮冷酒，泰始七年薨，时年四十八。"

[7] 曹虹释译:《洛阳伽蓝记》，东方出版社2020年版，第152页。"菰"是茭白，"稗"指稗子，是稻田中的主要杂草。

[8] 参见（宋）司马光著，弘丰译《资治通鉴》第十一册卷156，民主与建设出版社2021年版，第234—245页。

[9] 参见（北魏）贾思勰《齐民要术》卷7，载惠富平解读《齐民要术（节选）》，科学出版社2019年版，第283页。原文："酿白醪法：取糯米一石，冷水净淘，漉出着瓮中，作鱼眼沸汤浸之。经一宿，米欲绝酢，炊作一馏饭，摊令绝冷。取鱼眼汤沃浸米泔二斗，煎取六升，着瓮中，以竹扫冲之，如茗渤。"鱼眼汤即80℃水。关于"茗沫一样的白泡沫"的成分，见下章。

第二章

诗词、书画、器物、禅机

茶学、茶礼、茶道起源于中国唐王朝（618—907），第一次传承与细化出现在五代（907—960）与两宋（960—1279）。如此明确的时间段本该到对应的史书中查找线索，然而翻阅正史——二十四史之类，偏偏不是探寻传统文化的最佳方案。原因在于，它们涉及的内容以政治、法令、律令为主线，经济、地理、文化属旁支。民间活动不大到能惊动朝廷就入不了正史，等到染指皇家就又变成了政治事件。好在除经、史外，古籍还有子、集类丛书。

茶可以隶属于农学，也可隶属于药学，甚至可以是佛学的一部分，此类书籍收集在子部。此外，集部的诗词中也有一些涉及采茶、制茶、试茶、饮茶的生活片段。更难得的是，今天各地博物馆中关于茶的沉船遗物、出土文物、古代书画作品能更加直观、饱满地讲述茶故事。其实茶文化从中唐到宋的面貌已经相当完整，只不过需要后人将那些碎片收集、整理，拼成图画。

唐王朝先收获，再耕耘
（659，长安城）

唐代以前的茶文化呈片段式，内容不足、形式单一——基本只限于长文中的只言片语。即便近代偶有皇室茶陪葬品出土，也多因年代太久远而削弱了文化价值。庆幸的是，公元 7 世纪初，欧亚大陆最东端迎来了光辉灿烂的李唐王朝，它的成就不仅停留于文治武功，更体现在对文化艺术的造诣上。诗歌、绘画、书法、服饰等，在唐代早期就已独树一帜。同时，它们也成为用于表现茶文化的多样手段。李唐中期，茶道与瓷器先后发力、交相辉映，化为对中国乃至世界影响深远的文明内能。这不禁令人发问："唐王朝到底有何过人之处？"

仓廪实而知茶事

茶饮推广的头等硬件是社会安定。乱世下，人们往往为填饱肚子而颠沛、奔波——茶这等清油化食之物不仅无法充饥，反而可能降低血糖——饮品本身在缺衣少粮的年代缺乏传播性。南北朝时期，茶饮主要出现在几处富庶地区，受用于相对富裕的人群，必定与个体丰衣足食有关。乱世末期，西魏的继承者北周（557—581）率先建立起高效的兵制，灭掉东魏的继承者北齐；隋王朝（581—618）占用了北周的江山与制度，一举扫平江南五朝的最后一世——南陈，完成一统；李唐接过大隋的衣钵，改进后的“府兵制”更好地协调了兵农关系，使剩余劳动力得到有效利用，从而确保国库粮仓的充裕。

在李唐异军突起的光鲜下，人们不该忘记阴影中的隋与北周。其实，这三个朝代的创立者同属一个军事联盟，史称“关陇集团”，是他们把中国从南北朝分裂的局面中拯救出来，重归和平。隋代统一天下后，同时创立了三省六部制与科举制，从根本上为国家稳定提供了制度保障。[1]正是得益于上述制度的保驾护航，才让李唐在前中期一扫自东汉灭亡以降的颓势，形成幅员辽阔的帝国。而这其中孕育的又一次文化爆发，无形中为茶饮民间化提供了保障。

吕思勉先生在其著作《中国通史》中，用一系列精辟的言语定义了“文化”一词。他指出：人们对“文化”存在一种误解，它并没有听上去那么高雅、美妙，就来自日常生活。各地区环境不同、生活方式有别也就导致了习惯差异，各地区人群相互模仿，也就形成了所谓的“文化灌输”[2]。茶文化的传播诠释了吕思勉先生的论述。

饮茶风俗在川渝一带率先普及，后经长江文明带灌输到湖北，此二地皆毗邻唐都长安，随着富于模仿精神的两京（唐代长安、洛阳两个都城）人的加入，进而推广到帝国各个州县，再逐渐穿越边境，渗透到周围游牧民族。[3]疆域广大让唐王朝各地区民间交流更加通畅、频繁、蓬勃。信息交互，填补彼此的认知空白；物品流通，分享各自的生活方式。随着不同地区爱茶之人越聚越多，关于它的故事、传闻、记载，赋予它更旺盛的生命力，这种良性循环使茶的文化氛围越发浓烈。帝国稳定后，茶门类见诸书籍的频次远远高于此前乱世四百年。

衣食足而兴茶道

茶文化在初唐就展示出强劲势头，出现在三类专著工具书中。贞观十六年（642），一部地理书率先出现“茶”的身影。而它的作者更不简单，属亲王级别，他就是唐太宗李世民第四子——魏王李泰。李泰的书叫作《括地志》或《坤元录》。李唐建立后把国家划分为十个主行政区域，称为“十道”，比“道”小一级的区域称为“州”，最小的称为“县”。李泰遍寻各地古志，把1500多个县的建置、沿革、山川、物产、古迹，风俗、人物等信息逐一录入。可惜的是，这部书在南宋（1127—1279）后期失传，好在南宋地理学家王象之（1163—1230）曾经引用过书中内容，才让部分章节残存至今。根据残卷记载，湖南省怀化市的深山中有很多茶树，另外，它还收录了湖南省衡阳市一个叫“茶溪”的地名。[4]人们有理由相信，如果《括地志》传世，该有更多关于茶的记载。

在四皇子地理书面世十几年后的公元657年，一部集帝国政府之力编撰的药书再次提到茶，书的名字叫《新修本草》或《唐本草》，它可谓世界最早的官修药典。[5]《唐本草》称：“茗”采自秋季，味道甘苦并存，性微寒，无毒，主治瘘疮、小便不通、痰多、因内热造成的干渴、嗜睡。春季的“茗”则写作“苦茶”，主治气滞腹胀、消化不良。如果在品饮时加入茱萸、葱姜一起煮，效果更好。[6]《唐本草》对茶的记载侧重于其药性，这并不难理解。但问题在于，它全部引文中一个“茶”字都没有，用的是“茗”“荼”这些字。由此可见，唐初期“茶”的书写方式仍未得到官方认可。

在《唐本草》完成四分之三个世纪后，一个叫孙愐的学者在隋代音韵书的基础上再作增补，完成了《唐韵》。音韵书指的是为汉字注音的书籍——当时采用反切法，而非近代的拼音法。《唐韵》不仅标音，还对每个字加入注释，甚至在引用其他文献时标注出处，这为韵书附加了辞书与字典的功能。《唐韵》中有关于“荼”字在唐代写法改变为“茶”的记载。“《唐韵》：荼字，自中唐始变为茶。”[7]然而，这条信息似乎有些时空矛盾。《唐韵》约在公元732年问世，它的作者断然不会预知唐王朝将在一百多年后灭亡的命运，更不会知晓自己处于后世概念的“中唐”，引文涉及的这一小段内容应该是出自他人之手。因此，合理的解释为：《唐韵》中有提到茶，但上述解释为后世添加。

除了对茶的定义、描述外，关于它的内容也出现在其他体裁的文学作品中。“诗仙”李白在公元752年与宗族侄儿中孚在金陵（今江苏南京）栖霞寺不期而遇，此时中孚已经是个出家人。中孚僧人将一些采自荆州玉泉寺周围山岭的茶与一首诗赠予李白，希望他以诗作答。诗仙随即以时情、时景、时茶为题赋诗一首——《答族侄僧中孚赠玉泉仙人掌茶》。并在《序》中写道：早便听闻玉泉寺周边山峰的山洞中流淌着许多山泉，山泉周围长满茶树，枝叶如碧玉一般。现在有幸得见中孚带来的茶叶，因叶片微卷像手掌而得名“仙人掌茶”。[8]

李白无疑是唐代诗词界最杰出的代表人物之一，而他以一款鲜为人知的茶为题，将它的渊源、特点写就在篇幅中，算是开此类诗词题材之先河。在他之后，诗人集团逐渐将茶列入自己的创作范畴，并由此一发不可收。就在李白作茶诗之际，茶道的领路人也已启程，他即将为李唐营造一枚前无古人、后无来者的时代标签。

注释：

［1］参见吕思勉《中国通史》，中华书局 2015 年版，第 188—191 页。

［2］参见吕思勉《中国通史》，中华书局 2015 年版，第 200 页。

［3］参见（唐）陆羽《茶经 · 之饮》，载杜斌译注《茶经、续茶经》（上），中华书局 2020 年版，第 72 页。原文："滂时浸俗，盛于国朝，两都并荆、渝间，以为比屋之饮……"译文："随着时间的推移，风俗文化逐渐形成，饮茶在本朝最终盛行，两座都城再加上荆州、巴渝一代，已经是居家必备的饮品……"

［4］参见（唐）李泰《括地志》，载（宋）王象之《舆地纪胜》第三册，中华书局 1992 年版，第 2014、2495 页。原文："括地志，临蒸县东一百四十里有茶溪。""辰州溆浦县，西北三百五十里……山多茶树。"《舆地纪胜》由南宋地理学家王象之编纂，耗时三十载。

［5］当今最权威的《新修本草》由晚清外交官傅云龙（1840—1901）于光绪十五年（1889）在日本收集、整理，记录于其《籑喜庐丛书》中。详见尚志钧《〈新修本草〉辑复》"序"，北京科学技术出版社 2019 年版，第 2 页。

［6］参见尚志钧《〈新修本草〉辑复》（上），北京科学技术出版社 2019 年版，第 348 页。原文："茗、苦荼：茗，味甘、苦，微寒，无毒。主瘘疮，利小便，去痰、热渴，令人少睡，秋采之。苦荼，主下气，消宿食，作饮

加茱萸、葱、姜等，良。”

[7]（唐）孙愐：《唐韵》，载（唐）陆羽、（清）陆廷灿著，申楠评译《茶经·续茶经》，北京联合出版公司2019年版，第68页。《唐韵》书佚，清朝人陆廷灿编辑的《续茶经》中有一小段引用。

[8]（唐）李白《答（赠）族侄僧中孚赠玉泉仙人掌茶》，载（唐）陆羽、（清）陆廷灿著，申楠评译《茶经·续茶经》，北京联合出版公司2019年版，第66页。原文：“见宗僧中孚示余茶数十片，拳然重叠，其状如掌，号为仙人掌茶……兼赠诗，要余答之，遂有此作。”

茶祖、诗匠
（770，顾渚山）

从公元 270 年韦曜的茶故事到公元 752 年李白的茶故事，已经更迭了近五百个春秋。这一路上，茶收集着自己的心得、提炼着自己的思想、拣选着自己的器具、开阔着自己的格局，同时她也在等，等一个懂自己的人。终于，在岁月的涤洗与光阴的雕琢后，她迎来了这位不僧、不俗，不官、不戏，不仙、不凡的“山人”[1]。

茶道家翁

要把“茶圣”陆羽以及他的作品《茶经》讲明白，需要占据太多的篇幅，笔者的另一本书用了十几万字才完成这项工作，因此本章只作简要介绍。陆羽人生的前三十多年可以概括为四句话：

孩提年，遭生离死别之罹难。

总角年，尝古佛青灯之禁忌。

弱冠年，受治学苦读之约束。

而立年，著旷世难逢之奇作。

没人知道陆羽父母是谁，因为他是被复州（今湖北天门）竟陵僧人智积在河边捡拾的弃婴。被遗弃的原因在其自传[2]中有载，陆羽称自己相貌丑陋、口吃。外观是先天问题，而口吃很有可能是幼年在禅院受挤压造成——他对自己遭受体罚、鞭打有刻骨铭心的记忆——至少在陆羽还是婴儿被遗弃时，口吃问题应该不会显现。

年少的陆羽并没有向命运低头，他逃出禅院到戏班中谋生。没想到这无奈之举却带来了转机，他不仅做上了主角还创作了剧本，更重要的是，在此过程中他受到政府官员——河南尹李齐物的点拨与引荐。唐肃宗至德元年（756），也就是李白写茶诗 4 年后，24 岁的陆羽为躲避“安史之乱”（755—763）南渡长江，已可作诗。陆羽很可能在渡江后便已开始创作《茶经》，该作第八章中对江南不同地区茶品质的比对很好地验证了此点。

不惑之年，特别是在《茶经》问世之后，陆羽接触了许多文人，其中多数还是官员。公元 770 年，由于顾渚山中紫笋茶名扬四海，朝廷更是将贡茶的制作、烘焙处添置在此地，结束了先前阳羡紫笋贡茶一枝独秀的局面。[3]然而，陆羽并未因此改变脱俗、寡欲的心性，相反，皇家制茶师更享受寂寞。陆羽可能在感情方面也曾仰慕过一位著名女诗人——李季兰，但他注定孤独，孑然一身。也许，能悟出茶道，还能将其传世之人必定会遭受一些禁忌，做出一些牺牲，陆羽为“拥有这种能力”献祭了自己从出生到仙逝的世俗亲情。

道法自然“陆氏茶”

茶道的思想并不是由陆羽《茶经》引出而后逐渐形成，而是一经出世便成定局，后人的镶嵌只是令“得道”的形式更加多样，但都建立在“陆氏茶”的哲学轨迹上。

《茶经》一共分上、中、下三卷，十个章节。第一章介绍茶植物的基本情况，包括水土环境与种植培育。茶和其他农作物的区别就在于它的加工既烦琐又精确，《茶经》第二章详述制茶需要的工具。此外，制茶还需要综合其他方面因素，因此第三章介绍制茶天气、时间和根据外观判别茶品质等注意事项。粗看这三章似乎相对独立，但它们实则在逐级展现制作好茶的方法，陆羽归纳它们为“上卷”。值得注意的是，陆羽所造之绿茶并不是像今天一样的散叶，而是类似生普洱的紧压茶，但制作工艺更加复杂，称为“团茶”。因此，在享用之前还有一道将团茶碾成末的工序。

“中卷”只有一章，即第四章，它归纳总结了用于茶道仪式的全部器具。陆羽在本章中展示了自己的设计天赋，它绘制、铸造的煎茶器物如风炉、炭挝、茶碾、罗合、竹策、列具、都篮等，集功能性、科学性、观赏性于一身。后代茶仪式几经变迁，但几乎所有参与其中的茶器都能在《茶经·四之器》中找到原型。仪式是从现实世界步入精神世界的桥梁，而器物是构筑这座桥的纪实工具。茶性俭的天赋让人类有幸在操持仪式之后回归本真、体悟自然[4]，这是茶仪式可以生成“道”的存在基础。茶器的重要性一目了然，这也应该是茶圣为它单设一卷的原因。

《茶经》下卷包括第五章至第十章，讨论了茶的不同文化门类，比如茶如何煎煮、如何品饮、茶的历史如何演变、各地茶品质如何等。所有读过《茶经》第五章的朋友都会对如何操持“煎茶”有所感知——如果把煎煮茶看作一台操作复杂的机械，第五章无疑是它的使用说明。许多当代茶学者认识到泡茶法缺乏操作的问题，也注意到《茶经》第五章的价值，于是在研发茶艺师课程时强行加入不必要的动作、放缓身法，将这看作修成“茶道”的捷径。不幸的是，“得道”或者说领悟从没有捷径可言。

茶道不是静态的表达，它只会在四维空间中生成，需要适当的时空推进，在一系列有序的操持中引导参与者。通往精神世界的桥必须纪实架设，茶仪式的每一个动作相当于为参与者脚下铺设一块垫板。深谙煎茶思想、驾驭煎茶手法可以让桥上之人每一步都平缓地落足——即便垫脚石的尺寸、材质每一次不尽相同。相反，生搬硬套煎茶到泡茶只能通过僵硬的模仿与做作的身法填补操作上的欠缺，这会令桥面出现颠簸，甚至断裂。参与者无法全身心投入就无法通往精神彼岸，自然会对所谓的“茶道”一头雾水。

以当代茶局为例，随着21世纪第一个20年的逝去，网络科技时代彻底来临，中国新一代青年的生活方式正在发生着天翻地覆般的改变，线上体验逐渐成为大多数人日常不可或缺的组成部分，甚至像茶会这样的活动也有人愿意通过移动端感受。2020年年初，北京有家知名电台邀请我为它的粉丝在线上某平台举办一场茶道仪式。经过深思熟虑，我决定放弃泡茶法，改用煎茶仪式。原因在于，线上茶会既没有主办方的临场造势，也没有参与者之间的彼此互动，泡茶仪式无法胜任如此纯粹的体验形式，只得舍弃。陆氏煎茶是一种经得起时间淬炼的艺术品，不论场合，不分形式。

欲深刻理解茶道，与其专注于第五章的操作，倒不如去《茶经》第二章中看陆羽如何通过对制茶工具的细致描述，把控制作步骤；到第四章中看他如何通过对煮茶器材的独特设计，把控瀹茗节奏；到第六章中看他如何通过对饮啜精度的确切分析，把控品茗环节；到第九章看他如何通过对茶事地点的条件限制，把控俭省原则。每一个精准的数据、形象的描述、独到的设计、确切的时机都是一枚明确的思想指示，它们可以引导茶会参与者，逐次递进地体悟茶道。

王牌宣传团队

先有好产品，再有好宣传。茶道的推广自中唐至晚唐呈裂变式，如此高效的信息交互在古代多少令人难以置信，仅靠个体的力量不可能完成。何况陆羽还是位“山人”，推广是他的弱项。当然，他的优势也很明显。由于陆羽对茶学的专注精神，引来许多同趣、投缘、仰慕之人，比如皇甫曾、裴迪、皎然、皇甫冉、李季卿、颜真卿等。这其中尽是文人骚客、朝廷官宦，而他们还有一个共同的身份——诗人。

皇甫曾与裴迪都曾有诗歌题目涉及陆公，显然诗句是为其所作，且都展现出对他的想念之情。[5]这二位都是官员，裴迪更是长陆羽近二十岁，足见茶圣的人格魅力。皎然是另一位仰慕陆羽的诗客，他在诗文《九日与陆处士羽饮茶》中表达了这种情愫。“处士”是“山人”、隐士的另一种叫法。皎然后来成为陆羽的挚友，而他本人还有另一层身份。皎然是位僧人，俗家姓谢，他的身世不简单，是东晋谢家的后人。[6]

比起前三位，这后三位的社会影响力更大。皇甫冉是皇甫曾的哥哥，自幼就被开元名相张九龄器重。天宝十五年（756），他状元及第，也算告慰九泉之下张相的知遇之恩。皇甫冉长陆羽十几岁，一直是陆羽成年后的挚交，曾为他写过《送陆鸿渐栖霞寺采茶》[7]。李季卿曾任湖州刺史，父亲是唐玄宗一朝的左相，他在湖州任上时曾与陆羽发生过一件广为流传的茶事。

有一次，李刺史去拜会陆羽，问他煮茶用什么水最好，陆羽回答说“扬子江南零水”品质最佳。于是李季卿便派了两名军士去南零段取水。等军士回来，陆羽尝了尝水，然后说道：“是扬子江的水没错，但并不属南零，该是临岸的吧？”军士听了连连叫冤，说有百十来号人看到自己的船驶入江中，怎敢作假。陆羽也不做争辩，将盆中的水倒去一半，又尝了尝说：“这才是南零水。”兵士听完吓坏了，战战兢兢地道出了实情。原来船快靠岸时由于摇晃得厉害，水洒了一半，但兵士担心水少，于是就在岸边增补了半桶。这一席话说完惊讶了在场所有人，大家纷纷称赞陆处士神鉴。

这件茶事最早被比陆羽稍晚时期的文人张又新记录在他的《煎茶水记》中，文中张又新称自己是在一本《杂录》中找到这则故事，这不禁令后人对它的真实性产生些许质疑。但不论事实如何，它都是一件极富冲击力的茶事，对陆羽的名声与茶文化的传播起到积极推动作用。而张又新本人也非平庸之辈，他是中国历史上凤毛麟角的三元及第之人。

陆羽在 40 岁以后出入颜真卿府，成为这位名臣兼著名书法家的幕僚，参与他的著书立说。今世在谈到颜真卿时，第一个想起的无疑是他的书法，作为中国历史上字写得最好的几个人之一，这理所应当。然而颜公的能力绝不仅停留于书法辞赋，他在治军治民上都有突出的政绩。“安史之乱”时他是抵抗敌军的桥头堡，直谏被贬期间他又将州县治理得井井有条。最终，颜文忠公以76岁高龄，在平定叛乱的过程中壮烈殉国，他的人生慷慨磅礴。陆羽能遇到这样的知音实属人生一大幸事。

晚唐诗人皮日休曾指出，《茶经》与陆羽的另一作《顾渚山记》几乎将自周朝到唐代的茶事悉数收录，之后只有另两人补充了十几节文字而已。更有价值的是，皮日休佐证了在陆羽之前，茶是与其他草木混合烹煮，茗饮与煮菜喝汤没有多少区别。[8] 也就是说，唐人了解茶的思想完全出自陆氏。

一个不争的事实是，“茶”字直到《茶经》之后才与该种植物饮品建立一一对应的“映射关系”，此前所有与之相关的汉字，除“茗”还偶有用到外，其他字形与发音都相继在历史变迁中尘封。发音写法的统一极大增进了茶在各民族间的传播。此外，李唐文人——不论是陆羽的前辈还是晚生——几乎都充分肯定他为创作茶道而作出的卓越贡献。如果没有这种一致性，陆氏茶同样不可能在短期内蔚成风气。茶道在李唐形成看似偶然，实则必然——它与那个时代的兼容并包、宽宏大量密不可分。李唐中后期这一百年，由这位“山人”和一众诗人汇聚的茶“元气”供后人消耗了千年，直至今世。

注释：

[1] 指隐士或与世无争的高人，陆羽的朋友们这样称呼他。

[2]（唐）陆羽:《陆文学自传》，载（宋）李昉《文苑英华》(第五册)，中华书局 2011 年版，第 4193 页。

[3] 参见（宋）谈钥《嘉泰吴兴志》卷 18，载《中国方志丛书华中地方·浙江省嘉泰吴兴志》，(台北）成文出版社有限公司 1983 年版，第 6884 页。原文:“顾渚与宜兴接，唐代宗以其岁造数多，遂命长兴均贡。自大历五年始，分山析造，岁有客额，鬻有禁令，诸乡茶芽，置焙于顾渚，以刺史主之，观察使总之。”“大历”为唐代宗年号，“大历五年”为公元 770 年。“阳羡”“宜兴”在历史上互为使用，指的是同一个地方。

[4] 并非指“自然界”，而是一种“不做作，不拘束，不呆板”的状态。

[5] 参见（唐）皇甫曾《送陆鸿渐山人采茶回》、(唐）裴迪《西塔寺陆羽茶泉》，均载高泽雄、黎安国、刘定乡编《古代茶诗名篇五百首》，湖北人民出版社 2014 年版，第 17、19 页。皇甫曾，曾任侍御史，陆羽字“鸿渐”；裴迪，曾任蜀州刺史。

[6] 参见（唐）皎然《九日与陆处士羽饮茶》，载高泽雄、黎安国、刘定乡编《古代茶诗名篇五百首》，湖北人民出版社 2014 年版，第 20 页。原文:“九日山僧院，东篱菊也黄。俗人多泛酒，谁解助茶香。”皎然，东晋名将谢安十二世孙，南齐诗人谢灵运十世孙。

[7]（唐）皇甫冉:《送陆鸿渐栖霞寺采茶》，载高泽雄、黎安国、刘定乡编《古代茶诗名篇五百首》，湖北人民出版社 2014 年版，第 16 页。

[8] 参见（唐）皮日休《皮日休集·茶中杂咏诗序》，载（唐）陆羽、(清）陆廷灿著，申楠评译《茶经·续茶经》，北京联合出版公司 2019 年版，第 66 页。原文:“然季疵以前称茗饮者，必浑以烹之，与夫瀹蔬而啜者无异也。”

赴天下苍生
（781，吐蕃）

> 风俗贵茶，茶之名品益众。剑南有蒙顶石花，或小方，或散牙，号为第一。湖州有顾渚之紫笋，东川有神泉、小团、昌明、兽目，峡州有碧涧、明月、芳蕊、茱萸簝，福州有方山之露（一作生）牙，夔州有香山，江陵有南木，湖南有衡山，岳州有滗湖之含膏，常州有义兴之紫笋，婺州有东白，睦州有鸠坑，洪州有西山之白露，寿州有霍山之黄牙，蕲州有蕲门团黄，而浮梁之商货不在焉。[1]

由于《茶经》的著成和李唐诗人的大力协作，茶在公元8世纪后期风靡华夏，与之相关的社会实践逐渐演化为全民文化运动。此刻茶区的扩充，无疑为其提供了物质资本。9世纪初有位叫李肇的文人，就8世纪初到9世纪初的社会变化、朝野逸事写了一部书，称为《国史补》。《国史补》中一段梳理了公元800年前后唐王朝的名茶以及产地，其中既包括陆羽详细介绍过的湖州、峡州、寿州等地茶，也包括一语带过的福州茶、建州茶。虽然今天人们无法一品这些茗饮的滋味，但三十余款茶名足以说明当时唐茶的繁盛。除此之外，《国史补》还录入了一则故事，可以作为茶文化传播速度与广度的佐证。

穿越西部边境

常鲁在公元 781 年，也就是《茶经》问世后不久，被委任为大唐的使者出访吐蕃。此刻吐蕃的国力极其昌盛，身为赞普[2]的赤松德赞十几年前就曾趁着“安史之乱”后期朝廷局势混乱攻陷唐都长安，并切断了唐中央权力与陇右之地的联络。这次李唐派遣常鲁到吐蕃，其中一个重要任务就是要在陇右划清国界。[3]

政治任务完成后，一日闲暇，常鲁有意无意地在帐中煮茶喝。赤松德赞看到有些好奇，就问他煮的是什么。常鲁故弄玄虚地说：“可以涤荡忧烦，去躁止渴，此乃茶也。”谁知赞普听完来了精神，唤手下人把自己手中的茶都摆了出来，还指给常鲁说：“这是寿州的，这是舒州的，这是顾渚的，这是蕲门的，这是昌明的，这是㴩湖的”[4]，品类之多着实令人惊讶，相信常鲁当时也没想到。然而从吐蕃赞普的言谈中人们也可以察觉两个情况。

首先，赞普手中有茶，但应该不知道或极其不熟悉这种紧压茶是要先研碎，而后煮着喝，否则他不会见常鲁煮茶仍旧发问。其次，赞普虽然有种类繁多的茶，但显然对它们并不很了解。六个茶园地名中前两个是大行政区域“州”，后四个是小行政区域“县”或山场的名称。虽然可以区别茶不假，但几个行政等级放在一起描述，非常混乱。举例说明，如果按“州”可以说寿州茶、湖州茶、岳州茶，而按山场则该分别对应为霍山茶、顾渚茶、邕湖茶。但无论如何，此时西藏地区已经出现茶的身影，常鲁此行最大的功劳可能是将如何使用这些叶饮传至西南。

后世西藏地区的酥油茶极具唐风，首先它以紧压茶为绝对主导，有砖形、坨形，还有体积更大的柱形。这固然与它们方便运输的特点有关，但也必定是流传千年的习俗所致。

其次，品饮方法几乎与李唐一致，选用熬煮，煮好的茶需要添加盐与香料。茶饮制作完毕后，藏人会为其添加民族风味——酥油。在茶倒入竹筒后，用一根比陆氏茶器——竹策略长的搅棒，将茶与酥油搅拌成水乳交融的状态。若是出门在外没有竹筒，备茶工具需稍做俭省：铜壶入水烧开，加入茶、盐、酥油，以小木棍搅拌。在后面的章节我们会看到，除地域特色酥油外，它简直就是陆氏煎茶的复原。一千多年前造访吐蕃的常鲁应该是藏茶的启蒙之师。

当然，这其中也衍生出一个误区。藏人对茶的发音与“槚”相似，只不过读音更偏近拼音一声“加”。近年来，部分茶文化研究者联想到《尔雅》中提到的“槚”，称藏人口语中“茶”用的是这个字。但事实上当藏人接触茶时，《茶经》已经将“茶”的写法与读音统一，他们没有机会接触早前的那种偏僻称呼。更何况若不是读过《茶经》，绝大多数人连“槚”曾指代茶都不知道。藏地只是在音译中偏生出“Jia”的口音，并不是真的将它如此书写。这与中国福建地区对茶用“Da”或“Te”的变体读音类似，是口音习惯罢了。

其实，在唐代中后期，茶极有可能已经翻越葱岭（帕米尔高原），远播西域，如果大卫·麦克弗森先生（David MacPherson）在他的著作《欧洲与印度的贸易史》中记录无误。公元850年，已经有一位阿拉伯商人曾将“茶（sah）是一种中国饮品”写入他的游记。[5]当然，由于产量有限、路途遥远、交通不便，茶在那里普及还要等上近800年时间。

任何一项文化想保留下来都需要建立群众基础，后世藏区茶的兴盛是全民品饮的结果。青藏高原寺庙林立，每座庙宇打酥油茶时都可以用盛况来形容，成百上千僧众的口粮茶在几个直径比成年人身高还要长的大锅中熬制，既可以提神，也可以补充人体必需的能量、维生素、微量元素（彩图2）。而茶文化在李唐如此饱满，同样是由于它具备强大的“后援团”。在唐宋古籍以政治题材为主的正史中，要找到“茶在民间的普及状况”并不简单。幸运的是，通过皇家颁布的一系列法令与一次宦官兵变，人们可以“管中窥豹，略见一斑”。

乱局下蓬勃兴起的茶业

782年，李唐朝廷计划对茶叶征税，不久停止，11年后的793年旧事重提，并由此固定下来。[6]在帝国注意到茶行业蕴含巨大利益后的半个世纪中，茶叶需求量持续上涨，茶商迅速富有，而此时帝国的掌门人却尽是平庸之辈，国家财政出现赤字。于是在公元835年，身为宰相的王涯建议当时的皇帝文宗全面垄断茶叶贸易。采取的手段是，统计全国茶园面积，告知种茶人指标，每年收获的茶叶由官府收取，直接经营。这就是历史上“榷茶”[7]制的确立。

此时，年近七旬的王涯丝毫没显现出忠厚长者的仁爱，他的提案可谓“冒天下之大不韪”，致使民怨鼎沸。

朝廷中很快有人站出来反对，同为宰相的李珏上书文宗，给出了否决提案的三个理由。第一，国家此时并未战乱，天下太平，给百姓加重税会破坏国家根本。第二，茶税增加茶价势必上涨，穷人肯定最先受冲击。第三，税高则价高，价高则买的人少，到年底一算账，国家并不一定比税少时收入多。这一点极具前瞻性，一千年后它被反向实操，结果印证了一切。[8] 其实还有一条李珏没敢写进理由中，但做出了附加说明——皇上登基的时候颁诏说过要惩罚横征暴敛，如果实施这样的新税法必会令人民失望。[9] 然而如此充分、合理、切中肯綮的劝谏并没能阻止王涯成为第一任“榷茶使”。背后原因很讽刺，王涯要钱是因为皇帝要在皇宫里给自己加建楼宇。

除了手头紧之外，此时的文宗还被另一件事烦扰着。“安史之乱”以后，宦官的势力越来越大。在掌握军权后，他们变得越发难以抑制。当矛盾到达顶点时，流血冲突便不可避免。此前，宦官已经展示过自己的威力，文宗本尊就为一位宦官所立，而之所以立他竟是因为 826 年他的上一任唐敬宗为另一位宦官所杀。在唐朝中后期众多荒唐的事件中，这也算极其典型的一桩。文宗主政后不甘于大权旁落、被太监们控制，和两个心腹大臣策划除掉阉党。事有不巧，在文宗以观露为名，准备在左金吾衙门后院大开杀戒时，一系列突发事件致使计谋泄露。宦官头目得知后先是训斥了色厉内荏的皇帝，之后决定立即武力清除重臣以及他们的家人，史称“甘露之变”。

新上任榷茶使的王涯虽官至宰相，却并不是本次图谋宦官的主要策划者。不过，太监显然比皇帝果决得多，他们不准备放过任何一个潜在威胁。当总领太监派遣禁军剿灭大臣时，王涯正在政事堂准备吃饭，得知消息后，他仓皇出逃。说来也巧，王涯是逃到一个茶馆后被逮捕。王涯的结局很凄惨，如此年纪，在生命的最后阶段还要遭受屈辱与打骂，最终被腰斩于市。即便如此，观看的百姓仍旧不依不饶，他们怨恨王涯主持茶叶专卖，有的人大声怒骂，有的人将瓦块丢到他尸体上。[10]

从上面这个历史事件不难看出，此时茶已经和社会民生紧密结合在一起。用宰相李珏的话说：茶和米、盐没什么两样，已经成为日常生活的一部分。[11] 茶农、茶商、茶馆服务人员还有那些征收茶税的官吏，都已在帝国茶行业为自己谋求了一席之地。当然，此时茶产业的参与者远不止这些，另一群人正在李唐其他地点为茶界添砖加瓦。

唐青花与长沙窑

同样是唐文宗一朝，也许正是宦官头目们忙着在大街上砍杀宰相的时刻，一艘阿拉伯缝合船在婆罗洲与苏门答腊之间的爪哇海沉没了。事实上，这艘船的木材质量很好，船只很可能建造于波斯湾某处，龙骨使用喀麦隆缅茄木，甲板横梁采用印度柚木，其他木材选用非洲桃花心木[12]，运载的货物是来自李唐王朝精美的金器与数量庞大的日用瓷器。某种程度上，这艘船从用料到功能充分展现了公元 9 世纪海洋的国际化。沉船在古代并不罕见，尤其是在这片拥有暗流与礁石双重威胁的近海海域。从那时起，这艘船与舱内的货便被“封存”于海中一千多年。

1998 年，离沉船最近的岛屿——勿里洞岛，归属于印度尼西亚。对当地渔民来说，那是再平常不过的一天，他们按例潜入十几米深的海下渔猎，不过这一次其中的一人并未带来海参，取而代之的是一个“长满”海藻的瓷罐子。[13] 闻讯赶来的是一家在印尼从事沉船文物打捞的德国公司，该公司已经在这片海域承包业务两年，并小有斩获。他们根据沉船周围的一块大礁石称其为“黑石号”。然而谁也没想到，这一船货物在后来的开价是 4000 万美元。

随着文物不断露出水面，打捞现场所有人的情绪都被点燃。在长 20 米至 22 米、横梁宽 8 米、船深超 3 米的船舱中，中国瓷器的数量超过 67000 件，另外还有一些做工精美的金银器与铜镜。瓷器中最出人意料的收获莫过于三件唐代青花瓷，它们是迄今为止品相最完好的早期青花制品。另一个震撼之处在于，船舱中有 56500 余件长沙窑瓷器。这个发现直接重塑了长沙窑的历史地位，谁都没想到它曾拥有如此丰富的图案与多样的纹饰，在外销市场上如此受欢迎，而更大的文物价值还在后面。

较唐代诸如越窑、邢窑、耀州窑这类窑口，长沙窑器身上写字的情况比较多，有些“铭文”极具考古价值。比如，“黑石号”有件瓷碗带有“宝历二年七月十六日”铭文，宝历二年正是上文提到唐敬宗遇害、唐文宗登基的公元 826 年。另一只碗对茶史的意义则更加重大，它直接书写了“荼盏子”（见图 2-1）三个汉字。可以看出，“荼”字在晚唐民间依然没有被弃用。这不禁令人浮想联翩，如果当初这艘船没有沉没，如果哪位西亚、北非甚至是欧洲的富人买下这只碗，并好奇它上面写了什么，茶会不会提前几百年飘香异域呢？遗憾的是，它终究随船沉没了。

所有“黑石号”长沙窑器物以碗形最多，它们显然是李唐国民的日用器，茶器能在其中独立一席足以证明茶事此时深厚的群众基础。除碗外，另一个比较多的器型是执壶或称茶瓶，别称来自带有“镇国茶瓶”铭文的唐代长沙窑器物。“黑石号”上的执壶装饰很独特，两系与壶注下方有模印贴花工艺、高亮釉色点缀了许多异国元素，带有强烈的西亚风格，比如胡旋舞或其他旋转式舞蹈。它们必定是唐朝匠人根据客户需求而特意生产的“私人定制”产品。（图2-2）

图 2-1　唐代后期制作的茶盏，带有“茶盏子”铭文

图 2-2　“黑石号”长沙窑出水执壶有西亚人物装饰，国家博物馆2020“浮槎万里”特展

唐代百姓在得到了自己的饮茶场所——茶肆，饮茶工具——长沙窑茶碗，甚至自己的茶税官吏后，也拥有了自己的茶娱乐。唐末有位文人叫冯贽，他汇编了一本逸闻集《记事珠》。《记事珠》中有这样一则记录："建人谓斗茶曰茗战。"[14]也就是说至少从此刻起，斗茶已经在福建地区形成风气。而它即将成为日后两宋官民乃至日本将军显贵重要的日常休闲活动。

注释：

[1] （唐）李肇撰，王福元校注：《唐国史补校注》，山东人民出版社 2020 年版，第 228 页。《国史补》，后世称为《唐国史补》。

[2] 对吐蕃最高统治者的称呼。

[3] 参见（后晋）刘昫等《旧唐书》卷 196《列传卷一百四十六下》，中华书局 2000 年版，第四册，第 3569 页。"陇右"泛指陇山以西地区，古代以西为右。约今六盘山以西，黄河以东一带。陇右之地是唐西境最富庶的地区之一。

[4] 参见（唐）李肇撰，王福元校注《唐国史补校注》，山东人民出版社 2020 年版，第 254 页。原文："常鲁公使西蕃，烹茶帐中，赞普问曰：'此为何物？'鲁公曰：'涤烦疗渴，所谓茶也。'赞普曰：'我此亦有。'遂命出之，以指曰：'此寿州者，此舒州者，此顾渚者，此蕲门者，此昌明者，此㴩湖者。'"

[5] Subodh Kapoor, *The Indian encyclopaedia*, COSMO Publications, 2002, p.6984. "Suliman, an Arabian merchant, who wrote an account of his travels in the cast out the years A.D.850, is quoted by MacPherson in the History of European Commerce with India, as

stating that tea (sah) is the usual beverage of the Chinese."

[6] 参见（宋）司马光著，弘丰译《资治通鉴》第二十册卷 234，民主与建设出版社 2021 年版，第 16 页。原文："贞元九年（癸酉，公元七九三年）春，正月，癸卯，初税茶……自是岁收茶税钱四十万缗。"

[7] 榷，本义独木桥，引申为禁止个人、集体经营，由国家专卖、垄断。典故出自（汉）司马迁著，弘丰译《史记》卷 59《五宗世家第二十九》，民主与建设出版社 2021 年版，第 834 页。

[8] 1784 年，英国首相——小威廉·皮特推行了《抵代税法》(*Commutation Act*)。新法案下，原本居高不下的茶税锐减，成倍增加的茶叶售卖量很快平衡了因税率降低而产生的赤字。这一举动也彻底为茶饮通向英国民众铺平了道路。（参见第四章"繁荣背后的人性危机"）

[9] 参见（后晋）刘昫等《旧唐书》卷 173《列传卷一百二十三》，中华书局 2000 年版，第 3065 页。

[10] 参见（后晋）刘昫等《旧唐书》卷 169《列传卷一百一十九》，中华书局 2000 年版，第 2999 页。

[11] 参见（后晋）刘昫等《旧唐书》卷 173《列传卷一百三十三》，中华书局 2000 年版，第 3065 页。原文："茶为食物，无异米盐，于人所资，远近同俗。"

[12] 参见［美］林肯·佩恩《海洋与文明》，陈建军、罗燚英译，天津人民出版社 2018 年版，第 290 页。缝合船是通过缝合船板之间的缝隙来加固。

[13] 参见上海博物馆编《大唐宝船：黑石号沉船所见 9—10 世纪的航海、贸易与艺术》，上海书画出版社 2020 年版，第 55 页。

[14]（唐）冯贽：《记事珠》，载杜斌译注《茶经、续茶经》（下），中华书局 2020 年版，第 508 页。

第一次出海

（805，比睿山）

公元 804 年，有人离开，山中再无茶隐士。不幸中的万幸，陆羽的辞世并未使诗人集团在推广茶文化时有所迟疑，更多佳作持续涌现。我个人最喜欢的《山泉煎茶有怀》[1]出自大诗人白居易之手——是陆羽身后迸发的传世佳作。不同于此时的大多数茶诗，《山泉煎茶有怀》并未关注某个茶或某件茶事，它描述了一种独自吃茶空灵、孤独的状态，每位读者都可能在回味诗句时生成自己的心得，像一幅画卷的“留白”，给予观众充足的想象空间。

政治而非文化使团

公元 804 年，有人到来，日舶又渡访学客。这已经是日本在近 200 年间第 12 次派遣学问生与学问僧。公元 630—838 年，日本先后向唐帝国共计发出 13 次遣唐使团[2]，次数之多、规模之大、持续之久、涉及内容之广，在中日交流史上前所未有。谈到“遣唐使”，很多人会把它误解为僧团，毕竟它对后世最深远的影响来自开创了日本众多流传至今的佛教宗派，比如在 804 年的访团中，就有两位佛门弟子即将成为日本僧派的开山鼻祖。然而事实远不止于此，即便时至今日，只要造访李唐同期建造的日本古都——奈良、京都，就会发现其中原因远没有那么简单。

日本遣使来唐最重要的目的是创造一个“以大唐国为模式，‘法制齐备’的古代天皇制国家”[3]。其实，早在公元623年唐朝建立之初，就有隋末唐初的日本留学生上奏日本天皇，称当时在唐的留学者都已学业有成，应该及时召回。还提出李唐“法式备定”，需要持续派人留学的建议。当时大和（按民族称）的主政者是日本历史上第一位女天皇——推古天皇。[4]然而，这位曾经向隋朝派遣使团的女天皇没来得及亲手缔造一次遣唐活动便撒手人寰。经过近一年的皇位继嗣之争，舒明天皇成为胜出者。在即位第二年，也就是公元630年，舒明天皇成为遣唐使的首位注资人。

唐朝拥有当时世界相对先进的制度、法规，由日本天皇牵头组织的考察团主要是就“君主专制统治”赴唐学习。日本古代史上最重要的政治变革“大化改新”就发生在第一次日使归国后的第15个年头，而这次改革的理论与实操无疑都注入了李唐的政治基因。如果没有遣唐使，“大化改新”将不具备实现基础。今天，不方便查阅古籍的朋友可以拜访奈良城的皇家遗迹，随处可见的唐式群落格局与建筑风格在诉说着那段历史。因此，派遣使团是统治阶级执行的国策，至于宗教、文化、医学则都是“选修课”。事实证明，政治影响力并没有文化经得起时间考验，中日后世对那段历史的记忆更多停留在社会交流层面。

译经名家的再传弟子

佛教于公历纪元前后由印度传入中国，东汉明帝时期（约67）被史籍明确记载。[5]由于最初的佛教典籍都是由梵文撰写，因此需要能懂双语的僧人翻译，而翻译家见解不同也就形成了不同的“宗”。鸠摩罗什、真谛、玄奘、不空四人是历史上最具影响力的译经师[6]，他们也对应着佛教在中国兴盛的四个时期。四人中，玄奘生活于唐早期，不空成名于唐中期，译经大师半数席位在李唐，足见这一阶段佛学的受众之广。

译经和今天各语言间的互译不同，诵经也被称为唱经，而相比之下“唱”字可能更确切——经文伴随着高低变化的曲调吟诵，有点像歌词。翻译既要注重准确又要兼具韵律，这无疑对翻译者梵文、中文、修辞和语言知识都提出极高的要求。因此，自东汉至李唐近千年译经史中仅出现四位名师。鸠摩罗什（343—413）曾把翻译不精准、文体不华美的意译形象地比喻成嚼饭给别人吃——不只是无味，还会令人作呕。[7]他在“五胡十六国”后期的后秦国（384—417）都城长安度过了人生最后十余年，对经文翻译细节的孜孜以求，使他成为译经师之首，后世效仿的模范。[8]沧海桑田三百多年后，同一城市来了另一位海外高僧。

不空三藏（705—774），出生于狮子国（今斯里兰卡），幼年身世颠沛，足迹遍及阇婆（今印度尼西亚爪哇岛或苏门答腊岛，或兼称二岛）、李唐、天竺（今印度）等地。鸠摩罗什圆寂300多年后，当不空来到长安时，它已经成为唐帝国的首都。长安城在隋代就是国家第一都城，由名臣宇文恺规划、设计、建造，只不过那时它还叫大兴城。城中核心地段设有一座大兴善寺。唐帝国在整体继承辉煌壮丽的大兴城后，几乎为所有建筑改换了门庭，但大兴善寺的称号得以保留。大兴善寺是汉传佛教密宗的祖庭。身为译经四名师最后一位的不空三藏法师就曾在这里灌顶传法。

在不空传法弟子中有一位惠果（746—805），他是青龙寺东塔院灌顶国师，因此也称青龙阿阇黎。[9]公元804年，惠果已入暮年。即便心力不济，他还是将遣唐使队伍中的一位日本僧人收作弟子，此人法号“空海”（774—835）。青龙阿阇黎的这位徒弟即将在日本宗教、文化历史上大放异彩，不过此刻他尚需时日。空海来到唐都之后先是暂住西明寺，其后造访过大兴善寺并最终拜在青龙寺惠果门下求教数月。[10]今天，在大兴善寺与青龙寺中都有日本僧众后人捐献的纪念石碑、石像。尤其是在青龙寺——有用中、日文铸就的祭坛——师徒二人被隆重地祭拜着。（彩图3）

留学僧归国的贡献

2004年，在高中毕业旅行第一次拜访大兴善寺时，我就被它的宏伟壮丽深深吸引。2021年，当我时隔17载再次跨过寺门时，五味杂陈。我感觉它变小了，但我驻足的时间反而更长了。寺内东部供奉着空海和尚的一尊石像与几块石碑，上次来时我显然没有注意到它们。可能是在中国寺庙供奉一位日本僧人的情况并不多，也可能由于空海在中日两国文化交流上的名气太旺，当我向一位大兴善寺住寺和尚询问石像的入寺年代时，他竟误称：“空海是中国名僧，后来去日本传法，所以日僧多来寻祖，广雕石碑。”他显然是

把空海当成另一个鉴真[11]，但实际上空海在中国只生活过1年多。（图2-3）

在青龙寺学成后，空海又拜访过大唐多地庙宇，并于公元806年回国。此刻他的中国恩师已作古，这似乎更能凸显出传承的含义。经过学识与见识武装，归来后的空海创立了真言宗（密宗在日本的一种），同时撰写了众多文学作品。当然，他对日本文化最杰出的贡献在于通过省略汉字笔画，扩展出日本字符的重要组成部分——平假名。如今，还有许多人误以为平假名全部出自他之手。[12]这种简便的书写方式在日本平安（794—1192）中后期女子间率先得到推广。其间，著名女作家——紫式部就是用平假名完成了她的《源氏物语》。

图2-3　大兴善寺中日本僧团捐助的石碑与空海铸像

几年前，当我拜访世界著名抹茶产地——日本宇治时，有幸参观了“源氏物语博物馆”。《源氏物语》作为日本古典文学双璧之一，有理由受到这样的重视。在博物馆中，我观看了根据作者写作经历改编的动漫，情深意切、令人动容，仿佛把我带入紫式部的时空。当影片落下帷幕时，我感触良多，脑子里的关联事件像过幻灯片一样，其中在空海那一页停留了很久。尽管在这部长篇小说问世时，空海和尚已经过世近两个世纪，但这一切无疑都得益于他的造字之举。

空海来唐期间除了接触僧人之外，还拜师学习了梵文、书法、诗词，结交了许多文人士子[13]，这两类人恰恰是茶道推广最彻底的群体，空海必定耳濡目染接触了大量李唐茶学。1985 年，西明寺遗址——空海来到长安后落脚的第一个寺庙中，出土了一件唐代茶碾。它是青石材质，呈长方形，底部中间有凹槽。凹槽一侧刻“西明寺”，另一侧刻“石茶碾”，一共六字铭文。[14]（图 2-4）它印证了唐代禅院茶事的规范性与普及程度，僧人会特意将茶器区分标注。

图 2-4　西安博物院馆藏西明寺青石茶碾

从“茶”字的应用来看，此物该是唐代前中期所铸。空海很可能见过甚至用过这件茶器，他对吃茶的熟悉程度可能并不亚于参禅。作为日本“国字”的创造者之一，他也第一次将“茶”字收入日本古籍中。空海笔记中称自己闲暇时要学习印度文，如果茶汤准备好则要读中国书。[15]足见访唐一年多，茶已经成为空海日常生活的组成部分。当然，公元 804 年与空海同船来访的另一位和尚对茶在日本的落户则有更直接的贡献。

2019 年，作为“北京东城区日本茶道研学”导师，我亲自设计线路并带队出行，旅途第一站设在日本京都东北面的比睿山，因为此处是日本茶的嚆矢之地。比睿山顶有座被绿树环绕、依山而建的佛刹，它的名字叫“延历寺”，是日本佛教天台宗祖庭。今天在中国浙江省有座天台山，这二者名字相同并非偶然。公元 804 年，唐帝国给遣唐僧人、日本天台宗祖师最澄和尚（767—822）发放了一份国内通关文牒，作为他前往浙江天台山求法的法律通行文书。如今，这份文书已经作为日本国宝，供奉在延历寺中。

同为留学僧的最澄提前空海几个月，于公元 805 年回到日本，在他的行囊中有一件来自中国的重要物品——茶籽。他将这些渡海而来的植物之本、文明之源栽种到比睿山山腰。延历寺后来融入日本本土文化，今天当地人更习惯称之为“日吉神社”，那片不大的茶园也就被称作“日吉茶园”。从茶园中茶树顶面上结出的厚厚蛛网看，它们应该已经许久没有被打扰过了。当我驻足在茶园前，亲眼得见这些 1200 多年前的李唐茶树子孙时，倍感亲切，它们生生不息、郁郁苍苍。比睿山当地政府在茶园北侧竖立了一块注释牌，上面简要回顾了最澄引茶落户的始末。（彩图 4）

被选择的人

按照常理，最澄与空海绝不该是最早接触茶的日本僧侣，在他二人之前已有十几批学问僧访唐，这些人势必不会对李唐禅寺中司空见惯的礼仪只字未提。然而，历史最终将殊荣交予二位名僧。当然，在茶饮的传播上功劳再高也敌不过他们开创门派、成为祖师的成就，毕竟这才是修佛之人被历史铭记的关键因素。如果仅着眼于文化层面，最澄与空海似乎拥有异于常人的能力，但若是联系背后的政治氛围，就会发现他们的命运既是缘分所致，也是操控所得。

最澄与空海生活在日本早期历史至关重要的变革时代，此时的天皇为桓武天皇（781—806 年在位）。出于对政治势力的制衡，桓武天皇已经在派遣唐使前迁都两次，并最终将大和国的行政中心由奈良的平城京迁至京都的平安京。经过十年迁都动荡，新的政治中心落成，这标志着日本正式进入“平安时期”（794—1192），同时也开启了京都 1000 多年的日本都城史。[16]桓武天皇是位有手腕的政治家，甚至连最澄、空海等人在建都十年后成行的“研学旅行”，也是天皇政治棋局中的落子一步。

桓武天皇迁都的重要原因之一就是迫于僧团旧势力的牵绊。“奈良时期”（710—784）的平城京中盘踞着佛教传入日本后的六大宗派，它们与当时的朝臣盘根错节，权力极大，这无疑会成为君主的肘腋之患。在记录那段时期历史的《日本后纪》[17]前十卷中，很容易感受到宗教与皇权之间的紧张关系。因此，桓武天皇要借新进僧人之手，革擅权宗派之命。历史的高光就这样给到了最澄与空海。他们二人出访李唐——不论学期有多短——只是为取缔现有宗教势力，令自己成为下一届佛学带头人更加名正言顺而已。

在《日本后纪》关于桓武天皇的记载中，只有最澄，没有空海，因为晚最澄几个月归国的他无缘见桓武最后一面，天皇本人已寿终正寝。此后，经过四年一系列皇族意外，桓武天皇的嫡二子于公元 809 年即位，他就是后来的嵯峨天皇。嵯峨天皇继续巩固着父亲在平安京建立的新势力。在这段时期，最澄与空海还有他们各自创建的宗派成为新天皇的重点扶植对象。

被雪藏的人

《日本后纪》在记载公元 816 年历史时，前两条录入分别涉及两位僧人，第一位是最澄、第二位是永忠，永忠和尚在这一年去世。[18] 比起最澄与空海在日本佛教史的名望，永忠不只是逊色很多，简直可以用被遗忘来形容。然而，他却成为日本正史记载“与饮茶事宜相关”的第一人。

永忠去世前一年，嵯峨天皇来到他位于近江国滋贺的崇福寺，此处距离最澄的延历寺并不远，永忠是那里的大僧都。在这次迎驾过程中，永忠亲手为天皇煎茶[19]，而这可能是他一生中最“露脸”的时刻——后世几乎无法在其他文献中找到关于他的事迹。《日本后纪》对永忠的生平记载极其有限：“宝龟初入唐留学，延历之季随使归来。”据此可知，永忠是比最澄与空海早一期的留学僧，也就是在公元 777 年去往李唐，一直生活了近 30 年才还归故里。不过通过一条有意思的史实后人可以看出，永忠留唐绝非个人行为，可能是出于某种官方原因。

日本延历十五年（796），刚刚经历二次迁都没多久的桓武天皇迎来了一批来自渤海国的使节。渤海国是李唐藩国，由宗主国皇帝唐玄宗为其赐名。渤海国使由本藩工部郎中吕定琳带队，此行的目的是将自家国王更替的消息通晓邻邦。在双方递交完国书之后，吕定琳将永忠的附书交与日方。而作为回应，日本朝廷官员特意拿出沙金 300 两，托来使转交永忠。[20] 由此可见，桓武天皇将永忠留在唐帝国出资供养，一定有非常重要的目的，而永忠也必定是嵯峨天皇父皇的心腹之人。

这就难怪嵯峨天皇会在永忠迟暮之年来崇福寺拜会他，并品尝他亲手煮的茶，这一切应该没有看上去那么巧合。要知道在日本早期政教关系中，天皇与僧主关系微妙、若即若离，即便不干戈相向，同室安坐也实属罕见。嵯峨天皇不仅品尝了永忠煎煮的茶，还在一个多月后下令在京都及周边三地种茶并年年进贡。[21] 他到底是眷恋茶味还是思念故人，后人很难知晓。

就在日本茶文化即将破土出苗之际，唐帝国内部发生了激烈的变化，藩镇割据、宦官擅权、朋党之争轮番上演，令政权江河日下，终于在公元 878 年酿成“黄巢起义”（878—884）。其实，日本在 804 年访唐时已经没有之前那么意气风发，政府也因能汲取的营养不多而缺乏激情。最后一次遣使活动终于在公卿菅原道真（845—903）[22] 的劝谏下，于公元 894 年胎死腹中。在最澄、空海与永忠归国后，日本遣使来唐只成行一次，茶文化在日本终因积累不足、欠缺给养而沉寂，这一沉寂就是三个多世纪。

注释：

［1］（唐）白居易：《山泉煎茶有怀》，载高泽雄、黎安国、刘定乡编《古代茶诗名篇五百首》，湖北人民出版社 2014 年版，第 31 页。诗文："坐酌泠泠水，看煎瑟瑟尘。无由持一碗，寄与爱茶人。"

［2］参见［日］木宫泰彦《日中文化交流史》，胡锡年译，商务印书馆 1980 年版，第 73—75 页。遣唐使共筹备 19 次，成功抵达 13 次。

［3］［日］井上清：《日本历史》，闫伯纬译，人民出版社 2013 年版，第 32 页。

［4］参见［日］舍人親王《日本書紀》卷 22，四川人民出版社 2019 年版，第 313 页。原文："于是惠日等共奏闻曰：'留于唐国学者，皆学以成业，应唤。且其大唐国者，法式备定珍国也。常须达。'"此事发生在推古天皇三十一年，即公元 623 年。上奏的惠日等人是曾留学李唐的僧人、医生。

［5］参见蒋维乔《中国佛教史》，上海古籍出版社 2019 年版，第 1 页。

［6］参见蒋维乔《中国佛教史》，上海古籍出版社 2019 年版，第 6 页。

［7］参见范文澜《中国通史简编》（第三编第一册），人民出版社 1965 年版，第 75 页。

［8］鸠摩罗什在古龟兹国（今新疆境内）出生，但他父亲是天竺人（印度人）。西晋之后，中国北方成为无主之地，在北魏统一北方前，这里经历了 5 个少数民族统治，先后建立过 15 个地方政权，与成汉并称"五胡十六国"时期。

［9］青龙寺位于今天陕西省西安市城东南 2.5 公里处。阿阇黎是僧人称号，有轨范师、正行、悦众、应供养、传授等意，也可理解为"导师"。

［10］参见魏燕《青龙寺》，陕西人民出版社 2002 年版，第 58 页。

［11］唐代扬州大明寺方丈，曾受邀先后五次尝试东渡日本传播佛法，并在第五次东渡海难后，于回归扬州的过程中双目失明。最终，于公元 753 年成功东渡，日本奈良古建——唐招提寺便是鉴真与其弟子的杰作。

［12］参见［日］家永三郎《日本文化史》，赵仲明译，译林出版社 2018 年版，第 97 页。

［13］参见魏燕《青龙寺》，陕西人民出版社 2002 年版，第 63—65 页。

［14］参见西安博物院编《乐居长安：唐都长安人的生活展》，文物出版社

2020 年版，第 146 页。图 2-4 出处相同。

[15] 参见［日］空海《空海奉献表》，载［日］弘法大師《性灵集正校》卷 4，日本國立圖書，真言宗書林 · 森江藏版，第 35 页。原文：“馀暇时，学印度之文。茶汤坐来，乍阅震旦之书。”“弘法大师”是空海的佛号，《空海奉献表》中记录了他的日常生活。

[16] 至公元 1868 年东京奠都为止，京都一直都是日本的首都。

[17]《日本後紀》的作者是藤原冬嗣、藤原绪嗣，记载了桓武天皇延历十一年（792）至淳和天皇天长十年（833），共 42 年的日本历史。

[18] 参见［日］黑板伸夫、森田悌《日本後紀》卷 25，株式会社集英社 2003 年版，第 722 页。年份根据文中弘仁七年判断，弘仁是日本嵯峨天皇的年号。

[19] 参见［日］黑板伸夫、森田悌《日本後紀》卷 24，株式会社集英社 2003 年版，第 698 页。原文：“大僧都永忠手自煎茶奉御。”

[20] 参见［日］黑板伸夫、森田悌《日本後紀》卷 4，株式会社集英社 2003 年版，第 72 页。原文：“赐太政官书于在唐僧—永忠等……赐沙金少三百两，以充永忠等。”

[21] 参见［日］黑板伸夫、森田悌《日本後紀》卷 24，株式会社集英社 2003 年版，第 700 页。原文：“令畿内并近江、丹波、播磨等国殖茶，每年献之。”

[22] 菅原道真，生于世代学者之家，日本平安中期公卿、史学家，擅长汉诗，既是日本的学问之神，也是“四大怨灵”之一。

容声色，纳寂寥
（873，法门寺）

茶道经陆羽创造后兼具丰富的器具与充沛的操持，整体茶事极富艺术表现力，即便煎茶人只是照方抓药也不难让参与者产生仪式感。问题是古人在日常生活中并不需要太多仪式，务农、做工、经商、治学都可以在各自环境中直接进行。因此，茶文化的启蒙运动不会与上述活动形成共鸣。然而在两个场景下、两类人群中，仪式却是他们生活的重要组成部分，一是宫墙内的皇族，二是禅院里的僧众，茶道恰恰是在这两个“温室”中率先成长壮大。而这一点也被与陆羽同时代的一位文人看在眼里、记在书中。

李唐官家茶

封演，后代对此人生卒信息的记载并不多，只知道他在官家从事一些书记工作，但他的作品《封氏闻见记》却保留至今，成为了解、研究唐中期社会文化的重要书籍。作为陆羽的同代人，封演从另一个视角阐述了茶在李唐流行的过程。

> 南人好饮之，北人初不多饮。开元中，泰山灵岩寺有降魔师大兴禅教，学禅务于不寐，又不夕食，皆许其饮茶。人自怀挟，到处煮饮。从此转相仿效，遂成风俗。自邹、齐、沧、棣，渐至京邑。[1]

上段文字说的是，茶最初在南方兴盛，北方人喝的不多。开元（713—741）中期泰山灵岩寺有位降魔大师大力发展禅宗。在参禅的过程中他既不困倦，也不吃晚饭，这全仰仗茶的功效。于是信众都各自携带茶，以便随时煮来喝，人们相互效仿，蔚然成风。喝茶习惯从山东、河北兴起，逐渐流传到京城。

但封演对茶的了解肯定没有陆鸿渐全面。茶在南方流行，等传到山东、河北前肯定已经途经京城长安和东都洛阳，封演在这上面的见解略显局限。但他佐证了茶在唐帝国的兴起是多点开花、以点带面。此外，《封氏闻见记》还指出，陆羽讲的烤茶、煎茶法和他确立的茶器、茶礼令“茶道大行，王公朝士无不饮者”。这该是出于封演的官场所见。当然，王公朝士能到人人饮茶的地步肯定不全是一个隐士的功劳，多少也体现着一种上行下效，而这贵族要效仿的终极目标只有一个人——朝堂天子。

唐朝御贡茶的具体起始日期今天不得而知，但陆羽创造顾渚紫笋前已有阳羡紫笋上贡，截至9世纪初，帝国许多地区已经开始争相进贡茶品。通常情况下，茶树在春天发芽，不过根据个体差异与气候、海拔的特定条件，有些茶树冬天就会抽芽。结果各地官员越赶越早，冬天就想办法让茶树发芽。公元833年正月，唐文宗以自己崇尚朴实，不愿违背事物生长规律为由下诏，禁止吴地、蜀地在冬天制造贡茶，至早不能先于立春[2]，足见此刻茶品全年首贡竞争之激烈。不幸的是，半年后他便擢升王涯为宰相，为两年后榷茶专卖埋下了引线。

在古代国家性活动中，礼乐众多，尽管乐谱在后世大多因材质不宜保存而遗失，但今天北京、河南、陕西各大博物馆中陈列的先秦及汉代青铜乐器、唐代宫廷乐舞图述说着皇家仪仗的庄重大气。朝会、典礼、祭祀、国宴，王公朝士的生活常伴礼仪。此外，整个官僚集团的迎来送往、日常交际都有成熟的体系和固定的规制，礼节本身就带有仪式性。终日沉浸在仪式中的皇亲朝臣自然不会排斥多增加一个休闲茶仪式，陆氏茶对他们展现出无法抗拒的吸引力。

在李唐这个开放的朝代，男性可以做的事女性也可以做，喝茶也不例外。今天收藏在台北故宫博物院的《唐人宫乐图》与美国纳尔逊—艾金斯艺术博物馆（The Nelson-Atkins Museum of Art）的《调琴啜茗图》都是唐中后期的作品，同以女士饮茶为主题。特别是在《宫乐图》中，描绘了众多女性角色，从穿着与用具判断，应该是宫中女眷。从桌上液体颜色分析，画卷中间位置的大容器中盛的该是浊酒，两端小容器中则是茶。显然女贵人们更钟情于酒，其中一人正用大号柄匙舀取（彩图9）。两幅唐绘极其珍贵，可惜的是，无论哪一幅茶具都不是很丰富，唐代皇家茶具规制谜一样地困扰了专家、学者1000多年。这个遗憾在近代被一次文物抢救性发掘弥补了。

宝塔基座藏乾坤

1981年8月24日，陕西宝鸡市扶风县的一个雨夜注定令很多人难以入眠。扶风县有座佛塔，属于法门寺。就在那一夜，伴随着一声巨响，宝塔西半部轰然垮塌，寺院住持与驻寺文管所职员冒雨抢救散落在废墟中的佛像、经文。四年后，经过一系列考察、研讨、推敲，陕西省政府决定拆除残塔、清理文物、重建宝塔。[3] 在清理地面和塔身时，工作人员收获颇丰。然而，他们不知道的是，佛塔地基处埋藏千年的秘密即将石破天惊。

1987 年 2 月底，考古队开始清理塔基地面土石堆积，随着残碑断碣相继移除，宝塔下可能存在地宫的传言也终于得到了证实——考古队员透过塔底地洞看到了堆积如山的金银器具。很快，地宫门道露出了它的真容。随后进入更加激动人心的地宫开门阶段，几千件文物与释迦牟尼指骨舍利历经千年重见天日。[4]（图 2-5）与通常佛塔地宫不同，法门地宫中出土的文物从样式到材质

图 2-5　法门寺佛塔塔基地宫发掘现场

都属贵重的皇家器具，其中不乏令人拍案叫绝的琉璃器、金银器、瓷器孤品，如此多的宝藏是由谁，在什么时候收入地宫的呢？那段历史被今天法门寺博物馆以图文并茂的形式呈现在馆区文化墙上。

法门寺在唐代因藏有释迦牟尼指骨舍利而远近闻名，贞观五年（631），唐太宗李世民开启法门寺地基，在当地举行祭祀仪式，创唐代帝王迎佛骨先河。此后两百多年间，帝国的领导者们每隔三十年上下都会将佛骨舍利迎入都城长安，供养一段时间。唐懿宗咸通十四年（873），朝廷第七次迎佛骨入京，水银为池，金玉为树，场面空前，极尽奢华。但这似乎并没能延续主事者的阳寿，同年懿宗驾崩，僖宗继位。年底，僖宗将佛骨送还寺中并下令封闭宫门，而所有金银财宝都是懿宗、僖宗两朝之物。自此，这宫门再未开启，直到1100多年后，重修宝塔之时。（图2-6、彩图5）

图2-6　地宫中室茶具出土时俯视图

公元2020年，当我在昏暗的法门寺博物馆展厅，面对着众多从未见过的稀世珍宝，更多能感受到的不是兴奋而是扼腕。从懿宗迎舍利的盛况到僖宗送佛骨的供品，不难理解李唐王朝为何气数将尽。皇宫大内的穷奢极侈、声色犬马在这些藏品中仅展现了冰山一角。当然，引领我来到法门寺的确实是一组金银器，它就是僖宗一朝铸造的皇家内院煎茶器，一共七类制品。它们分别是放茶饼的茶笼、研末茶的茶碾、筛末茶的罗、存末茶的盒、盛放盐的鹾簋、用于拾取或搅拌的筷子和带盖子的茶杯。这其中只有"鹾簋"一件器物需要特殊说明。煎茶法为了调茶汤，中和茶中来自单宁的涩味，会在煮茶过程中加入少许盐。鹾是盐古称，簋是一种器型名称，尽管僖宗的这件器物并不是簋形，但因为《茶经》中盐具以此命名，后世也就如是沿用。（彩图6）

法门寺对于我的另一个吸引点在于它解开了古瓷史上尘封千年的一桩悬案。唐代瓷器以北方邢窑与南方越窑最为出名，茶圣在《茶经》中态度鲜明地指出，茶碗他更爱越窑。在法门寺地宫发掘前，唐代宫廷所用"秘色瓷"早因烧造稀少与年代久远而失传，业界一直认为秘色瓷是越窑青瓷的精品。然而，伴随着地宫十四件秘色瓷的出土，人们终于对它有了精确的定义。秘色瓷不只有青釉还有黄釉，且釉质明亮、润澈，釉水中定是加入了特殊的矿物，烧造时还可能有不外传的技艺。"秘色"并非特指某个颜色，而是"珍贵品色"之意。难怪五代[5]诗人徐夤用"巧剜明月染春水"的诗句来形容这种釉彩。（图2-7）

图 2-7　右上角三个器物为秘色瓷，它们显然比其他唐代越窑瓷器的釉色更莹润、饱满，故宫博物院武英殿藏

墨色煎茶有蹊跷

通常情况下，要了解一件文物只需到指定的博物馆参观即可，但有一件绘画作品却幻化出三个“分身”，需要足足跑全三地博物馆才能看全它的容貌。它就是《萧翼赚兰亭图》，描绘了李唐初期一桩“诱导、偷盗连环案”。相传当年太宗李世民痴迷于王羲之的书法，曾三次向一位辩才和尚索要王右军的力作——《兰亭序》（图 2-8）。辩才是王羲之七世孙的弟子，《兰亭序》真迹就在他手中，但他始终三缄其口，称自己从未见过此作。正在太宗无奈之际，宰相房玄龄送来妙计，让监察御史萧翼乔装潦倒书生，结交辩

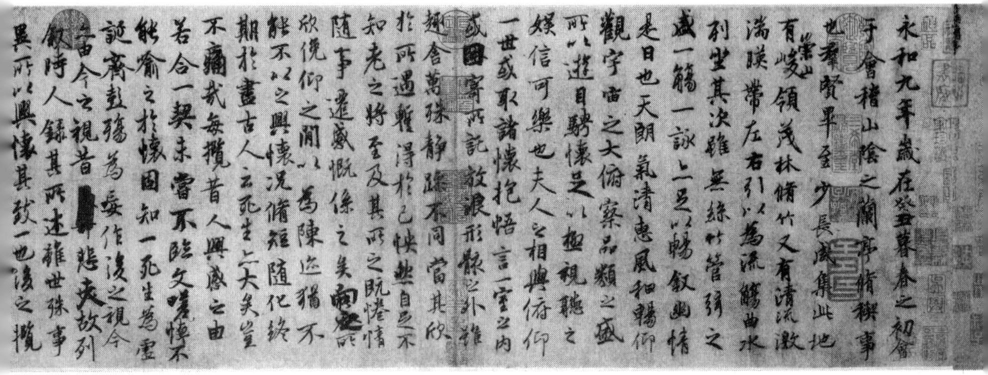

图 2-8 《兰亭序》后世摹本之一

才，取得信任，然后乘辩才不备，偷取《兰亭序》。萧翼依计行事，很快得逞，回京复命。《萧翼赚兰亭图》截取的片段正是辩才上当，要展示《兰亭序》前的场景。

传言中，《萧翼赚兰亭图》这幅作品的作者也不简单，他就是唐代“凌烟阁二十四功臣”的绘制者、初唐著名画家阎立本。千百年来，这个故事的真实性一直备受质疑。即便故事真实存在，原画是否出自阎立本之手也令业界怀疑。现代的说法是，阎立本原作亡佚，现存三作为宋代摹本，分别收藏于辽宁省博物馆、台北故宫博物院和北京故宫博物院。近些年辽博版与台北故宫博物院版更是引发茶界极大兴趣，甚至制作了电视纪录片，专家们称阎立本原作开卷轴画绘制煎茶场面之先河。殊不知，这正是问题所在！

台北故宫博物院版与辽博版煎茶处的画面内容基本一致，左侧都绘有一位老者，手中拿着侧把壶——唐代称“茶铫”——正在风炉上煮茶，右侧也都是一位手握茶盏的侍童，二人下方有一些茶

图 2-9　辽宁省博物馆藏《萧翼赚兰亭图》茶局部勾勒图

图 2-10　台北故宫博物院藏《萧翼赚兰亭图》茶局部勾勒图

具。然而，阎立本在公元 673 年故去，如果他真的绘制过《萧翼赚兰亭图》，距离陆羽《茶经》的出版也整整早了一个世纪。阎画师时代的禅院是否发展出如此成熟的饮茶风尚，具备如此多样的茶饮器具，令人难以置信。当然，最明显的时空错位需要聚焦在茶碗上。不论是茶童手中执握的碗还是茶几上陈列的碗，下方都有盏托，这个器物在陆氏茶器中都未曾提及，因为它是《茶经》出版后，由其他人发明。（图 2-9、图 2-10）

晚唐文人李匡乂将一些小故事收集在他的笔记《资暇集》中，在笔记接近尾声的地方收录着一则关于“茶托子”的故事。[6] 公元 782 年前后，李唐四川边防军长官崔宁的女儿担心茶碗烫手，就在喝茶时拿一个碟子托住。即便如此，品饮时茶盏还是倾倒了。姑娘很聪明，绕着盏足和碟子接触的部位点了一圈融蜡，待蜡凝固后茶盏就被固定在碟子中间。之后她又让工匠用大漆代替蜡。试用完毕，姑娘把这个

“新发明”呈现给爹爹看。她爹看了又惊又喜，每逢亲朋好友来访，便询问给这器物起个什么名字。用过的人都觉得方便，自此普及。再后来，使用者也会根据自己喜欢的形状，制作不同样式的茶托。

段落最后李匡乂补充说，大多数人知道茶托子是在公元 785 年仿荷叶形器具（图 2-11）问世后，但实际是崔家发明在前。[7] 看到这里画卷的问题已经显而易见，如果盏托为世人所知是在 785 年，它如何会出现在一个多世纪前阎画师的作品中。更何况无论台北故宫博物院版或辽博版，《萧翼赚兰亭图》中的盏托都带有明显的五代、赵宋风格。（图 2-12）上述两作的煎茶部分明显带有画蛇添足、欲盖弥彰的色彩。不论“萧翼盗画”的故事是真是假，也不论阎画师是否真的绘制过取材于它的作品，这三幅画的真伪似乎相对明确，若真有一幅是摹本，故宫博物院中那幅简洁明快之作更令

图 2-11　晚唐荷叶形银茶托实物及茶艺器具，国家博物馆藏

图 2-12　北宋盏托不仅有黑釉也有青釉，但器型相对固定，陕西历史博物馆藏

人信服。至于另两幅，即便五代以前有原作，最早也只能追溯到唐代中后期。

大唐禅院吃茶去

之所以后世对禅院中的煎茶行为如此司空见惯，甚至不惜强行嵌入绘画，主要有两方面原因。首先，唐代中期以后茶事发展过于迅速，尽管只有百年，人们也很难想象它在唐初尚未普及的状况。其次，寺庙在后世是茶的主场之一，吃茶是参禅重要的辅助方式。除饮品本身具备提神醒脑、消食克欲的生理作用外，茶仪式也对开悟产生心理引导。

陆羽生活的时代，距离定义水的沸点是100℃或温度计的发明还有千余年，然而这并未妨碍茶圣判断水温。根据水在三个温度呈现的状态——《茶经》称其为三个“沸度”，陆氏煎茶定义了三组操作。当水中出现似鱼眼状气泡并微微做声时视作“一沸”；当水面边缘呈泉涌时视作“二沸”；当水面出现翻滚时视作“三沸”。根据实际测量，一沸为80℃，二沸为91℃，三沸为95℃。在水由80℃加热到95℃的时间内，三组操作会按部就班地进行，而操持形成的视听效果可以令煎茶人或对面的观众进入一种精神松弛的状态。对于僧人来说，这一状态是通往开悟的必经之路。

陆氏煎茶“一沸”时要根据注水量投放适当比例的盐，为水调鲜，原则是宁欠勿过，不能盖过茶气。“二沸”操作比较烦琐，分为三势，需要先舀出一瓢水；再用竹尺——陆羽称其为“竹策”于汤心环绕拨动，形成漩涡；之后要将适量茶末由漩涡处注入，完成上述三势的时间只有区区十几秒。“三沸”时只有一个动作——将“二沸”舀出之水注回汤中，这样做的目的是避免水“老”，让茶汤处于最鲜美的状态：

> 其沸：如鱼目，微有声，为一沸；缘边如涌泉连珠，为二沸；腾波鼓浪，为三沸。已上水老，不可食也。初沸，则水合量调之以盐味，谓弃其啜余，无乃䤄䀋而钟其一味乎？第二沸，出水一瓢，以竹筴环激汤心，则量末当中心而下。有顷，势若奔涛溅沫，以所出水止之，而育其华也。[8]

如今，科学告诉人们持续沸腾的水会析出更多铁、钙等元素，它们会与茶多酚发生化学反应，抑制茶香。如果僧人庄重、自如地完成上述煎茶仪式，达成稳定专注、无欲无求的心境，甚至可以和打坐、冥想产生类似的效果。

其实不仅是僧人，每一个专注于煎茶操持的人都会处在一种清心寡欲、空明寂寥的状态，这种状态可以把人的心灵暂时带离种种忧虑、欲望、负担。在佛教中，要去除此类世俗情绪——也就是佛学中描述的贪、嗔、痴——通常需要通过瑜伽语音进入冥想。当然，冥想只是途径，而且并非唯一选项，茶道启蒙后，成为另一种途径。当与世俗深刻脱离，也就是深层冥想时，会形成完美的“禅”，最终会进入“入定”的状态，这才是修行的目的。因此，当茶事可以代替冥想形成“禅定”时，高僧大德就悟出了“茶禅一味”的真谛，它阐述了这二者的深层共鸣，非参透而不可得。在唐代中后期的庙宇中，“吃茶去”已经发展成一句内涵明确的禅语。

《祖堂集》是一本由五代时期南唐静筠二禅师创作的佛学书籍，在公元 952 年出版。这本书收录了众多禅宗祖师的言行，在中国久已佚失。20 世纪初，日本学者在朝鲜发现《祖堂集》二十卷完整版。书中所记禅师言谈中，使用过“吃茶去”话头的人共有 8 位之多[9]，全部事件发生时间约自公元 850 年至 900 年。虽然八位高僧说“吃茶去”是在回答不同问题，但基本是因为问题浅显或发问者需自行领会。由此可见，“吃茶去”在晚唐寺院用语中的禅机，类似于“参悟去”委婉的表达方式。

在《祖堂集》被重新发现之前，人们了解“吃茶去”的禅语几乎都源自宋朝人的记载，而宋人取舍中只留下了赵州和尚连发三句“吃茶去”的经典范例：

又别时上堂，师念《心经》，有人云："念经作什么？"师云："赖得阇梨道念经，老僧洎忘却。"师问僧："还曾到这里么？"云："曾到这里。"师云："吃茶去。"师云："还曾到这里么？"对云："不曾到这里。"师云："吃茶去。"又问僧："还曾到这里么？"对云："和尚问作什么？"师云："吃茶去。"[10]

时光荏苒，最终关于赵州古佛的故事也横生出许多误传，这其实和《萧翼赚兰亭图》中茶盏托出现时空错位，和"秘色瓷"出土前世人对它的错误猜测有异曲同工之处。随着时间的流逝，千年史海掩盖了很多真相，需要后人在探索中敢于挑战、敢于完善。茶道的兴起又何尝不是如此，若不是陆圣曾为它融会贯通、上下求索，后人又怎会知道它既降得住"金阙银銮"，也守得起"青灯古佛"。

注释：

[1]（唐）封演撰，赵贞信校注：《封氏闻见记校注》卷6，中华书局2005年版，第51页。

[2]"吴、蜀贡新茶，皆于冬中作法为之，上务恭俭，不欲逆其物性，诏所供新茶，宜于立春后造。"（后晋）刘昫等：《旧唐书》卷17《文宗本纪下》，中华书局1997年版，第157页。

[3]参见韩金科编著《法门寺文化与法门学》，五洲传播出版社2001年版，第255—257页。

[4] 参见韩金科编著《法门寺文化与法门学》，五洲传播出版社2001年版，第258页。

[5] 唐朝灭亡之后，在中原地区相继出现了后梁、后唐、后晋、后汉和后周5个朝代。

[6] 参见（唐）李匡乂《资暇集·茶托子》，载（唐）陆羽、（清）陆廷灿著，申楠评译《茶经·续茶经》，北京联合出版公司2019年版，第87页。原文："始建中蜀相崔宁之女，以茶杯无衬，病其熨指，取碟子承之。既啜而杯倾，乃以蜡环碟子之央，其杯遂定。即命工匠以漆环代蜡环，进于蜀相。蜀相奇之，为制名而话于宾亲，人人为便，用于当代。是后，传者更环其底，愈新其制，以至百状焉。"段首"建中"是唐德宗的年号，从公元780年至783年。

[7] 参见（唐）李匡乂《资暇集·茶托子》卷下，载（唐）陆羽、（清）陆廷灿著，申楠评译《茶经·续茶经》，北京联合出版公司2019年版，第87页。原文："贞元初，青郓油缯为荷叶形以衬茶碟，别为一家之碟。今人多云托子始此非也。蜀相即今升平崔家，讯则知矣。"

[8]（唐）陆羽：《茶经》章5《之煮》，载杜斌译注《茶经·续茶经》（上），中华书局2020年版，第65页。

[9] 八人分别是：洞山和尚（卷六）、雪峰和尚（卷七）、保福和尚（卷十一）、荷玉和尚（卷十二）、福先招庆和尚（卷十三）、山谷和尚（卷十三）、处微和尚（卷十七）、赵州和尚（卷十八）。"话头"的意思是禅宗和尚用来启发问题的现成语句。

[10]（南唐）静筠二禅师著，葛兆光释译：《祖堂集》，东方出版社2018年版，第207页。

国小贡献大，命短影响长
（933，北苑）

随着李唐王朝在公元907年彻底陷落，太平洋东岸随即进入长达半个多世纪的大乱斗时期，史称“五代十国”。中国历史最早用白话文写成的章回体小说《水浒传》在开篇引言中用一首诗将其概括：

朱李石刘郭，梁唐晋汉周。
都来十五帝，播乱五十秋。

诗歌第一句五字代表“五代”皇族的姓氏，第二句五字则对应这五姓各自朝代的名称。诗文中所谓的“十五帝”都不具备兼并天下的格局与能力，也拿不出可以令国家运转的律令与制度，但他们确实风风火火彼此征伐了半个多世纪。其实，这所谓的“五代”算不上朝代，他们的领导者也称不上“皇帝”，充其量是军阀首领。至于茶，他们更是无暇顾及，这些军阀的地盘几乎都局限于长江以北，当时主要的茶区大部分不在他们的掌控之中。

正如施耐庵诗中所写，这五代的名称分别是“梁、唐、晋、汉、周”，后人在每个时期前加一个“后”字令它们独立统一。同时期的长江以南则分布着更多割据政权，后人通常称之为“十国”[1]。这“十国”中有三个曾经对茶做出过卓越的贡献，且造成深远的影响。它们分别是由安徽、河南移民与福建本地人抱团取暖而建立的闽国（909—945）、在湖南求发展的南楚（907—951）和后来将这二者灭国的南唐（937—975）。

李唐末代贡茶

唐僖宗中和元年（881），黄巢的起义军正在华北刮起一道旋风。为了暂避锋芒而假意投靠黄巢的秦宗权此时也忙着暗自壮大。他可谓唐末第一大罪人，不论男女老少、活人死人，秦宗权都不放过。无兵抢人、无粮吃人，他对黄河以北造成了毁灭性破坏。逐渐地，秦宗权的势力发展到淮河北岸，并对南岸的寿州（今安徽寿县）、光州（今河南潢川）虎视眈眈。而此时光州地区的行政长官（刺史）王绪，不久前正是由秦本人奏请赐封。王绪自知无力抵挡秦军队的数量与肆虐程度，带领着二州五千士兵外加百姓横渡长江[2]，背离着家乡的方向向南求生，谁知这一走竟成了永别。

事实上，刺史王绪并不比典型军阀水平更高，他本是屠户出身，[3]一路向南也施行劫掠政策，且治军苛刻。在四处游荡、居无定所的流窜过程中，他也没忘了将有可能取代自己的得力干将悉数屠戮。王绪营中有来自光州固始县的王氏三兄弟——大哥王潮、老二王审邽与三弟王审知，他们更具英才。为求自保，三人策划了对王绪的兵变突袭，并一举成功。王潮得势后整顿军纪，对百姓秋毫无犯，这为事态带来了转机——福建泉州百姓邀请他们赶走盘剥自己的当地刺史。经过一年的攻伐，王氏兄弟赢了战役，更重要的是，这一次胜利为整支队伍赢得了落脚点。先前被囚禁的王绪也在此时因羞愧了结了自己的生命。[4]

王氏政权没用几年就将势力发展到今天福建的大部分地区，并在公元 898 年平稳度过集团内部第一次权力交替——由三弟王审知继续已故兄长王潮开发闽地的事业。此时此刻的华夏江山仍然姓李，王审知也仍是唐末一介官吏，可惜王家治下的福建可能是李唐最后一处避风港湾。随着王氏兄弟为福建注入光、寿二州人口，并带来安定与教化，曾经人迹罕至的地区也升起炊烟，农业、手工业、商业齐头并进。

当光州人在茶的世界与闽地相遇，就好比技艺精湛的粤菜主厨遇到来自海洋的鲜美食材，无论刺身盘还是佛跳墙都令人难忍垂涎。陆羽《茶经》曾为李唐各地茶叶的名次做过梳理，光州茶的排名为上等，其光山县茶更为突出。[5]光山毗邻王氏兄弟的家乡——固始，同属光州。茶圣如此评价它的茶不仅是对鲜叶质量，更是对当地制茶人极大的肯定。虽然《茶经》也提到福建地区福州、建州茶“未详，往往得之，其味极佳”，但“未详”二字无疑映射出福建茶在唐代中期仍旧产量低，茶圣给不出更多评价的事实。[6]无论丹山霞水多么俊俏，无论“烂石”[7]岩壁多么有利于培养出高品质茶树，无人精通加工也是荒废。当然，随着福建接纳了逃难的“天下第一茶师”，这一切都将被改变。

公元 905 年，大唐最后一位皇帝——哀帝李柷下了一道敕令。在他临朝的 3 年中，这位十几岁的孩子少有能自己做主的事。敕令的内容是："福建每年进橄榄子，比因阉竖出自闽中，牵于嗜好之间，遂成贡奉之典。虽嘉忠荩，伏恐烦劳，今后只供进蜡面茶，其进橄榄子宜停。"[8] 唐末宦官对王朝的祸害实在不小，也难怪小皇帝会将"阉竖"这样的蔑称写在圣旨中。他希望得到的"蜡面茶"正是光州茶人与建州茶地碰撞出的绝世佳品。此刻，王审知治闽地还不到 10 年。

蜡面茶又名蜡茶，哀帝虽然明确下旨需要这种茶，但李唐已经没有精力在典籍中申明它名称的由来。好在此刻有位诗人回到了自己的福建老家，他的诗句多少为蜡茶提供了些许线索。诗人的名字叫徐夤，与上文提到为秘色瓷作诗的学者同为一人。徐夤本是福建人，唐末中状元，乱世之下选择回到家乡，而此时这里正在接受王审知的治理与改造。徐夤顺理成章成了王家三弟的幕僚，还在此过程中创作了《尚书惠蜡面茶》。诗句内容如下：

武夷春暖月初圆，采摘新芽献地仙。
飞鹊印成香蜡片，啼猿溪走木兰船。
金槽和碾沈香末，冰碗轻涵翠缕烟。
分赠恩深知最异，晚铛宜煮北山泉。[9]

由诗句的前四句可知，蜡茶选料武夷山，是压成片状的紧压茶，然而没有进一步解答人们关于为何称"蜡"的原因，这个遗憾直到 200 多年后才被宋代人弥补。古代文人有写杂录的偏好，很多时候就是这些作品中关于茶的只言片语支撑起一个个茶学认知，南宋一篇杂录的续集为人们揭示了蜡茶得名的原因。"蜡"指的是在茶汤表面会出现蜡质感的乳状状态[10]，但有时宋人会将“蜡”误写为“腊”，以为它是指时令早过春天的腊月冬茶。[11]当然，最近几年还有人指出“蜡”代表在紧压茶表面形成的光泽质感。无论如何，这些猜测、推理在后世茶文化中并不重要，关键点在于唐末的福建，特别是武夷山地区已经蜚声茶坛，开启自己作为皇家贡茶之路。

最“古”的“茶马古道”

这个标题很容易被人反驳。首先，谈“古”不难，但前缀加“最”需要处处论证严谨。其次，“茶马古道”是近些年中国打开国门，大力发展旅游业后才由一些团体、个人创造的新名词。历史上，“路线”并不是重点，沿途并不需要优美的风光，但“茶马”很致命。还记得十几年前当我刚开始接触“茶马古道”这个概念时，一直认为它指的是“用马驮着茶去卖”。后来在给茶友答疑解惑的过程中，我发觉产生此种误会的人不在少数。

马在日常生活中其实并不重要，论肉量没有猪厚实、产皮革没有牛充足，当宠物没有狗好养，农业、工业、畜牧业甚至娱乐业都不是它的长项。美洲人在 1492 年以前从来没见过这种生物，这并未对他们的生产、生活造成影响。然而，这种可以扬尘飞奔的四蹄动物却左右着整个亚欧板块的历史走向，埃及、印度的古代君主都曾不惜重金将它们购置到不宜生存的热带地区，也都为此承受着巨大的财政支出。在冷兵器时代，谁拥有马，谁就拥有决定战局的机动性。也就是说，对马的需求只建立在军事层面。

"茶马古道"的正确称呼为"茶马互市"或者——站在中原的立场上——"以茶易马"。既然是"互市""交易"这样的商贸活动，第一件工作自然是"挖需"。中原王朝的交易目标再明确不过——就是要马。像汉、唐这样强大的帝国都存在购买战马的行为，他们"用户分析"的结果是，牧民喜爱金、银、绸、绢，比如在面对回鹘时，唐帝国就一厢情愿地采用绢来交易马。公元 8 世纪中后期，茶在中原兴盛后不久便传至塞北，回鹘人用自己的实际行动证明，茶才是他们的最爱。

回鹘，游牧民族，唐代多数时候回鹘汗国隶属于唐帝国。8 世纪中期，回鹘人将牧场由新疆地区向东扩展，由于 400 多年后此地诞生了蒙古帝国，今世地理学家称其为蒙古高原。回鹘人在该世纪后期入唐交易时，带入的马匹几乎都用于交换茶，这令当时的唐人感到新奇。[12]《封氏闻见记》的作者肯定也好奇其中原因，才将上述内容记录下来。更有历史价值的是，封演用了"回鹘"之名，间接声明了上述交易的年代。

公元 788 年年底，回鹘可汗希望将自家部落名称由"回纥"变更为"回鹘"的请求在长安审批通过。[13]《封氏闻见记》肯定不会在这个时间点前创作，否则封演不会知晓"回鹘"之名。回鹘人交易茶的行为大概也兴起于这前后。然而，唐帝国并未在此后建立"以茶易马"策略的政令。史料中首次记载一方政权有目的的茶马交易，出现在五代初期，地点在今天的湖南。

公元 892 年，当王审知兄弟在福建站稳脚跟时，湖南仍然处于动荡之中。公元 907 年，后梁第一位"皇帝"朱全忠通过所谓的"禅让"形式夺取了唐哀帝的帝位，李唐宣告灭亡。此时此刻，已在湖南奋战了十几年的军阀头目——马殷初具实力，他选择听取谋士高郁的意见，“于是殷始修贡京师，然岁贡不过所产茶茗而已”[14]，迅速向新朝称臣纳贡。马殷随即被朱全忠封为楚王[15]，他在湖南的割据政权史称南楚。从数字上看，王审知的闽国在公元 909 年建立，似乎比南楚还要晚两年受到后梁的认可，但实际上后梁的势力到不了福建，所谓的闽王只是个虚名头衔而已。

马殷是重商主义者，他做楚王可谓实惠多多，贡茶不仅带来了名声也创造了效益，湖南茶被合法贩卖到湖北、河南，甚至还包括陆羽的老家——唐复州（今湖北天门）地区，获利 10 倍。[16] 谋士高郁此时又建议马殷放宽权限，让百姓自己种茶、卖茶，这不仅令茶农干活有动力，还能广开销路，南楚政权从中抽取的税收则可以供养军队。马殷听从了他的计策，茶为湖南换回了寒衣、战马，也带来了富庶。[17] 这是历史上第一次政权性质、目的明确的以茶作为换取战马的交易物。尽管此时交易的直接对象可能并非漠北牧民，但马楚政权确实是“茶马交易”政策国家化的先驱。

为吞并者烘焙御茶

就在闽政权西北侧、南楚政权东侧，五代时期属于另一个割据势力，它被称为“杨吴”，杨是国主的姓氏，吴是王国的称号。吴国的建立比它的左邻右舍都要早，而且受封的宗主国并不是后梁，而是李唐。公元 902 年，杨行密受封吴王。然而立得早亡得也快，仅仅 35 年后——必须承认，在五代十国时期，这样的国祚并不丢人——公元 937 年，这块地盘就被人篡位夺权。新主人给自己取名李昪，国号唐，史称南唐。南唐起初并没想对外扩张，怎奈李昪命短，休养生息的国策没能继续执行。儿子李璟志大才疏，禁不住大臣急于开疆立功的蛊惑，他们将矛头指向了闽、楚两国。当然，根本原因还是两国此时的继任者皆是酒囊饭袋。[18]

公元 945 年，李璟派兵攻陷闽地。自此，福建西北部由南唐统治，福州由十国军阀另一支吴越国占领，剩下的闽南地区由闽国地方残余势力控制。[19]就茶而言，占领了闽国西北部，南唐已经拥有了闽国的全部。六年后，趁着马殷的儿子们自相残杀，几近自行灭族，江北正值后汉、后周王朝交替之际，李璟再次出击，吞并了与自己版图面积不相上下的南楚。问题随即而来，他的能力根本消化不了如此大的地盘，短短一年南唐就将楚地得而复失。[20]这两次虚荣大过实效、付出多过收益的穷兵黩武，令南唐国运坠入无法扭转的颓势。

相比于茶马交易策略，曾经的闽国贡茶园显然更称南唐国主的心，毕竟李璟和他的儿子——后主李煜都不适合做君主，他们更具艺术家气质。事实上，南唐旧地并不缺少好茶园，阳羡茶曾是唐代贡茶王牌，比陆羽开发的顾渚紫笋更早进贡。唐帝国瓦解后，阳羡茶区归入南唐势力范畴，但南唐国主似乎对茶园也会喜新厌旧。在得到闽地的第二年，李璟便抛弃旧爱，罢黜了阳羡之地的贡茶，改制建州，后来李煜又“子承父业”。[21]南唐两代君主一刻不停地打造新园，建安地区最多时有三十八处官茶焙所，当地六县百姓都在为他们主子的贡茶而忙碌，民间叫苦不迭。[22]在此过程中，建安北苑地区始终在茶品质上技压群芳。

北苑官茶于 933—934 年间的闽国声名鹊起。当时掌管朝会、游幸的大臣——张廷晖将自家周长三十余里的茶园送给官家[23]，完成了“民营转国营”的流程，北苑自此成名。南唐收闽半壁江山后，最远的东南边境毗邻北苑。[24]经过闽、南唐两代政权的打造，在宋于975年降服南唐后，建安官茶园逐渐精简到32处，而私茶园的个数已是一千有余。北苑则脱颖而出，成为首屈一指的御茶园，其地域内凤凰山所产之茶更是无价之宝。[25]

公元11世纪初，东亚大陆逐渐收敛了它的血雨腥风，形成两个彼此对峙、平衡的政权——辽、宋。宋人剿灭南唐后，接管了由闽、南唐两代政权倾力打造的茶产业和它们引以为傲的北苑御茶园。“雕栏玉砌应犹在，只是朱颜改。”亡国主君李煜带着他典雅的词句走完了艺术人生。但他却为两宋留下了一位醉人的“遗孀”，北苑御茶即将绽放出前所未有的银毫碧芽，令两宋为之倾倒，即便倾家荡产、即便国家颠覆也要赞美她、宠幸她。她就像闽国“特意”留给南唐，而南唐又“特意”留给两宋的骄奢美人，如此妩媚，如此妖艳，如此欲罢不能。

注释：

[1] “十国”只是一个虚数，在唐宋之交这半个多世纪中（907—960）先后出现过十几个地方政权。唯一一个处于长江以北的政权称为北汉（951—979），是“十国”中最后一个并入北宋版图的国家，此时北宋已经建立近20年。

[2] 参见（宋）司马光著，弘丰译《资治通鉴》卷256，民主与建设出版社2021年版，第12页。

[3] 参见（宋）司马光著，弘丰译《资治通鉴》卷254，民主与建设出版社2021年版，第458页。

[4] 参见（宋）司马光著，弘丰译《资治通鉴》卷256，民主与建设出版社2021年版，第18、20、34页。

[5] 参见（唐）陆羽《茶经》章8《之出》，载杜斌译注《茶经、续茶经》（上），中华书局2020年版，第123页。原文："淮南，以光州上。"（生光山县黄头港者，与峡州同）

[6] 参见（唐）陆羽《茶经》章8《之出》，载杜斌译注《茶经、续茶经》（上），中华书局2020年版，第136页。原文："其思、播、费、夷、鄂、袁、吉、福、建、韶、象十一州未详，往往得之，其味极佳。"

[7] 参见（唐）陆羽《茶经》章8《之源》，载杜斌译注《茶经、续茶经》（上），中华书局2020年版，第17页。原文："其地，上者生烂石、中者生砾壤、下者生黄土。"烂石指充分风化的岩石土壤，可以为茶树发育提供必不可少的矿物元素，武夷山正岩就是这种土质结构。

[8]（后晋）刘昫等:《旧唐书·哀帝本纪下》，中华书局2008年版，第220页。

[9]（五代）徐夤:《尚书惠蜡面茶》，载黄勇主编《唐诗宋词全集》（第五册），北京燕山出版社2007年版，第2265页。

[10] 参见（宋）程大昌撰，周翠英点校《演繁露》续集卷5，山东人民出版社2018年版，第378页。原文："建茶名蜡茶，为其乳泛汤面，与镕蜡相似，故名蜡面茶也。杨文公《谈苑》曰'江左方有蜡面之号'是也。今人多书'蜡'为'腊'，云取先春为义，失其本矣。"

[11] 参见（宋）欧阳修《归田录》，载（唐）陆羽、（清）陆廷灿著，申楠评译《茶经·续茶经》，北京联合出版公司2019年版，第134页。

[12] 参见（唐）封演撰，赵贞信校注《封氏闻见记校注》卷6，中华书局2005年版，第52页。原文："始自中地，流于塞外。往年回鹘入朝，大驱名马，市茶而归，亦足怪焉。"

[13] 参见（宋）司马光著，弘丰译《资治通鉴》卷233，民主与建设出版社

2021 年版，第十九册，第 478 页。原文："冬，十月，戊子，回纥至长安，可汗仍表请改回纥为回鹘，许之。"

[14] （宋）欧阳修撰，纪雪娟校注：《新五代史》卷 66《楚世家第六》，中国社会科学出版社 2020 年版，第 1672 页。

[15] 参见罗庆康撰稿，中共长沙市委宣传部主编《马楚国研究》，湖南人民出版社 2017 年版，第 2 页。

[16] "乃自京师至襄、唐、郢、复等州置邸务以卖茶，其利十倍。"参见（宋）欧阳修撰，纪雪娟校注《新五代史》卷 66《楚世家第六》，中国社会科学出版社 2020 年版，第 1672 页。襄，唐代州名，治所在今湖北襄阳市。唐，治所在今河南唐河县。郢，治所在今湖北钟祥市。复，治所在今湖北天门市。

[17] 参见（宋）司马光著，弘丰译《资治通鉴》卷 266，民主与建设出版社 2021 年版，第 450 页。原文："湖南判官高郁请听民自采茶卖于北客，收其征以赡军，楚王殷从之。秋，七月，殷奏于汴、荆、襄、唐、郢、复州置回图务，运茶于河南、北，卖之以易缯纩、战马而归，仍岁贡茶二十五万斤，诏许之。湖南由是富赡。"

[18] 参见（清）吴任臣《十国春秋》卷 69，载《景印摛藻堂四库全书荟要》第 204—205 册，世界书局 1988 年版，第 205—241 页。

[19] 参见徐晓望《闽国史略》，中国文史出版社 2014 年版，第 77 页。

[20] 参见罗庆康撰稿，中共长沙市委宣传部主编《马楚国研究》，湖南人民出版社 2017 年版，第 269 页。

[21] 参见（清）吴任臣《十国春秋》卷 16《元宗本纪》，中华书局 1983 年版，第 210 页。原文："保大四年春二月，命建州制'乳茶'，号曰'京铤''腊面'之贡，始罢贡阳羡茶。"保大是李璟的年号，保大四年是公元 946 年。

[22] 参见（宋）宋子安《东溪试茶录》，载朱自振、沈冬梅、增勤编著《中国古代茶书集成》，上海文化出版社 2010 年版，第 106 页。《东溪试茶录》约作于公元 1064 年。

[23] 参见（明）黄仲昭纂，福建省地方志编纂委员会旧志整理组整理《八闽通志》下册卷 59《祠庙》，福建人民出版社 2017 年版，第 523 页。原

文:“神姓张，名廷晖，字仲光。仕闽为阁门使。有园在北苑，周回三十余里，尽输之官，即今之茶焙是也。”原作创作于 1485—1489 年。

[24] 地图资料来源于谭其骧主编《中国历史地图集·隋唐五代十国时期》(第五册)，中国地图出版社 1996 年版，第 90 页。

[25] 参见（明）黄仲昭纂，福建省地方志编纂委员会旧志整理组整理《八闽通志》上册卷 40《公署》，福建人民出版社 2017 年版，第 1165 页。原文:“北苑茶焙……伪闽龙启中，里人张晖居之。以其地宜茶，悉表而输于官，由是始有北苑之名。北苑之茶为天下第一，而凤凰山所产者，又冠于北苑。山之旁曰壑源，外曰沙溪，皆产茶，官私之焙，凡千三百三十有六，官焙三十有二，以北苑冠其首。”龙启是闽国惠宗王延钧的年号（933—934）。

喋喋不休的两宋茶官
（1107，北宋）

两宋的士大夫阶级非常想复制李唐文人的豪迈、潇洒甚至不羁，然而气质往往由周遭环境决定，个体如此，社会如是。一味模仿只能尽量看齐却无法超越、缺乏创新。李唐文化的多彩、厚重建立在疆域广阔与彼此互通的基础上。相比之下，两宋三百多年（960—1279），国土面积最广袤时也只有盛唐的三分之一，稍大于晚唐的一半，仅约 460 万平方千米，后期的南宋则更加狭小。因此，在文化氛围上，两宋有先天劣势。两宋茶文化从业者选择将茶学做细，并深信这样做足以令他们超越前人，甚至不惜在言语上直接贬抑前辈。

文人写书比茶学

现存两宋茶学专著较李唐增加不少，但大多是残卷或后人辑佚，文字保存完整的一共有六篇，可以被分为四派。它们分别是：

蔡襄派两篇：成书于公元 1053 年前后蔡襄所作《茶录》、宋子安为此作补缺《东溪试茶录》。

黄儒派一篇：成书于 1075 年前后的黄儒编写的《品茶要录》。

徽宗派一篇：1107 年由当时北宋皇帝徽宗赵佶所作的《茶论》，因为此作成书于徽宗的“大观”年号期间，后世多称之为《大观茶论》。

熊蕃派两篇：徽宗在位晚期宣和年间由熊蕃、熊克父子创作的《北苑贡茶录》、赵汝砺在南宋 1186 年前后为此作补缺《北苑别录》。

以上六篇横跨两宋，将宋代文人推崇的制茶、评茶、点茶、品茶细节一一展现，然而，它们存在严重的片面性——虽深入剖析皇家茶品的尊贵、精致，却完全将民间饮茶风俗抛掷脑后，这对后世了解宋茶造成了极大的误导与阻碍。

另外，上述派系几乎都对陆氏茶展现出不屑的一面。蔡襄的《茶录》一上来就抨击陆羽没提他的建安茶品。[1] 熊蕃也在《北苑贡茶录》开篇控诉陆羽没去过闽地、没说建州茶，并表示与建州茶相比，陆羽推崇的茶难登大雅。[2] 黄儒在《品茶要录》开篇有些同情陆氏茶的意味，说世人经常责怪《茶经》中未提建安茶，是因为前朝时此处茶事不兴盛。然而在文章结尾他补充道：“昔者陆羽号为知茶，然羽之所知者，皆今之所谓草茶……盖草茶味短而淡，故常恐去膏……由是观之，鸿渐未尝到建安欤。”[3] 对于这一点我曾虚心向各国茶友求助，让不同人群品尝陆氏煎茶，大家都表示其味道饱满。如果把当代茶芽换成陆羽推崇的紫笋茶[4] 味道必然更加浓郁。因此，味寡淡是无稽之谈。

如果上述宋代文人真爱茶，应该能体会陆鸿渐的用心良苦，他可是用双脚丈量了今天中国六个省份的茶区——这几乎覆盖了当时世界所有产茶地——才最后作出相对客观的评价与汇总。如果上述茶专家学者足够踏实，应该能阅读到《茶经》并非像他们的文章一样，仅停留在选茶、制茶，它还创建了茶学体系、茶道思想。其实前文也提到，陆羽曾记录过建州、福州茶偶尔得到，味道很好，但他写不出再多的描述。闽地茶是在陆羽去世一个半世纪后，因光州茶师的注入才崭露头角。又过了一二百年，同称“茶人”的宋官员如此出言讥讽一位先师，未免有些欠考虑。

当然，还有比蔡襄、熊蕃之辈更加刺耳的言辞。两宋之交有位文人名叫张舜民，他的文学作品《画墁录》在近代遗失，不过清朝时有人曾经摘录过一段《画墁录》的内容。文中张舜民称：陆羽制作的只是“草茶”罢了。本朝建溪产的茶，采集、焙火无不精湛，以前根本做不到。[5] 如果对《茶经》稍作阅览，张学者也不至于留下如此贻笑大方的言辞，更没必要对陆羽展现出鄙薄之意，何况“草茶”“建茶”哪个更优，后人评说似乎更客观。陆羽是制茶工具的研发者、制茶步骤的汇总者、制茶精度的规范者，张舜民空读多年书，是否有些越读越小气了。

皇帝留言比天下

相比之下，还是他们的皇帝徽宗赵佶略显大气，没有在《茶论》中贬低陆羽，只是在文章开头大力歌颂了宋代的龙凤团茶。赵佶显然选错了职业、入错了行，他好似南唐后主李煜再世，艺术气息爆棚。不同之处在于，赵佶更精进，琴棋书画诗酒茶，他竟是位通才。一笔瘦金体如今仍令世界各国收藏家为之着迷；工笔山水、花鸟、人物令后代书画界啧啧称奇;《茶论》中对于点汤七式[6]身法、意境的拿捏，至今仍不失点茶操作教科书的韵味；他甚至是一位风情万种“合格”的情人。然而，他的艺术灵感却是赌上了北宋全体百姓身家性命换来的。

两宋的贵族茶会通常是在二层阁楼中进行，下层为服务人员，上层为精英阶级。除文学创作外，徽宗还为宋贵族茶文化渲染了浓重的一笔——他绘制的《文会图》完美再现了贵族茶仪式场景。赵佶巧妙的构图，避免了阁楼中视觉阻塞的弊端，将贵族与侍者分置在图画的高低位置。一个野外茶会从选址、环境到规制、用具无不散发着附庸风雅的气息。图画下方的侍从恭敬、谨慎，中部的贵族随性、闲散。垂柳下偌大的一张桌子上杯盘罗列、瓜果繁盛。图画左上角的小诗出自奸相蔡京之手，前两句必定令徽宗十分受用，意思是天下有才能的人已经归附，甚至比唐代还有过之。[7]（彩图10）如此厚颜无耻的一对昏君佞臣，让人好气又好笑。

事实上，宋徽宗写《茶论》很重要的一个目的就是认为此时的宋国百废俱兴，天下安定，君臣勤勉，百姓富足。为了佐证观点，他在具体写茶前辩称：官宦、商贾、百姓是因为接受了恩泽与教化才会令品茶这等高雅之事风行。如果百姓劳苦奔波、衣食不保，哪有闲心吃茶？只有在这安定祥和、物质富足的盛世，大家才会争先恐后地听听曲、品品茶。并且他称自己也是清闲无事才体会到茶事的奥秘，又担心后人无法理解，因此有动力写了这篇文章。

延及于今，百废俱举，海内晏然，垂拱密勿，幸致无为。荐绅之士，韦布之流，沐浴膏泽，熏陶德化，咸以雅尚相推，从事茗饮……时或遑遽，人怀劳悴，则向所谓常须而日用，犹且汲汲营求，惟恐不获，饮茶何暇议哉……偶因暇日，研究精微，所得之妙，后人有不自知为利害者，叙本末，列于二十篇，号曰《茶论》。[8]

讽刺的是，他口中的宋家天下即将在他有生之年倾覆于金国（1115—1234）铁骑之下，自我陶醉的他此刻还浑然不觉，在灭亡的边缘及时行乐。

北宋皇帝不仅想证明自己比李唐强，他们更迫切需要证明自己比邻邦契丹（辽国）强。辽国（907—1125）不论成立时间、疆域面积都胜过北宋，辽汉共治的国策，对中亚、西亚甚至欧洲的影响力更在宋人之上。[9] 但赵宋并不这么认为，或者说他们没有此种见地。像所有王朝一样，辽国起家于“丛林法则”，除了买醉的穆宗与好战的兴宗，一百多年的国祚也诞出许多明主贤臣。怎奈子孙不争气，在 1125 年终为金国所灭。同年金国挥师南下，兵临北宋都城开封，次年卷土重来一举攻陷宋都。公元 1127 年，此时已是太上皇的徽宗与他儿子钦宗皇帝被俘，发往北国，并最终客死他乡。徽宗的另一个儿子逃到河南商丘称帝，不久建立了南宋。

南宋初建，一位叫洪皓的官员奉命出使金国，这致使他被金政权扣留了十多年，然而在北国的见闻也为他的杂录《松漠纪闻》提供了素材。书中讲述了这样一个故事：在金国太祖皇帝完颜阿骨打（1115—1123 年在位）还臣属于辽国时，他于辽道宗耶律洪基（1055—1101 年在位）在位最后一年造访辽国。在此过程中曾和一名辽贵族下棋，贵族因要悔棋而使二人起了争执，要不是阿骨打身边侍从阻拦，他定会将那贵族杀掉。显然，此刻阿骨打脑后的反骨已经昭然若揭，辽道宗有充足的机会和理由除掉他，但道宗竟以“恩福远方”为由放过了他。

辽帝此刻的虚荣已经可以比肩他“兄弟”王朝——北宋的徽宗皇帝了。耶律洪基之所以能展现出如此过分的“宽宏”，该和稍早发生的一件事有关。有一天，在道宗听汉臣讲《论语》时曾感叹说：没有礼法才是蛮夷，我们制作的器物、修著的书文已经和中华一脉相承。[10] 他这么说并非自吹自擂。辽国后期，它的匠人们不仅可以生产出优质瓷器——其中就包含大量茶器，还可以通过其他艺术手法表现茶礼。

1993 年，河北宣化下八里村，一座辽代古墓群进入最后的清理阶段，墓主们曾是辽国的汉民地方绅士张家。张家 1 号墓的墓主人叫张世卿，10 号墓中埋葬着他的爷爷，名叫张匡正。张老太爷墓前室东壁上绘制着一幅精美的《备茶图》，他曾生活于辽道宗一朝（图 2-13）。张世卿于 1116 年下葬[11]，此刻，辽国的末代皇帝、耶律洪基的孙子耶律延禧已经在皇位上“挥霍”了 15 年，而完颜阿骨打正忙着扩大地盘。壁画中展示了许多茶具，例如石碾、茶盏、盏托、茶盆、柄杓、净水瓶等，它们应该都是道宗自信的来源。能如此直观地了解辽、宋时期多数人如何饮茶，张家陵墓壁画的功劳胜过同时期南国赵佶的工笔人物。

图 2-13 河北宣化下八里辽代壁画墓《备茶图》，广东省博物馆藏缩小复制品

宋代官茶真的摒弃了陆羽？

综合宋人茶书，特别是徽宗的《茶论》，可以总结出宋代贡茶完整的制作工序。惊蛰时节[12]天气微寒时，茶树开始抽新芽，此时出产最嫩的鲜叶。如果气温低，茶工还有喘息的机会，但若是天气闷热，他们就需要一刻不停地劳作。采茶只限于黎明时分，宋人相信阳光烘晒会损耗茶叶内部的汁液，茶汤会因此变得不够清澈。[13]采摘则只限于用指尖，一旦接触手指，汗液渗入就会使鲜叶不纯净。因此，采集品质高的茶叶，茶工要随身提一桶井水，茶芽采集完直接放入水中。选料必须是一芽两叶，其余都属于下等茶。

鲜叶采集后会被蒸汽杀青——高温脱水使叶绿素失去活性，蒸得不够难以去除青草味，过透叶片会烂，点茶时茶汤不易凝聚。蒸好的茶会立刻被压榨——物理去除其中的膏与油脂。压榨时间过长会使茶味寡淡，不足则会携带苦涩味。压榨后要立即研碎，研碎后要马上紧压。之所以节奏如此紧凑，是因为稍有搁置茶叶就会氧化变黄，甚至变灰褐。所有上述工作都要在采集当天完成，耽搁制作的茶将被视为次品。[14]

随着紧压模具不断推新，到北宋末期已经发展出几十个样式的高、中档贡品级团茶。熊蕃之子熊克对宋茶有不可磨灭的贡献——他为自己父亲的《北苑贡茶录》附了所有皇家贡茶的模具图，模具图案的精美程度是用文字无论如何也无法形容的。茶末入模紧压后才会焙火烘干。之后这些茶会被品尝、鉴定，上品会被点对点加急递送到皇宫。欧阳修（1007—1072）的《尝新茶呈圣俞》诗句开篇就点明："建安三千里，京师三月尝新茶。"[15] 在陆路结合漕运运输的宋代，要完成这样的物流时效不知要花费多少人力与财力。

宋代官茶听上去在制作环节与陆氏茶存在两点不同：选料与是否压榨出膏，实则是一回事。由于陆氏茶选用带有叶梗的紫笋茶，制作时叶子被捣烂，芽与柄还保存连接，紧压过程中叶梗相互缠绕方便定型。[16] 因此不需要榨出起沾粘作用的果胶，也就是宋人口中的"膏"。而宋茶只选取芽叶，蒸后全部捣烂，如果不将叶中果胶榨出，很难令其凝聚一团。宋人不了解榨出膏的真正原因，以为是福建茶味道足，不怕出膏，并揣测陆羽是担心茶味淡而保留其中的"膏"，还错误地将陆氏茶命名为"草茶"。[17] 事实上，果胶对茶的滋味影响极其有限，宋茶原料中裁减的叶柄才是造成加工差异的原因。

在制茶工艺又发展了一千年后的今天，茶师更能理解宋人为何要费事地多榨一步。以最年轻的茶类白茶为例。20 世纪后期，制茶师傅首次紧压有叶梗的寿眉茶，并没遇到多大困难。但到 21 世纪初，当人们尝试把芽叶原料的白牡丹或全芽的白毫银针压紧时，很不顺利。即便去云南学习普洱茶的压饼工艺、引进仪器，效果仍不明显。原因在于，芽叶彼此间没有自然缠绕，如果不施加额外压力，榨出一些果胶，很容易造成部分脱落或饼面不平整的状况。当时，一些茶企索性称自己制作的是“松压茶”。试想，制茶师傅们若选用宋代的末茶压饼，必定难上加难。

至于唐、宋两代团茶的口感，今天也可以做出客观评判。当代大多数高香茶，例如绝大多数乌龙茶、普洱生茶，部分绿茶、红茶，制作时都约定俗成保留部分或全部叶梗。茶叶柄与梗中含有大量芳香类物质，制茶环节需要将其导入芽叶、自然提香，茶师称这一步为“走水”。宋官茶曾普遍需要添加香料，显然是由于去除叶梗、香气寡淡所致。在确定制作过程只有选料一处差异之后，宋代贡茶与陆氏茶仅剩外观区别——饼面或銙面[18]图案更复杂。然而，这些“花拳绣腿”并不是制茶原理的进步，只是模具匠人的技艺差别而已。

宋代备茶环节需要使用碾将团茶研成末，再用罗筛滤出细粉，这些都是《茶经》的智慧。唯一的不同之处在于，此时茶已经不再放入铫或鍑中煮，而是将茶末直接放入碗底，用约 70℃的水分阶段注入碗中，注水次数依个人喜好而定。每一次注水后都要用特殊工具“茶筅”搅拌、击拂，令茶末完全溶于水中，同时令白色泡沫完美析出。这种白色泡沫的生物名称是“茶皂素”，在茶树、茶叶、

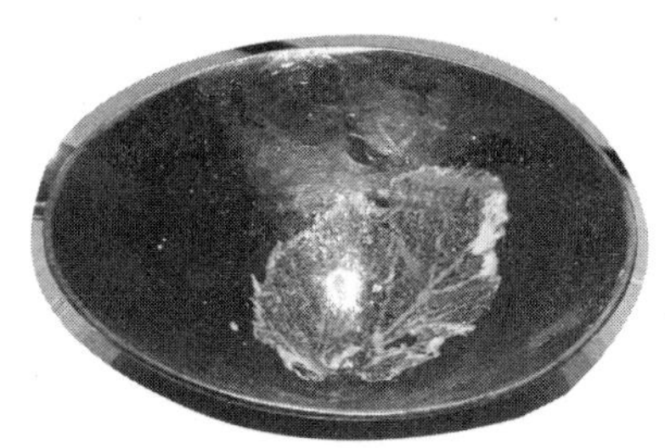
图 2-14　宋代吉州窑木叶盏，贵州博物馆藏

茶籽中天然产生。宋人称泡沫持久凝结在茶汤表面的状态为“咬盏”。之所以宋代官家推崇黑盏[19]，正是因为它可以完美映衬汤面的白色（图 2-14、图 2-15）。如果泡沫凝结时间短称为“云脚散”[20]，代表茶内含物不足，“斗茶”时，提早出现这种情况的一方会被判负。然而，即便这种对茶品质的判别标准也来自陆羽，《茶经》甚至给白色泡沫起过名字——“沫饽”[21]。

由于注水环节被宋人称为“冲点”，“点茶法”因此得名。点茶过程中用于搅拌的工具是整场茶仪式的关键器物，北宋前期击拂茶末用的是《茶经》中搅拌水的工具，竹尺形状；[22] 中期用的是茶匙，也有人沿用棒状物体，不过此时竹器已被摒弃，人们偏爱拿在

图 2-15　宋代涂山窑黑盏，重庆三峡博物馆藏

手中有分量的物件，皇家提倡用金，官、民以银、铁材质为主。[23]但等到半个世纪后的北宋末期，赵佶在《茶论》中回归《茶经》，极力提倡用苍劲有力的老竹，制成好似小扫帚的模样，称其为“茶筅”[24]。这是该名称第一次出现在书籍中。身为皇帝的赵佶不再局限于金银材质而推崇老竹，说明他已开始对陆羽茶道的气质深入领悟。

然而，即便是茶筅器物本身，很可能也曾被陆氏茶收编。这样说需要承担风险，因为煎茶仪式中并没有击打茶末的环节，但这也是一种合理推测。后世可能对一件陆氏茶器的用途存在误解，它的名字叫作“札”。“札”是将棕榈树皮用茱萸木绷紧后的器物，绝大多数茶学者认为它用于清洁茶盏，但《茶经》中并未直接给出这种声明。茶器“札”只在原作中出现过两次，一是《四之器》，对其外观与材质进行描述；二是《九之略》，当攀爬到山洞中饮茶时，“札”属于必须携带的茶具之一。[25]根据随身器物中没有煮水工具判断，茶水应该是冷的。而当爬到山腰洞府中，如此费力以至于要俭省大量茶具，为什么非要带一支洗碗工具呢？因此，“札”的用途极有可能是帮助茶末完全溶于冷水的工具，也就是茶筅的初级形态。

宋代宫廷接过了闽、南唐的贡茶园，书写了众多茶专著。在完成了点茶器具由不称手的竹尺，变成稍称手的金属棒，又变成更称手的茶筅演变之后，茶仪式回归陆氏茶操作顺畅、用具自然的本真。但这还不够，像李唐的贵族一样，赵宋宫廷也无法诠释茶道“纳寂寥”的哲学思想。如果宋止步于官茶这几部作品，那么在与陆氏茶比较时，它会像一具盛装加身的行尸走肉，华丽的衣着无法掩饰内在的空虚与不堪。对于那些在惊蛰时节没日没夜劳作的茶工、为创新模具在高温炉火旁持续锻打的金匠、在滂沱大雨中为确保茶干燥战战兢兢的漕工来说，一切炫耀都显得那么苍白、那么丑陋。

注释：

[1] 参见（宋）蔡襄《茶录》，载朱自振、沈冬梅、增勤编著《中国古代茶书集成》，上海文化出版社 2010 年版，第 101 页。原文："昔陆羽《茶经》，不第建安之品。"

[2] 参见（宋）熊蕃、熊克《宣和北苑贡茶录》，载朱自振、沈冬梅、增勤编《中国古代茶书集成》，上海文化出版社 2010 年版，第 133 页。原文："陆羽《茶经》……不第建品……未尝至闽，而不知物之发也，固自有时。"

[3] 参见（宋）黄儒《品茶要录》后论，载朱自振、沈冬梅、增勤编著《中国古代茶书集成》，上海文化出版社 2010 年版，第 113 页。"草茶"指的是蒸后不压榨去膏的茶，后文有详解。

[4] 采集时，除了嫩芽与芽下一、二叶外，还带有三、四叶，因此呈"笋状"，由于叶片富含花青素，因此呈紫色。

[5] 参见（宋）张舜民《画墁录》，载（唐）陆羽、（清）陆廷灿著，申楠评译《茶经 · 续茶经》，北京联合出版公司 2019 年版，第 122 页。原文："陆羽所烹，惟是草茗尔。迨本朝建溪独盛，采焙制作，前世所未有也。"

[6] 参见（宋）赵佶：《大观茶论》，载朱自振、沈冬梅、增勤编著《中国古代茶书集成》，上海文化出版社 2010 年版，第 126 页。原文："……谓之一发点。盖用汤已故，指腕不圆，粥面未凝……第二汤自茶面注之，周回一线……七汤以分轻清重浊，相稀稠得中，可欲则止……"《大观茶论》

中主张点茶时要经过7次注水与茶筅搅拌。

[7] 参见（宋）赵佶《文会图》，载上海书画出版社编《赵佶听琴图文会图》，上海书画出版社2018年版，尾页。原文："明时不与有唐同，八表人归大道中。可笑当年十八士，经纶谁是出群雄。"彩图10出处相同。

[8]（宋）赵佶：《大观茶论》，载朱自振、沈冬梅、增勤编著《中国古代茶书集成》，上海文化出版社2010年版，第124页。

[9] 参见［英］裕尔撰，［法］考迪埃修订《东域纪程录丛：古代中国闻见录》，张绪山译，中华书局2008年版，第115页。原文："迄至今日，从陆地方向获知中国的所有或几乎所有国家，仍以契丹（Khitai）之名称呼中国，如俄罗斯、希腊、波斯、突厥斯坦各国。"裕尔的这部书首次出版于1866年。此外，古英语中称中国为"Cathay"，俄语称中国为"китай"，都是"契丹"的音译。

[10] 参见（南宋）洪皓：《松漠纪闻》，顾元庆明正德嘉靖间（1506—1521）本，第9页。原文："吾修文物，彬彬不异中华。"此书描绘的见闻内容出自1129—1142年，洪皓被扣留金国时。上段耶律洪基放过完颜阿骨打的故事也出自这本书。

[11] 参见关剑平《以宣化辽墓壁画为中心的分茶研究》，《上海交通大学学报（哲学社会科学版）》2004年第1期。

[12] 惊蛰属于春天第三个时令，在每年3月5—6日。

[13] 参见（宋）赵汝砺《北苑别录》，载（唐）陆羽、（清）陆廷灿著，申楠评译《茶经·续茶经》，北京联合出版公司2019年版，第82页。

[14] 以上两段制茶描述，如无特殊说明都出自（宋）赵佶《大观茶论》，载朱自振、沈冬梅、增勤编著《中国古代茶书集成》，上海文化出版社2010年版，第125页。

[15]（宋）欧阳修：《尝新茶呈圣俞》，载高泽雄、黎安国、刘定乡编《古代茶诗名篇五百首》，湖北人民出版社2014年版，第91页。

[16] 参见（唐）陆羽《茶经》章5《之煮》，载杜斌译注《茶经、续茶经》（上），中华书局2020年版，第62页。原文："其始，若茶之至嫩者，蒸罢热捣，叶烂而牙笋存焉。"

[17] 见本篇上文关于（宋）《品茶要录》后论的注释。

[18] 后世许多茶人误以为“銙”是宋人对茶的重量单位，实际上他们是将砖形紧压茶称为“銙”。

[19] 宋人喜欢的黑盏来自许多窑口，其中建盏相对知名，但并非唯一一处生产黑釉的窑口。今天江西境内的吉州窑与重庆境内的涂山窑也是黑茶盏的重要产地。

[20] （宋）蔡襄：《茶录》，载朱自振、沈冬梅、增勤编著《中国古代茶书集成》，上海文化出版社 2010 年版，第 102 页。

[21] （唐）陆羽：《茶经》章 5《之煮》，载杜斌译注《茶经、续茶经》(上)，中华书局 2020 年版，第 66 页。茶皂素溶解后只有在剧烈震荡下才会产生持续性泡沫。因此，相对舒缓的煎煮只会呈现“沫”的效果，若使“沫”堆积成“饽”则需采取“煮茶渣”或“茶筅打”的措施。

[22] 参见（宋）丁谓《煎茶》，载（元）方回《瀛奎律髓》卷 18，上海古籍出版社 1993 年版，第 211 页。原文：“花随僧箸破，云逐客瓯圆。”箸指竹条。

[23] 参见（宋）蔡襄《茶录》，载朱自振、沈冬梅、增勤编著《中国古代茶书集成》，上海文化出版社 2010 年版，第 102 页。在同一时期的诗文中也有证实，如（宋）梅尧臣《次韵和永叔尝新茶杂言》“石瓶煎汤银梗打”。

[24] （宋）赵佶：《大观茶论》，载朱自振、沈冬梅、增勤编著《中国古代茶书集成》，上海文化出版社 2010 年版，第 126 页。

[25] 参见（唐）陆羽《茶经·之略》，载杜斌译注《茶经、续茶经》(上)，中华书局 2020 年版，第 139 页。

无声的宋茶道
（1269，南宋）

如果宋官茶书籍曾有一位作者触碰过茶道本质，他还该是赵佶。《大观茶论》中除了涉及种茶、制茶的内容，也曾着重分析茶具规制与如何使用它们完成茶仪式。“点”是宋茶仪式的灵魂，每一次注水的方向、多寡，对茶筅的执握手法、抖腕速率以及对当下茶汤的判断，都是经验积累的结果。在这方面，我本人就曾是赵佶的受益者。刚了解宋茶的几年，我一直根据他的作品练习点茶。之后我曾多次用净水瓶、茶盏与茶筅配合，在不同场合为茶友呈现点茶仪式，不论是个人体验还是观众反馈，兴致都要明显高于对待当代沏泡仪式。当然，随后我也发现了问题。

官茶局限性

由于多数当代茶客并不了解点茶，甚至从未见过这种备茶方法，一味遵循徽宗的七式注水、冲点会令参与者困惑，后期很可能走神。因此我将其简化为三式点茶，在人少的环境至多四式。另外，高价的极致茶品也并非必备之选，先苦后甜的微浓茶反而更容易令人产生豁然开朗的通达。宋茶之所以对世界影响大，并非源自滋味的贡献。与唐茶相同，它也可以给予宾主双方更持久、更专注的仪式时空，这足以成就不同于泡茶的精神实践。

领悟需要将体验积累到一定程度方可获得。为方便理解，可以将体验积累对应佛教苦行僧所采用的磨难积累，只有少数人能通过考验到达“领悟界”。由于泡茶法程序极简，它能带领宾主任何一方翻山越岭，来到“领悟界”的边缘已实属不易。相反，煎茶与点茶操作充足，额外的时间能持续提供舒缓、集中的情绪，这可以激发人们灵魂深处的自我反思。茶成的一刻，茶道迷雾层层散去，领悟大门徐徐开启。当然，即便在宋代，要触碰茶道也绝非易事，需要天资，需要循序渐进，也需要一些助力。

宋代贵族笔下浓墨重彩的“龙团凤饼”，其产量少到可以忽略不计。以 11 世纪中期为例，宋境全年不包括蜀地一共产茶约 1130 万斤，而福建茶只有区区 50 万斤。[1] 等到后期，由于蜀地毗邻边境，大力发展茶业以满足边销需求，产茶量甚至超过了东南茶区产量的总和。此时全国算上私下贩卖的茶——四川、两广通常只需要民间交易，故无法统计——保守估计，总量必定超过 5000 万斤，而福建全境茶产量并没有超过 40 万斤。[2] 如果再去除福建地区半数非贡茶区域，宫廷茶的占比将小于总产量的 0.5%。换句话说，仅通过官方专著文献了解宋茶太局限，无异于管中窥豹、盲人摸象。事实上，宋人饮茶的形式、风俗极其多样。

民间茶艺

宋代初期，茶艺在民间已经具备丰富多彩的参与形式。陶谷（903—970）是一位生于唐末，在五代及北宋初叱咤政坛的人物，他先后辅佐过后晋、后汉、后周、北宋四届政权。另外，他还根据自己在中原各个地区的见闻编写了一部书，称作《清异录》，其中三个故事记录了三类关于茶的娱乐形式。

第一则故事关于金乡的一位和尚。和尚吃茶时能在茶汤表面幻化出图案，末茶注水后可以在茶汤表面生成一句诗，要是同时准备四碗茶，甚至能形成一首绝句。和尚戏称自己手中拿的是“生成盏”。据记录，他似乎不需要借助任何工具就能完成上述操作，与当代咖啡拉花似有异曲同工之妙。另一种娱乐方式则需要借助茶匙，在茶汤表面绘制花鸟、走兽、虫鱼，顷刻间就可能消散，然而人们乐此不疲，称其为“茶百戏”。

除了在茶汤表面作画之外，陶谷还记录了人们花样翻新准备茶盏的艺能，它被称为“漏影春”[3]。首先，需要在茶盏底部附着上剪成叶形的花纸，在碗内均匀撒上茶粉后将花纸拿掉，如此自然会形成一个周围附着茶粉，中部叶形镂空的图案。之后，用荔枝肉填入镂空叶片处，用松子或鸭脚木填入花蕊。在全部准备完毕之后，就可以煎水点茶了。仅仅是想象一下上述画面，也可以感受到如此点茶的雅致与安逸。特别是对于喜好吃淡茶的朋友，荔枝、松子、鸭脚木无疑都可以在平添情趣的同时平衡口感。宋建国时陶谷已经年近六旬，之后他仅经历了宋初十年。因此，关于茶的这些记录应该主要来自五代，他行走南方之时。

除以上三个条目外，《清异录》中还有15条关于茶的记录，几乎都收集自民间。这些内容为研究宋初茶史提供了两个重要信息。其一，条款中不乏煮茶的相关内容，说明五代期间陆氏煎茶仍在延续。[4]其二，点茶并不是在宋代成型，而是在五代时期就已经在民间相对普及。不论“生成盏”“茶百戏”，还是“漏影春”显然都要采用点茶之法，似乎此刻它比煎茶更受大众欢迎。若要探究导致此种变化的原因，可以从实际应用出发——点茶对于煎茶，在两个环节更容易实现。

首先，煮茶三次“沸度”本身间距短，即便在当代采用先进的电磁炉，调节快速，也难免稍不留神错过步骤。在古代使用柴火的条件下，极难把控火力，容错率低。要求百姓都像陆羽那深谙薪火是不可能的，因此不熟悉操作步骤容易出现过火溢茶的情况。点茶则完全不存在这个问题，只煎水不煎茶恰恰是点茶的区别所在。其次，除研磨茶饼外，煎茶仪式仍需要二十几件器具同时参与，而点茶只要有水、有盏、一支茶筅。这无疑降低了参与门槛，方便普通用户。怎奈世事都有正反两面，五代、宋初工具与操持的简化正是后世茶思想退化的起始。

精彩的共存时代

今天茶界有句话称为“唐煎、宋点、明泡”说明三个朝代的备茶方式，然而宋代其实三者兼具。煎茶在宋初延续之后，并未断绝，除《清异录》中的相关记载外，宋人写的诗词中也经常出现煮茶场面。比如，“梅妻鹤子”的林逋（967—1028）就曾在追忆陆羽时留下“石碾轻飞瑟瑟尘，乳花烹出建溪春”[5]的诗句。到了南宋，爱国诗人陆游（1125—1210）更是煎茶爱好者，很多诗词直接以“煎茶”“煮茶”为题，一句“归来何事添幽致，小灶灯前自煮茶”[6]，阐述了领悟茶道的孤心，观点好似陆羽再世。与陆游同时代的大诗人杨万里（1127—1206）曾作“鹰爪新茶蟹眼汤”[7]的诗句，显然杨万里不仅煮，且煮的是“鹰爪”——散叶芽。煎茶在两宋依旧是“山人”的独享，只有具备相对素简的情操与恬淡的心性才能驾驭。

泡茶法与散茶形态似乎存在共生关系，毕竟当散茶制作完毕，又有谁忍得住不尝试用水沏泡它呢。两宋并不是只有紧压茶，尤其是后期，散茶已具备相当的规模，而且用于冲泡的壶业已成型（图2-16）。宋元之交的历史学家马端临（1254—1340）曾经在纂写史书时收录了当时十一款散茶，且有等级之分。

> 散茶有太湖、龙溪、次号、末号出淮南，岳麓、草子、杨树、雨前、雨后出荆湖，清口出归州，茗子出江南，总十一名。江、浙又有以上中下、第一至第五为号者。[8]

图 2-16　宋代茶壶，成都博物馆藏

然而，之所以泡茶不可能在宋推广，和那一时期的制茶工艺有关。即便选取最上等芽、叶，由于蒸汽杀青温度低，也不可能将鲜叶中的青草味道全部去除，香气、口感都会受影响。一百年后，当元代发明了炒青工艺，[9]散茶口感才得到本质性提升，又过了一百多年，明代人将炒茶技艺完善，才孕育了蓬勃生机。如果今天想比较两类绿茶口感的差别，可以将延续了宋代蒸青工艺的日本煎茶与中国龙井对比品尝，一试便知。

宋代的紧压茶，也就是马端临文中称的“片茶”有两个品类，它们分别是将茶叶汁榨出的“研膏茶”和保留的“草茶”。而所谓“膏”这个被宋人着重强调的概念，其实在唐代早已提出（见上文“赴天下苍生”第一段）。研膏茶只产于福建部分地区，有三种用途：岁贡宋廷、邦交国礼、本地食用。[10]在后文中我们会看到，这种茶作为国礼可谓供不应求，少量流通于民间的中低端研膏茶会被不远万里运出境，贩卖到朝鲜王国的宫廷中（见第三章“末茶道的落户”）。虽然高品质研膏茶常人无福消受，但高品质草茶却可以用钱购买。“草茶”出产于今天浙江、江苏、江西等地，最突出的当数洪州（今江西南昌）双井茶。略显混乱的是，这个名称在古籍中偶尔也会指代那里出产的散茶。两宋文人对“草茶”的精品赞不绝口，自景祐年间（1034—1038）以后，洪州双井史不绝书。[11]

作为宋茶杰作，不论哪一款都需选用嫩芽头作为制作原料，徽宗称研膏茶的最高等级为“斗品”[12]，赞扬它是宫廷斗茶必备之品；南宋词人称草茶的最高等级为“雀舌”[13]，名称比喻散茶一芽两叶的可人外形，给人精巧、活力之感。宋代茶芽被称为“枪”，叶被称为“旗”。今天“一芽一叶”这种毫无文采的描述，在宋的学术叫法应作“一枪一旗”，宋代官员如此称呼，《文会图》的创作者赵佶也如是形容。

北宋著名的茶画只有《文会图》一幅，而南宋则有两幅名作传世——《撵茶图》与《茗园赌市图》[14]，两绘风格、内容迥异，彼此互补，相传它们皆是南宋三朝宫廷画师——刘松年（约1131—1218）的作品，《撵茶图》出自刘画师之手毋庸置疑，但人们对于《茗园赌市图》的作者普遍存在争议，许多专业人士认为它出自他人之手，只是该作作者冒名御前画家而已。《撵茶图》绘制的是一场文人茶会雅集。画面左半部分两位侍者，一位碾茶、一位点茶，二人所用之物涵盖了点茶仪式的全部器具，近代传世版本应为明人临摹，但多数如实绘制，故可作为参考。[15]从某种意义上讲，这幅图画对传承、复原宋茶场景的贡献胜过千言万语。（彩图12）

《茗园赌市图》的风格完全不同，它描绘的是一派市井斗茶场面。图画左侧四位青年正忙着就各自的点茶技巧一较高下。四人右侧的挑担者应该是沿街售卖茶叶的商贩，货架顶盖上的“上等江茶”四个字说明他在售卖散叶茶。尽管这类茶不需要制作成团茶，但也要研磨成末，点而食之。[16]整幅图中可能只有一个人在卖茶，不论是最左边准备离去的老者、施展技法的“斗茶四人组”，还是画面右侧手牵孩童的母亲，都更像是买茶人，他们每人手中拎着一只净水瓶，应该是为了先尝后买。《茗园赌市图》的选题场景与绘画精细度和刘松年以往画作之间存在较大差异，难怪人们对它的身世众说纷纭，以至于收藏它的台北故宫博物院几乎从未将其公开展出。（彩图13）

除了两幅人物画之外，宋代一位称为“审安老人”的茶师还在公元1269年留下了12幅茶具图。不论是石碾、石磨还是茶扫、茶筅都采用贴近自然的材质，显得格外雅致。审安老人不仅绘制了茶具，还根据器物的形态、用途，以拟人手法为它们“每位”都起了姓名、字、雅号，并用一段精美的词来述说其品性。比如十二器物的第一件为风炉，这与陆氏茶器第一件相同。审安老人称它为“韦鸿胪”，名“文鼎”，字“景旸”，号“四窗间叟”。“鸿胪寺”是朝廷执掌朝祭礼仪的机构，既庄重又常与火打交道。“鼎”指形态、“旸”指用途、“四窗间叟”表示茶炉开有四个窗，这显然汲取了陆氏风炉的设计风格，周围三窗通风，下方一窗出灰。小词称赞风炉“火炎昆冈，玉石俱焚，尔无与焉”[17]。

审安老人不曾在历史中留下姓名，关于他的身世更无从查起，但他对茶道有不朽的贡献。后世茶人一直在模仿他给茶器起雅号的行为——不论是16世纪的中国茶师还是日本宗匠，不论是复杂名号还是简约称谓——但从不曾有人超越他的高度，他已经把茶周边器具带回了那个“一花一世界”的精神空间。我曾一度非常怀疑审安老人是否修过禅学，当然这并不必深究，哲学的高阶认知是相通的。茶禅本一味，不然两宋丛林也不必非要借助茶去探究“一叶一如来”。

立禅规，绘茶图

在佛门中，清规戒律既是行事方法也是约束条令，这毕竟是一个由几十、上百甚至几百、上千人组成的集体，疏导很重要。历史上第一次对寺内规矩的梳理来自陆羽的同代人——唐百丈怀海禅师（约 720—814），然而由他撰写的《百丈清规》在宋代已经失传。宋徽宗崇宁二年（1103），有心人[18]将缺失了文本蓝图的众多禅林准则汇总，完成了第二部寺院制度，它就是流传至今的《禅苑清规》(后简称《禅规》)。根据书中内容，后人可以体系化了解宋代寺院的重要活动之一——禅院茶。此刻，吃茶已经渗入丛林生活的每一个片段。

《禅规》总共十卷。第一卷分别定义了十个场景下的行事准则，以集体活动为主。从前两项活动——“受戒”“护戒”就不难看出这一卷描述事宜的普遍纲领性。就在这些条目中，第八款称为“赴茶汤”。“赴茶汤”一般是指到一个特殊环境中去参与吃茶仪式。这一段描述的是在院门、堂头，僧众举行群体性茶仪式的礼制。茶礼规定得极为细致，从衣着、姿态到何时脱鞋、衣袖多长，甚至对叉手时右手大拇指要压在左边袖口，左手食指压在右边袖口都有规定。端茶碗的时候不能垂手也不宜过高，吃茶时既不能吹也不能呻吟或口腔发出响动。除此以外的细节不胜枚举，即便时至今日，其中部分茶礼依旧适用。

> 院门特为茶汤，礼数殷重。受请之人不宜慢易……安详就座。弃鞋不得参差。收足不得令椅子作声……及不得露腕。热即叉手在外。寒即叉手在内。仍以右大指压左衫袖，左第二指压右衫袖……安详取盏橐，两手当胸执之，不得放手近下，亦不得太高……主人顾揖然后揖上下间。吃茶不得吹茶，不得掉盏，不得呼呻作声。[19]

以品茶时口中发出声音为例。当代一些人在参加公共茶会或多人品饮时，喜欢向嘴里吸气，茶汤在口中翻滚就会发出怪声，美其名曰是为了使茶的口感更佳。在品饮岩茶、生普洱这类单宁含量高的茶时，此种做法确实有一定效果，原理类似于醒红酒（decanting）——令单宁与空气充分接触，使涩的口感变得柔和。然而在参加宴会时，人们并不会边品红酒边向嘴里鼓风，原因就是其行为既扰乱氛围又不免失礼，这项工作需要交给醒酒器。而对于茶，这种做法更显故弄玄虚，茶中单宁远没有红葡萄酒中含量高，且涩味本身就是彰显生普与某些岩茶质量的重要标准，懂茶人反而期待在此种口感中发掘茶性。

宋禅院除了集体场合的茶汤仪式外，吃茶行为最常出现在一件事的起承阶段。比如，香客来询问因果开口前，行脚僧初到禅寺见轮值主管（寮主）时，或僧人向监院请示事宜前等，不一而足。如此规定必是经验积累而来——吃茶消除口渴，满足生理需要；吃茶稳定心神，带来心理慰藉。品饮行为持续时间虽不长，却非常有利于组织语言、整理仪容，还可以令发言者与听众自然进入角色。一盏茶令未曾谋面的人生成默契，称得上一种智慧。如今，许多政商两界人士在发言前都会慢慢地抿一口茶，清口齿、提精神，而这点千年前已经被禅刹明确在规章里，应用到生活中。

大概是因为茶在寺院中出现频率太高、入围场合太广，《禅规》整个第五卷几乎都在细说与茶仪式相关的规制。例如：不同建筑内茶道要执行的次序；僧俗两界交往时，僧人的待客点茶礼仪；禅院内上下级或不同辈分人之间的点茶礼仪。住持、监院、头首、僧众的茶会座次、身形、礼法、姿态、言行都在这一卷中做了详细说明。[20] 值得注意的是，所有茶仪式用的都是“煎点”二字，且未涉及任何关于团茶、压茶的话题。宋代寺庙中的茶法与宫廷不同，虽然吃茶都采用冲点，但茶本身是由散叶直接研成末，无须压制。

宋代禅院对茶道的另一贡献体现在绘画上。12 世纪末，明州东钱湖惠安院住持——绍羲，邀请佛像画师周季常、林庭珪，绘制了恢宏壮丽的《五百罗汉图》(后简称《罗汉图》)。《罗汉图》为绢本彩绘，由一百幅卷轴人物画组成，每幅包含五名罗汉。全部画作于 1178—1188 年这十年完成，宋末元初辗转流往日本。[21] 今天，这些旷世佳作收藏于日本大德寺中。《罗汉图》系列绘画每一幅都堪称精品，体现了两位画师对“仙人圣所”的想象力，也展现出他们对南宋禅刹的洞察力。这其中有 4 幅作品与茶有关，分别是图 48、图 54、图 55、图 56。

图 48（彩图 14）描绘了“罗汉仙境”公共浴池前的景象，既有祥云、小鬼等想象之物，也有净水瓶、茶杯等现实之器。图 54（彩图 15）中的茶具元素极为丰富，下方的两名小鬼正在为点茶仪式做着准备。左侧小鬼使用“茶碾”将茶碎研成细粉；脚旁放着将叶片击打成茶碎的“茶槌”；身前托盘中有茶筅、茶扫和茶入（茶罐）。右侧小鬼手持炭夹与蒲扇，调试着风炉中的炭火。上述器具，除风炉外都将在半个多世纪后，绘于“审安老人”《十二茶器图》中。图 55（彩图 16）中心位置绘有宋代标志性的茶盏托。图 56（彩图 17）更是全景呈现了侍童为罗汉们点茶的仪式场面。图 48 与图 56 将对日后日本茶文化走势产生划时代影响，下章再作说明。[22]

宫廷、禅房、市井、山林，宋茶延续了李唐关于这四个饮茶场景各自的氛围。然而，似乎只有佛刹与原野才是茶思想的保鲜箱，才会有人静下心来悟道。宋代山人、隐士难以割舍陆氏情结，不忍将煎茶法放逐，最终只剩下佛门弟子专攻属于宋的点茶茶道。问题是这个团队太闭塞、太幽静，以至于后世茶学都快忽略它曾经存在的往事。《禅规》中的茶从未像《大观茶论》中的茶那样被世人称道，但恰恰是它承载了属于宋的茶道。不苦不涩不成茶，不疯不魔不成佛，在东亚比中国更东的地方，宋茶的仪式与思想历尽磨难，没有随朝代更迭而湮灭，几百公里外它将被继承传播，几个世纪后它将被发扬光大。

注释：

[1] 参见（元）脱脱、（元）阿鲁图《宋史》卷184《食货下六 · 茶下》，（台湾）中华书局2016年版，第8册，卷一百八十四，第4页。原文："至和中，岁市茶淮南才四百二十二万余斤，江南三百七十五万余斤，两浙二十三万余斤，荆湖二百六万余斤，唯福建天圣末增至五十万斤。"

[2] 参见（元）脱脱、（元）阿鲁图《宋史》卷183《食货下五 · 盐下　茶上》，（台湾）中华书局2016年版，第8册，卷一百八十三，第10页。原文："总为岁课江南千二十七万余斤，两浙百二十七万九千余斤，荆湖二百四十七万余斤，福建三十九万三千余斤……川峡、广南听民自买卖，禁其出境。""广南"大致相当于唐代的岭南，指广东、广西。

[3]（宋）陶谷：《清异录 · 荈茗录》，载（宋）陶谷、吴淑撰，孔一校点《清异录、江淮异人录》，上海古籍出版社2012年版，第102—103页。"生成盏""茶百戏"与"漏影春"都出自这一篇。

[4] 参见（宋）陶谷《清异录 · 荈茗录》，载（宋）陶谷、吴淑撰，孔一校点

《清异录、江淮异人录》，上海古籍出版社 2012 年版，第 101—102 页。原文：乳妖段：“吴僧文了善烹茶”；水豹囊段：“煮茶啜之，可以涤滞思而起清风。”

[5]（宋）林逋：《烹北苑茶有怀》，载高泽雄、黎安国、刘定乡编《古代茶诗名篇五百首》，湖北人民出版社 2014 年版，第 85 页。诗歌最后一句为：“闲对《茶经》忆古人。”

[6]（宋）陆游：《自法云归》，载高泽雄、黎安国、刘定乡编《古代茶诗名篇五百首》，湖北人民出版社 2014 年版，第 128—132 页。

[7]（宋）杨万里：《以六一泉煮双井茶》，载高泽雄、黎安国、刘定乡编《古代茶诗名篇五百首》，湖北人民出版社 2014 年版，第 136 页。

[8]（元）马端临：《文献通考》卷 18，中华书局 2011 年版，第 504 页。

[9] 参见（元）忽思慧《饮膳正要》卷 2，中医古籍出版社 2019 年复刻本，第 10 页。《饮膳正要》成书于 1330 年。原文：“炒茶：用铁锅烧赤，以马思哥油、牛奶子、茶芽同炒成。”马思哥油在这段文字前有介绍，是一种牛油，今天炒茶时同样要加入茶油。

[10] 参见（元）马端临《文献通考》卷 18，中华书局 2011 年版，第 504 页。原文：“惟建、剑则既烝而研……以充岁贡及邦国之用，洎本路食茶。”

[11] 参见（宋）欧阳修《归田录》卷 1，载杜斌译注《茶经、续茶经》（下），中华书局 2020 年版，第 733 页。原文：“草茶盛于两浙，两浙之品，日注为第一。自景祐已后，洪州双井白芽渐盛。”参见（宋）叶梦得撰，（清）叶德辉校刊，涂谢权点校《避暑录话》卷下，山东人民出版社 2018 年版，第 165 页。原文：“草茶极品惟双井、顾渚……元祐间。”“元祐”为年号（1086—1094）。另外，还有上文注释中南宋杨万里《以六一泉煮双井茶》的诗句，也可以佐证双井草茶的品质。

[12]（宋）赵佶：《大观茶论》，载朱自振、沈冬梅、增勤编著《中国古代茶书集成》，上海文化出版社 2010 年版，第 125 页。

[13]（宋）叶梦得撰，（清）叶德辉校刊，涂谢权点校：《避暑录话》卷下，山东人民出版社 2018 年版，第 165 页。

[14] 南宋涉及茶的画作还有一些，例如马远的《西园雅集图》、刘松年的《围炉博古图》（彩图 11）。特别是在《围炉博古图》中，背对画面的赏画者

就在点茶，但此作的核心并非茶事。再如刘松年的另一幅作品——《卢仝烹茶图》，虽以茶为题，却没有更多对于茶器的绘制。因此，此类作品没有被本书归入茶绘。图片出自天津人民美术出版社编《南宋大师刘松年作品选》，天津人民美术出版社 2004 年版，第 5 图。

[15] 参见廖宝秀《历代茶器与茶事》，故宫出版社 2018 年版，第 216 页。

[16] 参见裘纪平《中国茶画》，浙江摄影出版社 2014 年版，第 42 页。

[17] （宋）审安老人:《茶具图赞》，载（唐）陆羽、（清）陆廷灿著，申楠评译《茶经 · 续茶经》，北京联合出版公司 2019 年版，第 74 页。

[18] 净土宗禅师宗赜慈觉，编写《禅苑清规》为的是重塑废弛已久的丛林戒律。

[19] （宋）宗赜集，刘洋点校:《禅苑清规》卷 1，上海古籍出版社 2020 年版，第 17 页。

[20] 参见（宋）宗赜集，刘洋点校:《禅苑清规》卷 5，上海古籍出版社 2020 年版，第 58—67 页。

[21] 参见［日］奈良國立博物館、東京文化財研究所企画情報部編集《大德寺伝来五百羅漢図，銘文調查報告書》，奈良國立博物館 2011 年版，第 5、251 页。

[22] 参见［日］奈良國立博物館、東京文化財研究所企画情報部編集《大德寺伝来五百羅漢図，銘文調查報告書》，奈良國立博物館 2011 年版，第 59、65、66、67 页。

第三章

贯穿幕府时代的日本茶文化

由于公元9世纪初茶传入日本的兴盛时间太短暂、之后空档期太长，通常都不被看作日本茶文化的起源点。现在能达成相对共识的观点是，茶文化确切传入日本是在12世纪晚期，也就是日本幕府制度形成的同时期。在中国，“挟天子以令诸侯”只出现在王朝交替之际，而在日本它被常态化了将近700年，即从12世纪末到19世纪后期明治维新前。“幕府”本是指军队将领的牙帐，但在日文中，这两个字的含义被引申为一种政治统治，一种权力凌驾于天皇之上的集权政府。

公元1192年，在经过一系列政治斗争后，武将源赖朝（1147—1199）在镰仓建立起日本历史上第一个幕府，持续了近一个半世纪于1333年灭亡。日本茶文化在这一阶段处于萌芽期。实际上直到镰仓幕府凋敝，它也未在日本社会破土，只是被贮藏在禅寺与官家幽深的院墙内，分别作为修佛和赌博的工具而已。镰仓幕府灭亡后，后醍醐天皇本有机会提前结束幕府擅权，怎奈他政治手腕不足，格局又略低，最终落得败逃吉野，在京都南面建立起小朝廷的结局。整个国家的经济、文化中心——京都，此时都落在足利家族手中。足利家族建立的第二代幕府——室町幕府，由将军注资，亲信收集、改造茶仪式，对茶文化在日本普及起到积极的推动作用。

15 世纪下半叶，也就是室町幕府末期，日本政局进入最混乱的“战国时代”（1467—1615），而日本茶道也经此一役瓜熟蒂落。“将军一方面展示出暴发户气质，打造‘黄金茶室’，另一方面又喜欢在‘山里’——密林中的安静茶室——享受与世隔绝的快乐”[1]，他们加速催化了茶道的本土化。然而，相关书籍对这段时期茶历史的记载，甚至令许多后代日本文化学者挠头。最严重的问题在于，日本在近代建立了诸多茶道门派，出于自身需要，它们在传授所谓的本门秘籍时捏造了一些历史故事。如今，这些门派在为有闲阶级提供娱乐活动的同时，垄断视听、形式化内容，这无疑阻碍了日本茶史的可信性。[2] 当然，历史并非无迹可寻，我们可以到中、日两国的史书中拼凑过往、寻根溯源。

注释：

[1] ［日］家永三郎:《日本文化史》，赵仲明译，译林出版社 2018 年版，第 183 页。

[2] 参见［日］家永三郎《日本文化史》，赵仲明译，译林出版社 2018 年版，第 184 页。

偷渡与通航
（1191，九州）

北宋时期的日本与宋朝联系非常少，倒不是因为北宋政权排斥外来，反之，它非常想把自己关于治国、礼佛的经验传于外邦——毕竟李唐曾经接纳了十几批日本使团，来自他国的认可似乎更能安抚自尊。然而事与愿违，日本此时正处于平安时代（794—1192）后期，政治上它并不认为宋人与契丹人哪个更胜；外交上它甚至明令禁止日本僧团访华。当然，这种限制并不只针对宋，零星顶风前往宋、辽两国的人，回到日本要么流放、要么受罚。事实上，除了数得出来的几艘日本船只外，往来于洋面的都是中国商船。[1]然而，即便在如此强劲的监管下，中国商船仍不时接纳来自日本的渡海客。

受北宋封号的日僧

宋神宗熙宁五年、日本延久四年（1072）3月，一位年过六旬，在最澄和尚所创延历寺出家的日本僧侣与他的七位同伴，登上了由三艘宋船组成的船队。老僧人法号成寻（1011—1081）。有意思的是，此时他依然称这些船为“唐人”船。[2]从成寻离开故土的那一刻，他的游记《参天台五台山记》正式进入创作阶段。成寻到达宋地后，他的生活中可谓无时不吃茶、无处不吃茶。在巡礼天台山与五台山的过程中，高僧、住持、院主、知事、侍者都曾为他点过茶。而此时宋代禅院的吃茶行为不仅是普及，更显得有些过于密集。

成寻到达宋地同年晚些时候（据成寻日记记载为十月十五日），受到了神宗皇帝的接见。面圣当天，他在北宋都城汴梁的太平兴国寺[3]传法院中醒来。从辰时（7—9 点）到巳时（9—11 点）这至多 4 个小时中，他参与了四个地点的五次点茶茶事，有集体场面也有二人对饮。11 点，成寻受请去见宋神宗。神宗问的第一个问题是："日本国事风俗如何？"成寻的回答是："学习文治武功，以唐代为根基。"不知道当大宋皇帝听到这个回答，心中是何等的五味杂陈。之后，神宗又问询了日本的土地、人口、王族、臣属，成寻一一作答。

当问及日本需要宋哪种货物时，成寻提到 4 件，都是日常用品，其中"茶碗"格外醒目。[4]这说明日本有饮茶的需求，但器物相当匮乏。觐见完毕，成寻被安排在开封城东北侧，与皇城一墙之隔的开宝寺（今开封铁塔公园）。半年后，成寻收到了敕令，神宗皇帝赐法号善惠大师[5]，这可能是他出发前没有预料到的，因为此种殊荣降临在宋僧身上的概率非常低。成寻并没有选择像唐代留学僧一样学成归国，来宋九年后，他在宋都开宝寺圆寂，而这可能曾在计划之中。日本平安后期，一旦踏出国门几乎就意味着断绝了回头路。以 60 岁高龄远赴他乡，成寻动身前应该已对身后事有所打算。

成寻虽在宋地生活了九度春秋，但游记只持续更新了一年多。从那些字里行间，后人很容易感觉到茶事在宋，特别是禅院中的繁盛，也多少能感觉到它缺乏规律性。今天，大多数佛刹都有种植茶园的习惯，这一历史可谓源远流长，但它们使用之余通常将茶售卖，像成寻记录中那样密集消耗的情况并不多。宋僧对茶叶过于依赖，甚至过于浪费，这势必被同时代僧人看在眼里。在成寻离世的第 23 个年头迫于愈演愈烈的制度丧失，前文提到的《禅苑清规》降世。

再次通航

在《禅规》于寺院中推行制度化的同时，北宋进入徽宗朝，整个社会来到动荡的边缘。之后方腊、宋江等人纷纷起兵，气息奄奄的北宋在金人灵活的弓马下再无力抵抗，只得于公元 1127 年接受灭国的安排。徽宗之子赵构在仓皇中建立了南宋（1127—1279）。南宋建立后，宋、日两国仍没有建交。然而三十年之后，也就是日本平安末期，它逐渐对南宋敞开了国门，倒不是因为南宋有什么过人之处，只是日本政权内部的一个重要人物认识到了一些问题。

如果需要从日本古典时代后期挑选一位关键人物，大多数人应该会脱口而出——平清盛（1118—1181），他是平氏政权的奠定者，日本进入尚武中世纪承上启下的人物。平清盛出生于平定内乱的功勋家庭，凭借父亲的地位与财力，平清盛进入政界、肃清政敌，官至太政大臣[6]，权力仅次于天皇。然而，人类对权力的向往通常没有尽头。平清盛终于在 1179 年将老天皇——后白河法皇幽禁，并于次年将自己的外孙送上大位，是为安德天皇，当然他并未因此放权。尽管平清盛在临终前一年迫于各方政要的压力选择隐退、交权，但这无法改变他成为“首位掌权武士”的事实。他是日本武家天下的启蒙者与践行者，为随后而来的幕府政治打下实践基础。

其实，平清盛的宿敌并不是输在战场上，他们通常在没有挥刀砍杀之前就已行将就木。平清盛太有钱了，军队、庄园、人心，战争年月金钱比平时更加神通广大。支持平清盛问鼎日本政坛的财富统统来自海外，是与南宋通商的结果。1156 年，在后白河天皇与崇德上皇争夺皇位的过程中，由于平清盛等武人站在后白河一方，导致他成为最终的胜利者。作为回报，平清盛本人也获得了关西之地[7]，要知道此地有通往赵宋的海上门户。此后他积极撮合对宋贸易的合法化，在为本方集团赢得无尽利益的同时，彻底恢复了尘封 300 多年的中日航道。

禅、茶，一人

日本仁安三年（1168），一位青年学问僧在平清盛的渡口出发，前往赵宋。他的名字叫荣西（1141—1215），也曾在最澄和尚的延历寺出家。此时，南宋丛林中的“禅宗”已经成为众多修行者钻研的对象，怎奈包括荣西本人在内的日本僧侣还不知“禅”为何物。他此行的目的与先前成寻访北宋相同，也是以巡礼圣迹为宗旨，这种行为和今天的研学旅行颇为相像。荣西本次游学历时半年，除了完成既定方针并带回几十卷佛经外，风平浪静。平安后期，日本寺院内虽偶有种茶，但茶事废弛已久，风气日渐衰落，荣西此行也并未对茶、禅之事展现出兴趣。当然，这只是他与南宋缘分的开始。

日本文治三年（1187）荣西再度入宋，他此次的目的依然不是学禅，而是希望取道前往印度。不过，此刻通往印度的中国北方情况复杂，它并不属南宋管辖范围，朝廷以道路阻塞为由拒绝了荣西的请求。[8] 就这样，时隔 20 年荣西再次来到天台山。不同之处是，这次他没有马上离去，在参谒万年寺虚庵怀敞禅师后，他选择拜师修禅。之后，荣西又随师傅迁居天童山并在那里修学 4 年，最终继承怀敞法统。[9] 日本建久二年（1191），荣西学成归国，这一次他的行囊中装入了茶籽。茶树的再次播种为日本后世兴饮茶之风奠定了基础。此时此刻，像茶事一样，日本政治也在迎接一个全新的时代。

平清盛于 1181 年病逝，他的历史使命就此告一段落，但他的老对手——后白河法皇并没有他那么“幸运”，后者依然在乱世中为保全皇族的最后一丝颜面而奋战。由于手中没有兵权，后白河先是被平氏残余挟持，之后又陷入另一股势力——源氏的家族斗争。法皇本人在有生之年用尽手段，使皇族名义上掌控国家权力，并一直延续到了他生命的终点。作为日本平安末期最悲情的人物，后白河是无数武将的背景板与挟持对象。1192 年，也就是荣西归国的第二年，后白河法皇殒命。再没有人，哪怕是一丁点舆论压力阻止源赖朝出任征夷大将军、建立镰仓幕府。武家政权就此登上历史舞台。

刚刚回归故土的荣西立刻将茶籽播种到了九州平户岛上的富春院。[10] 同时，已是禅宗弟子的他尝试到京都弘扬新法，无奈此刻日本政治、文化中心仍被固有佛教宗派把持。1195 年，在多方尝试无果后，荣西只能回到九州博多。然而就是从这时起，年过半百的他即将完成人生蜕变。3 年后，他完成了著作《兴禅护国论》。

荣西在宋生活四年有余，必定对《禅规》烂熟于胸，但在《兴禅护国论》中，他对《禅规》引用的段落并不多，甚至对禅宗也只作适度介绍。[11]与其花费篇幅在不被接受的哲理与行为上，不如给“禅”在日本创造一个迫切存在性。荣西在给书籍取名时就高举“护国”旗帜，明确“兴禅”的原因，这在镰仓幕府建立初期可以最有效地勾起执政集团兴趣。

1199年，也就是《兴禅护国论》发表的第二年，镰仓幕府缔造者、一代征夷大将军源赖朝病逝。荣西的努力也终于在此后得到回报，将军未亡人——北条政子随荣西皈依，并为他修建了后来的镰仓寿福寺。源赖朝之子、二代将军源赖家也于公元1202年拿出自家土地，为荣西这位六旬老僧在京都修筑建仁寺。荣西集合天台宗、密宗与禅宗，以径山寺所承袭的临济宗[12]为名，开山日本临济宗。就此，他终于完成了老师虚庵怀敞将禅学东传的寄托。

荣西在建仁寺住持的十余年中，传法之时也没忘记推广吃茶，他曾将一些茶种赠送给山城栂尾的明惠上人，并声明这种植物有“遣困、消食、快心”的功效。后来，栂尾茶声名远播，在整个镰仓幕府时期至室町幕府中期——宇治赢得“日本第一茶产地”美誉之前——栂尾一直是日本本土最负盛名的茶产地。这里产的茶被称为“本茶”，象征出身名贵。通过荣西的努力，日本禅院以茶待客的风气逐渐兴起。[13]

日本承元五年（1211），荣西创作了《吃茶养生记》。作为13世纪“产品专家”的典范，荣西再一次展现出他非凡的“商业”头脑——“吃茶”并不是读者的“痛点”，但“养生”是永恒的话题，没有人会排斥。对《禅规》再熟悉不过的荣西，自然不可能对其中篇幅庞大的点茶场景与规制熟视无睹，而且在天童山修行四年，吃茶的规律应该早已成为他人体生物钟的一部分。然而，荣西并未生搬硬套宋人的仪式与思想，对当时的日本君民来说，那等同于天方夜谭。《吃茶养生记》以茶"养生延寿"的作用为切入点，鼓励种茶、喝茶。[14] 这种"以退为进"的策略恐怕只有古稀老人才能驾驭得来。

日本建保二年（1214），荣西的生命已接近尾声。偏巧此时幕府将军源实朝醉酒难受，荣西以一盏清茗献上，外加自己创作的茶书，令将军神清气爽、心情欢愉。[15]

这一幕仿佛是400年前永忠在弥留之际为嵯峨天皇献茶的再现。不同的是，这一次茶在日本没有没落，而是以此为起点将茶道踵事增华。就贡献而言，《吃茶养生记》这个看上去很平白的书名——亲民、刚需，可以占到一半功劳。禅与茶似乎是被命运安排好一样，由同一人在同一刻输入日本。荣西以毕生才学献祭日本的禅、茶事业，京都建仁寺800年后依然香火旺盛，日本茶道800年后依旧后继有人。

注释：

［1］参见［日］木宫泰彦《日中文化交流史》，胡锡年译，商务印书馆1980年版，第223—225页。

［2］［日］释成寻原著，白化文、李鼎霞校点：《参天台五台山记》卷1，花山文艺出版社2008年版，第1页。

［3］不是今天大伾山的太平兴国寺景区，按照北宋的交通速度，从那里出发到开封城至少需要一个白天。成寻所住的太平兴国寺曾在今天开封市鼓楼区北，因此就在皇城外西南侧。

［4］参见［日］释成寻原著，白化文、李鼎霞校点《参天台五台山记》卷4，花山文艺出版社2008年版，第113页。原文："一问：'本国要用汉地是何物货？'答：'本国要用汉地香、药、茶垸、锦、苏芳等也。'""垸"是"碗"的古写法之一。

［5］参见［日］释成寻原著，白化文、李鼎霞校点《参天台五台山记》卷8，花山文艺出版社2008年版，第272页。

［6］参见［日］藤田正胜《日本文化关键词》，李濯凡译，新星出版社2019年版，第167页。

［7］参见［日］木宫泰彦《日中文化交流史》，胡锡年译，商务印书馆1980年版，第293页。

［8］参见刘恒武、庞超《试论荣西、道元著作对〈禅苑清规〉的参鉴——兼论南宋禅林清规的越海东传》，《宁波大学学报（人文科学版）》2018年第6期。

［9］参见［日］木宫泰彦《日中文化交流史》，胡锡年译，商务印书馆1980年版，第341页。

［10］参见滕军《日本茶道文化概论》，［日］千宗室审定，东方出版社1992年版，第19页。

［11］参见刘恒武、庞超《试论荣西、道元著作对〈禅苑清规〉的参鉴——兼论南宋禅林清规的越海东传》，《宁波大学学报（人文科学版）》2018年第6期。

［12］临济宗为禅宗的一个分支，唐代后期由僧徒义玄（？—867）在河北临济院开创。参见（清）杨文会撰，万钧注《佛教宗派详注》，江苏广陵古籍刻印社1991年版，第91页。文中提道"以咸通七年丙戌岁四月十日示灭"，由此判断出义玄的逝世年代。

［13］参见［日］木宫泰彦《日中文化交流史》，胡锡年译，商务印书馆1980

年版，第 361—362 页。

[14] 参见［日］木宫泰彦《日中文化交流史》，胡锡年译，商务印书馆 1980 年版，第 362 页。

[15]［日］佚名：《吾妻鏡》卷 22，载黑板勝美《新訂增補国史大系》卷 32，株式會社吉川弘文舘 2007 年版，第 709 页。原文："將軍家聊御病惱。諸人奔走，但無殊御叓。是若去夜御淵醉餘氣歟。爰葉上僧正候御加持之處，聞此叓稱："良藥自本寺，召進茶一盞，而相副一卷書令献之。所譽茶德之書也。將軍家及御感悅。""叶上"是荣西的法号之一，此时他送上歌颂茶德的书想必是《吃茶养生记》。《吾妻镜》由镰仓幕府的家臣编纂，记录了 1180 年至 1266 年的史实。关于这本书的介绍可参见［日］藤田正胜《日本文化关键词》，李濯凡译，新星出版社 2019 年版，第 167 页。

末茶道的落户

（1397，金阁寺）

历史很有趣，它蕴含着规律。之后我们会不断看到，茶每次在一个文化环境初来乍到之际，都要先被披上“药”的外衣。第一个这样做的国家并不是日本，而是高丽。公元1124年，作为使节的宋臣徐兢在给徽宗的“出访工作总结”——《宣和奉使高丽图经》中，捎带描述了当时朝鲜地区的饮茶风尚，“汤药茶”在王族中十分流行。[1]

茶在唐晚期传入朝鲜半岛，可惜直到200多年后的北宋末期，高丽王朝所产的茶仍旧非常苦涩。幸运的是，由于它与宋同属一块大陆，商贸便捷，除接受宋皇廷赏赐外，还可以购买更多宋地研膏茶，例如：蜡面茶、龙凤饼茶。此时，高丽宫廷拥有自己的茶礼节，举行宴会时，茶在殿中央集体煎煮，煮后盛入碗中，碗上有银制荷叶形盖子。由于与会宾客要等到人人接过茶后方可品饮，所以他们通常不得不喝冷茶。王公平日饮茶三次，喝后还要再加水，他们认为茶汤有药用。[2]不知道高丽王族按剂量服用茶的做法是否曾经传入荣西耳中，但他们的“推广方案”确实有异曲同工之处。

荣西于1191年离开南宋，但他们的缘分并未就此断绝。荣西临行时正值天童山修建千佛阁，回国后他筹集、捐赠了许多木材并资助工事。[3] 此外，他显然没有忘记研学的重要性——禅法需要到南宋祖庭中感受。多年后，他的数代弟子都曾穿梭于两国洋面，往来于两国禅林。

后荣西时代

随着荣西成功将禅宗引入日本，京都建仁寺落成，慕名前来的修佛之人络绎不绝，这其中有一僧名叫道元。在荣西圆寂八年后的日本贞应二年（1223），道元与师兄明全来到南宋天童山。不幸的是，明全身染重疾，病死异乡。道元代替他完成了未竟的事业——巡礼天童、育王、径山等著名禅刹。在这之后，道元拜天童寺住持如净长老为师，专修曹洞派禅法，这一学又是三年。1228 年，道元学成归国，在福井创建了永平寺，该寺在此后成为日本曹洞派本山。传法之余道元也创作了许多禅宗专著，其中甚至有一本以“清规”为题，它就是以北宋《禅规》为模板的《永平清规》。[4]

道元之后，更多禅宗弟子相继入南宋，而他们多是在天童山旁的径山修学，最有成就的几位禅师都是宋僧无准师范（1179—1249）的弟子，日本后世甚至有“日本禅系三分之一为无准法孙”[5] 的说法。无准在宋本已传道无数，先后为三座名寺担任住持，说他是南宋最杰出的传法僧似乎争议不大。从 1232 年到他去世前的 17 年里，无准一直住持径山兴圣万寿寺。而当时身为江南“五山十刹”之首的径山，享有“天下东南第一释寺”[6] 的美誉。如此综合的禅学基地无疑令日僧向往，前来求学者甚多，这其中就包括之后日本第一位“国师”、荣西的法孙——圆尔辨圆。[7]

辨圆渡宋归国后曾带回一卷《禅规》，并在此基础上制定了《东福寺清规》。然而，经过道元与辨圆一系列对于《禅规》的修订与再创作，日本各禅院清规逐渐出现分歧，这无疑等同于回归杂乱。随着宋僧兰溪道隆与清拙正澄相继在镰仓中后期来到日本，各自为政的禅院再次将规制统一。后者还将自己修订的《大鉴清规》推广到所有禅院中。经过清拙的整顿，日本禅宗寺院的清规从14世纪初年至今再也没有改变过。[8]

从道元1226年归国到清拙1326年来到日本，正好经过一个世纪，华夏已经完成王朝更迭，元取代了宋。茶礼——属于“清规”的一部分，当代中国僧人称之为“茶宴”——在这百年间随日本各“清规”历经数次变迁。而同样是这百年，日本禅院中茶园的规模也发生了转变。荣西在世时，寺庙中的植茶、制茶虽初具形态，但产量仍极其有限。即便之后略有增长，也无法满足自身全年消耗。镰仓后期曾有僧人抱怨，较之前产茶最多的一年，也仅能支撑僧众品饮三四个月而已。[9]若是元僧清拙曾成功将茶宴整体植入日本，茶产量必定先要有所保障。

“提神、消食、控性欲”

随着数代日僧往来，茶的氛围、仪式、器具持续输入日本。宋僧在13世纪上半叶回访东瀛的人数也逐渐增多，而此时南宋动荡的政局无疑为整件事升温、提速。从1234年开始，持续了40多年的宋元战争爆发。早在1279年末帝投海自尽、十万南宋军民在崖山殉国前 20 多年，宋皇廷就已在忽必烈（1215—1294）南征中危如累卵。要不是当时蒙古军主帅蒙哥汗（1209—1259）在四川钓鱼城殒命，贾似道“及时”乞和，都城临安（今属杭州）定是凶多吉少。而与临安近在咫尺的径山僧人没有理由不为自己的将来打算。军事与文化上的双重因素让宋僧将日本作为自己的希望之地，其中有人甚至成了日本执政者的禅学老师。

从蒙古西征的迹象不难看出，他们遵循着“地理平推”的原则——不论国家、地域、地形、文化，耐苦寒的蒙古马驮着他们装备精良的主人，就像从地狱咆哮而出的恶灵骑士一般，在中亚、西亚纵横捭阖。而当他们向南平推宋王朝时，也没有遗忘同一纬度上的日本。1274 年，南宋战事还未完全结束时，忽必烈就已经做好了对日战争的准备，海战一触即发。此时，日本镰仓幕府源氏的政治权力早已被掌握兵权的北条氏掏空，北条氏世袭的“执权”代替幕府将军行使国家权力。第五代执权北条时赖笃信禅宗，他的佛学老师之中就有无准师范的弟子，分别是日本宽元四年（1246）、文应元年（1260）渡海而来的宋僧兰溪道隆与兀庵普宁。[10]

时赖对禅学的仰慕被儿子北条时宗（1251—1284）继承，时宗曾在日本弘安元年（1278）派出聘请宋僧的使者，他于次年 5 月得到了回应——无准师范的高徒无学祖元随团来到日本。[11]南宋在这一年彻底覆灭。元军袭击日本之时，正值北条时宗担任执权，他拒绝称臣纳贡，在 1274 年与 1281 年两次——特别是第二次，面对规模更大的元军——力排众议、坚持抵抗。尽管元军在战争过程中受到自然力——暴风雨的“攻击”远多于来自敌人的防御，但若不是北条时宗孤注一掷拒绝和谈，日本难免步南宋的后尘。

元朝对日战争的失利令双方都背上了沉重的债务负担，也同样面临着内乱的局面。奇怪的是，获胜方镰仓政权的境况似乎更差。事实上，在1333年最终灭亡前，镰仓幕府从未走出战争的阴霾。此时，日本茶的形式也不明朗，禅宗弟子无住一圆的记载可以证明这一点，那是一段极具趣味性的对话。

一天，有个养牛人看见一位僧侣正在喝茶，就问对方是在喝什么药，能否施舍一些。僧侣也没辩解，就说此药有“三德”——觉醒、消食、控制性欲。然而养牛人听完惊讶不已，表示：“夜里能安睡是乐事，喝完睡不着，喝它作甚？我本来就快要到饥不择食的境地，喝完消化更快、饿得更早，喝它作甚？至于控制性欲，喝完要遭到老婆嫌弃，喝它作甚？”说完丢下饮品，头也不回地走开了。[12]

故事中的僧侣显然没有领会荣西在推广茶饮时的良苦用心——“养生、延寿”是茶在传播初期的唯一出路。当然，故事从一个侧面反映出，此时，这种“汤药”在日本仍只能在寺院内“独乐乐”，从体量到文化都不具备“众乐乐”的资本。

不可思议的时代

镰仓后期元朝两次来攻，这似乎预示着攻守双方会进入长时间对峙阶段。然而出乎所有人意料，战事结束十年后，元日两国间商船往来频繁，而且几乎都是日本船。[13]即便幕府更迭也没影响到通商，镰仓幕府倒台后3年，足利尊氏在京都建立了室町幕府（1336—1573），很快他也派遣了船只。元朝方面同样没有给日本商人制造麻烦，允许正常贸易。事实上，元世祖忽必烈从武力搭建版图到商贸疏通网络的转型干脆、彻底，并非只对日本商人行方便之门。元朝完全继承了南宋对日贸易行为，甚至连港口庆元[14]都从未做过改变。另外，它也同样完美继承了离港口不远——宋代禅刹中的茶宴。

由于元朝在对日贸易中采取积极态度，也由于日本商人更洞悉本国市场，日商船中的舶来品尽是抢手货。之前旅宋禅僧只能在携带经卷之余附加一些工艺品，随着商人团队的加入，此种限制被彻底打破，大量书法、绘画、茶具甚至还有茗茶进口日本。[15]这无疑为日后茶会的普及提供了材料支持。就在海边贸易如火如荼进行的时候，日本内陆也很热闹，它的政治进入了一段非常怪异的阶段，也是日本历史独一无二的时期——同时存在两个王庭、两位天皇。

室町幕府建立前，也就是镰仓幕府 1333 年灭亡到室町幕府 1336 年建立之间的这 3 年，当时的后醍醐天皇先是覆灭了旧政权，又完成了统治对接。在一切向好的情况下，天皇本人犯了皇权理想主义的毛病。他无视武家文化已经形成一个半世纪的客观事实，轻视武人的存在。最终，政权失去支持，足利尊氏振臂一呼，室町幕府拔地而起，天皇不得不败逃吉野。眼看意中傀儡天皇出逃，幕府需再“挟天子”，只得另立他人。如此，日本进入两天皇同时存在的南北朝对峙时期。上述政权动荡均发生在寺庙林立的京都地区，许多日本僧人选择远离是非之地，索性入元走一遭。这一阶段的入元僧数量众多，而且居住长达 10 年甚至 20 年的也不在少数。[16]他们才是后代日本茶会真正的摆渡人。

入元僧肯定不会错过末茶，因为此刻连元朝宫廷喝的都是这种茶。湖州，也就是唐贡茶顾渚紫笋的故乡，在元代同样出产皇家茗品，只不过形制改为末茶，唤作“金字茶”。元人享用金字茶时会将两匙茶末放入碗底，待加入酥油和水，冲点、搅拌之后，它会成为浓稠的膏状，此种饮品的名字叫“酥签”。另一种末茶称为“玉磨茶”，它是由紫笋茶与炒米研磨后同比例混合而成。饮用时如果加入三匙“玉磨”，再混入面与酥油冲点，就被称为“兰膏”。若是只取一匙“玉磨茶”直接冲点则被称为“建汤”[17]，它应该是今日流行于韩、日等国玄米茶的原型。因需要补充热量，元人的末茶加入了碳水与脂肪，文化较两宋发展出了新方向。

当然，可供入元僧学习的不仅有茶饮本身，还有茶会形式。根据记录日本南北朝时期（1336—1392）社会文化的重要书籍——《吃茶往来》与《禅林小歌》可知，数年的异国生活已经将“茶基因”嵌入入元僧的日常行为习惯中。[18]归国后，他们将茶宴的内容、次序、陈设、规制带回家乡，充分实践，并将其命名为“唐式茶会”。

唐式茶会第一部分内容为进素食，类别很丰富，比如汤羹、糕点、面食、汤面，仅当时一份记载就涉及30项之多。在这之后还有荔枝、胡桃、松子、栗子这类水果与干果，它们和素食被统称为“点心”。吃完之后宾客要离席，在庭院中休憩，假山旁、泉水边、庭院内、松柏下都是理想的处所。当主人再次召唤，客人全部回到茶亭后，才会进行接下来的内容——点茶操作，而此时屋内的布景、陈设、墙壁上的挂轴都已经有所变换。唐式茶会的参与者众多，今天的日本末茶（抹茶）茶事已经将与会者数量大大缩减，然

图 3-1 清乾隆松石绿地粉彩勾莲八吉祥纹五具足，故宫博物院藏

而“怀石”“中立”“后座”[19]的次序依然是正规茶事的必要三步。

至于茶亭的布局则分为院落布景与亭内陈设，规格高的茶亭还要有阁楼，二层可以远眺。茶道院落在这一时期同样得到发展，灵感来自入元僧的思念之情。日僧别源圆旨曾旅元数年，归国后他在给友人的信件[20]中称，由于思念“吴山楚水”的风光，就在自家庵前空地上搭建起假山，模拟过往的景象。“唐式茶会”的室内陈设禅意浓浓，几案上摆放的香炉、烛台（一对）、花觚（一对），分明是佛像前的“五供”（图 3-1）。墙壁上悬挂的人物、山水、花鸟等宋元画作，让人仿佛置身另一个国度。若不是《吃茶往来》与《禅林小歌》的记录，谁会相信建立之初输出战争的元朝，此刻竟在传播茶道上如此厥功至伟。近 700 年后，日本茶仪式、茶道场不可思议地沿袭着上述全部内容。

奖品丰厚的斗茶会

就在入元僧为日本茶会丰富内容、仪式之时，权贵阶层则在推行另一种茶风气。镰仓幕府后期，一种将会在日后占据武士、贵族休闲生活的斗茶会——“茶寄和”悄然而生。斗茶，曾在中国唐代末期兴起，那时它还叫“茗战”，后经两宋发展成形。两宋斗的是茶品与技艺，胜负依茶的内容物与点茶人手法判定。而“茶寄和”比的是品茶人能否尝出茶产地。等待判别的茶粉事先已经被投入茶碗，接着一个少年左手提水瓶、右手拿茶筅，按照位次的高低顺序逐一点茶。之后各位客官要根据自己的判断指出哪几款为栂尾茶，标记“本”茶；哪几款不是，标记“非”茶[21]，经验之余这无疑要靠运气，有赌的成分。

若是忽略猜茶赌博成分，只着眼于茶会本身，“茶寄和”的场景简直就是南宋《罗汉图》第 56 幅（彩图 17）的复刻版，连侍童左右手所执的茶器都完全相同。《罗汉图》传入日本后，最早收藏于为荣西修造的寿福寺，后期可能藏于建长寺中[22]，无论哪座寺庙都属镰仓幕府“执权”——北条氏的家产。建长寺更是北条时赖为宋僧——兰溪道隆修建的道场。[23] 由此可以梳理出时间线。镰仓后期，执政者们受南宋佛画师“启发”获得了茶会灵感。之后在实践过程中，权贵阶层为其注入了喜闻乐见的赌博行为，发展成斗茶会。镰仓幕府灭亡后，室町贵族继承了这种以茶会为载体的娱乐形式。

如果把《罗汉图》56 中的罗汉换成室町幕府将军与高阶大名[24]——佐佐木道誉（1296—1373）之辈——后方条案上再堆满

赌具，那么它无疑成了“茶寄和”的图绘。日本古典文学中曾记载佐佐木道誉“把自己家七处装饰，又分别为其举行了七次饮茶会，收集了七百多件物品用来打赌，喝了七十杯本茶和非茶”的情形。[25]“本茶”起初是梅尾产地茶的代名词，后来宇治产地茶身份提高，也加入这一行列。“非茶”指除“本茶”外其他产地的低端茗品。以出身定品质的癖好似乎很受贵族阶层青睐，300 多年前宋贵族也曾将北苑茶按出身定为“正焙”与“外焙”。[26] 至于记录中提到的七百来件“赌资”大部分都是舶来品，它们来自一个刚刚建立的政权——明（1368—1644）。

与宋元时期不同，朱明王朝建立后一改往代被动，积极打造中日官方贸易体系。日本方面此刻也迎来了久违的和平，室町幕府第三代将军足利义满（1358—1408）在公元 1392 年结束了南北朝对峙局面，政权归于一统。[27]1404 年，明政府与室町幕府达成共识、缔结商贸条约。[28] 随着政治明朗，双方开始互派使臣，之后日本收到了来自明王朝的国礼，其中就包括银茶瓶、银茶匙这类茶具，还有类似香炉、象牙制品、漆器、镀金花瓶、蛇皮、虎皮、熊皮、豹皮这类装饰品[29]，它们既可以是“茶寄和”的装点，也可以成为赌池里的“筹码”。

从今天的角度，京都鹿苑寺（俗称金阁寺）算不上奢华，但对于公元 1397 年的日本来说，它绝对算得上人间极乐。义满本人酷爱艺术品收藏，算是个“发烧友”。[30] 鹿苑寺是足利义满为自己修建的“养生会所”，其中的明代舶来艺术品自然不会少。如果想找机会将这些藏品集中展示，茶会似乎是个不错的由头。上有所好，下必甚焉。义满会所内举办的斗茶会，从形式内容到价值取向被佐佐木道誉这类人继承，并发展得有过之而无不及。

“茶寄和”主要有三个目的——交际、炫耀、吃喝。对于炫耀，没有什么比来自明王朝的赏赐更博人眼球，即便大名、贵族家无法获得赏赐之物，也可以通过与明朝商人交易，重金弥补。室町初期的斗茶会，客人们坐垫用豹皮、房屋四壁挂唐绘（中国画）、朱漆的香盒摆台面，另外还有来自栂尾、高雄的茶品放在瓷茶罐中静待客人分辨。这可能是有史以来茶第一次出现在如此怪异的场合——密集而不调、奢靡而土气。随着斗茶参与人数的增多，需要判别茶品的数量从一开始的十款逐渐发展成几十款、上百款，再次增加了不确定性与娱乐性。不变的则是斗茶之后的畅饮、划拳、歌舞以及饕餮盛宴。[31]

今天，当人们重新审视“从荣西二度引入茶，到室町前期茶融入日本上层建筑”这段历史，不得不关注其背后的政治因素。政治仿佛是一双无形的大手，12 世纪末将日本僧人推到南宋；13 世纪后期又将宋僧推向日本；14 世纪中期两国政局先后动荡数年，双掌轮番出击，将茶道与更多类似于香道、花道、绘画、书法等唐宋文化遗风完整落地日本。不论在这一系列注入之后，茶在日本处于何种意识形态，有一点可以确定——它已经同时收获了来自宋元禅院的仪式仪轨，和来自对明贸易的成熟器物，具备成“道”的客观条件。当然，此刻它还仅是玩物，满足人们的娱乐心理而已，距离它成为日本哲人的思想源泉还有不到一百年时间。

注释：

［1］ 参见（宋）徐兢撰《宣和奉使高丽图经》“序”，中华书局1985年版，第2页。

［2］ 参见（宋）徐兢撰《宣和奉使高丽图经》第四册，中华书局1985年版，第109页。原文：“土产茶，味苦涩不可入口，惟贵中国腊茶，并龙凤赐团。自锡赉之外，商贾亦通贩……凡宴则烹于廷中，覆以银荷，徐步而进……茶遍乃得饮，未尝不饮冷茶矣……日尝三供茶，而继之以汤。丽人谓汤为药……”

［3］ 参见［日］木宫泰彦《日中文化交流史》，胡锡年译，商务印书馆1980年版，第341页。

［4］ 参见刘恒武、庞超《试论荣西、道元著作对〈禅苑清规〉的参鉴——兼论南宋禅林清规的越海东传》，《宁波大学学报（人文科学版）》2018年第6期。

［5］［日］福嶋俊翁：《大宋径山佛鉴无准师范》，转引自唐林《四川美术史》（中册），巴蜀书社2017年版，第395页。

［6］ 俞清源编著：《径山史志》，浙江大学出版社1995年版，第28页。

［7］ 参见［日］木宫泰彦《日中文化交流史》，胡锡年译，商务印书馆1980年版，第341—342页。

［8］ 参见［日］棚桥篁峰《日本茶道的渊源与演变》，彭璟、郭燕译，《农业考古》2012年第2期。

［9］ 参见《镰仓遗文》，转引自［日］熊仓功夫《日本茶道史话：叙至千利休》，陆留弟译，上海大学出版社2021年版，第34页。

［10］ 参见［日］木宫泰彦《日中文化交流史》，胡锡年译，商务印书馆1980年版，第363—364页。

［11］ 参见［日］木宫泰彦《日中文化交流史》，胡锡年译，商务印书馆1980年版，第367页。

［12］ 参见［日］无住一圆《沙石集》，转引自［日］棚桥篁峰《日本茶道的渊源与演变》，彭璟、郭燕译，《农业考古》2012年第2期。《沙石集》收录了镰仓时期的佛史故事。

[13] 参见[日]木宫泰彦《日中文化交流史》，胡锡年译，商务印书馆1980年版，第389—400页。

[14] 元代与宋代对日贸易港口位置未变，只不过将名称改为庆元，即宋代明州港，今宁波。元代对市舶司（海关）多有增减，但庆元港的设置始终存在。

[15] 参见[日]木宫泰彦《日中文化交流史》，胡锡年译，商务印书馆1980年版，第406页。

[16] 参见[日]木宫泰彦《日中文化交流史》，胡锡年译，商务印书馆1980年版，第503页。

[17] 参见（元）忽思慧《饮膳正要》卷2，中医古籍出版社2019年复刻本，第9—10页。《饮膳正要》成书于1330年。原文："金字茶：系江南湖州造进末茶……玉磨茶：上等紫笋五十斤，筛筒净，苏门炒米五十斤，筛筒净，一同拌和匀，入玉磨内，磨之成茶……""兰膏，玉磨末茶三匙头，面、酥油同搅成膏，沸汤点之……酥签，金字末茶两匙头，入酥油同搅，沸汤点之……建汤，玉磨末茶一匙，入碗内研匀，百沸汤点之。"

[18]《吃茶往来》与《禅林小歌》创作于日本室町时期，此段与之后两段茶史内容，如无特殊说明都出自这两作，参见[日]木宫泰彦《日中文化交流史》，胡锡年译，商务印书馆1980年版，第504—509页。

[19] "怀石"指非常正式的料理，席间主人甚至有敬酒的环节。茶道演示中，多以小甜点简化步骤。"中立"与"唐式茶会"的休息环节基本一致——宾客退出会场，等主人召唤，回归就坐，其间主人要收拾杯盘并更换陈设。"后座"是较之前而言，内容为点茶。

[20]《东归集》，转引自[日]木宫泰彦《日中文化交流史》，胡锡年译，商务印书馆1980年版，第508页。

[21] 参见[日]棚桥篁峰《日本茶道的渊源与演变》，彭璟、郭燕译，《农业考古》2012年第2期。

[22] 参见[日]奈良國立博物館、東京文化財研究所企画情報部編集《大徳寺伝来五百羅漢図，銘文調查報告書》，奈良國立博物館2011年版，第240页。

[23] 参见[日]源光圀《大日本史》卷210，中国国家图书馆古籍馆刻本，

日本嘉永四年（1851），第八十三册，卷二百一 · 第五页。原文：“時賴深信禪教，粗通其旨，為宋僧道隆，剏建長寺於鎌倉居焉。”译文：时赖深信禅宗，初步理解其中道理，为宋僧道隆在镰仓建造了建长寺。

［24］日本室町幕府、安土桃山时代、江户幕府时期，占据一国或数国的封建武装领主被称为“大名”。

［25］参见《太平记》卷 36，转引自［日］棚桥篁峰《日本茶道的渊源与演变》，彭璟、郭燕译，《农业考古》2012 年第 2 期。

［26］参见（宋）叶梦得撰，（清）叶德辉校刊，涂谢权点校《避暑录话》卷下，山东人民出版社 2018 年版，第 164 页。原文：“北苑茶土所产为曾坑，谓之正焙；非曾坑为沙溪，谓之外焙。”

［27］参见［日］小和田哲男、［日］本乡和人《倒叙日本史 03　战国 · 室町 · 镰仓》，韦平和译，商务印书馆 2018 年版，第 127 页。

［28］参见［日］木宫泰彦《日中文化交流史》，胡锡年译，商务印书馆 1980 年版，第 520 页。

［29］参见《善邻国宝记》，转引自［日］木宫泰彦《日中文化交流史》，胡锡年译，商务印书馆 1980 年版，第 568—569 页。

［30］参见［日］桑田忠亲《茶道的历史》，汪平等译，南京大学出版社 2011 年版，第 3 页。

［31］参见《吃茶往来》，转引自滕军《日本茶道文化概论》，［日］千宗室审定，东方出版社 1992 年版，第 26—27 页。

激变时代
（1483，银阁寺）

从镰仓末期放牛人对饮茶的生疏程度可以分析出，大多数日本人此时并不知道茶为何物，当它从禅院的“药物”发展成权贵的“赌具”时，显然再一次绕过了日本民众。室町早期，虽然民众无法享用栂尾、宇治这类茶品，但斗茶的声势浩大，足以影响同时代每一个人。久而久之，那些无法支付茶寄和高昂开支的人也对茶饮产生了兴趣，他们在15世纪中期想出了自己的茶娱乐。

斗茶会收割者

宋人搅拌茶汤时，根据出现白色泡沫，也就是“茶皂素”水溶物的程度、持续时长判定茶质量。“茶筅”比单纯的棒状物体更容易令泡沫浮泛，因此在北宋末期投放市场后一直沿用到明王朝开端。如果泡沫久聚不散，说明茶的内容物丰富、品质高。相反，如果尽力用茶筅刷打，泡沫还是很快消失，则会被视为劣等茶，称作“云脚散”。“云脚”的现代文解释为“云彩”。宋代茶人将茶泡沫消失形象地比作云彩飘散的感觉。他们肯定不会想到，在自己的国家灭亡 100 多年后，日本民众选择用“云脚”为其茶会命名。

日本室町中期记载朝廷与民众生活的古籍《看闻御记》[1] 对茶事录入颇多，其中应永二十三年（1416）有一则很有意思的记载。六月二十七日这一天，举行了一次“云脚”茶会。茶会地点是在厨房里，参与者都是侍从，并规定这种仪式会在每年的同一时期举办。此时的“云脚”茶会是在一个小集体内，参与者由抽签确定次序，轮流牵头准备。由于六月是大家聚在一起为一年次序抽签的时节，茶会也就比其他月份多。例如，同年的闰六月一共举办了九次这样的茶会，而后一年它的形式内容更加丰富了。

1417 年闰五月，“云脚茶会”如期而至，还加入了乐器伴奏。六月五日茶会后，大家可能是未尽兴，也可能是天气太燥热，又去洗了澡。在随后几年的记录中，竟然出现了权贵阶层甚至公卿大臣加入“云脚茶会”的情况。而且，他们还与“下人”、侍女不分高低、济济一堂，这在之前日本历史中的任何场合都不多见。由于“云脚茶会”的参与主体是群众——人数占绝对优势，社会影响力在茶寄和之上，因此有逐步瓦解贵族斗茶娱乐的潜力。

事实上，“云脚茶会”并没有刻意同“茶寄和”划清界限，也并未拒绝赌博行为，但赌资不同。有一定支付能力的人还是会准备礼物，高档艺术品显然不现实，与其以次充好不如选用风流之物，比如：有艺术感的笛子、竹制的瓶子、弓箭甚至是惹人喜爱的花枝。而赌也不一定是猜茶，万物皆可赌。对吟连歌，不论是抒情还是调情都不乏附庸风雅。另外，室町民众将自己茶会的名称取作“云脚”是有意为之，“云脚”就是指代茶的质量不好，为粗制茶。而这个略带自嘲的称呼恰恰映射出“自我承认”的朴拙，它无疑成为“云脚茶会”的吸引点之一。

“云脚茶会”出现后，茶文化向市井下渗的脚步并未停止，它在室町中期的日本民间发展出了新高度。可能因为“云脚茶会”通常在酷热难挡的六月进行——需要先泡澡再饮茶的呼声越来越高；更可能是北条氏收藏的《五百罗汉图》48 被更多人看到[2]，“仙境”公共浴室前分明就有饮茶处（彩图 14），新形式茶会应运而生，名字直接被定为“淋汗茶汤”。“茶汤”是茶会日语中的曾用名。

日本文明五年（1473），兴福寺大僧正在自己的日记中描述了参与“淋汗茶汤”的情形。[3] 洗澡出浴一身汗后，要喝一些茶，外加一点水果，还可以来一碗荷叶包裹的素面。与大僧正同时参加此次“淋汗茶汤”的约有 150 人，像他这样的受邀客人先入浴，之后男人下浴池，等都上岸后女人们方可入池。像“淋汗茶汤”这类集体活动显然已经不再以茶为核心，它只是让洗澡听起来更有噱头，茶仅仅是代表公共浴池的免费服务项目罢了。但是，它从一个侧面见证了日本茶饮民间化，茶正在被大众认知、消耗，种植量也必然有所提高。

徽宗“转世”

室町中期，一种“建筑物形式从中国传了过来，这就是书院建筑”[4]。书院指的是一个小开间，周围有固定墙壁，设有写字台，放置文房用具，另外还有可供摆放艺术品的壁架。书院建筑本土化体现在地面采用榻榻米铺设，一般为四张半大小（8.186 平方米）。

这就是室町后期贵族“书院茶”的举办地，壁架稍作改动，陈列茶具即可。“书院茶”的推动者是位有情趣的艺术家，书籍、笔墨、纸砚、香炉、花入、茶具都是他的“座上宾”，他就是室町幕府第八代将军足利义政（1436—1490）。

像宋徽宗一样，义政错生在执政者之家，同样是在掌权期间，家族政权陷入层层危机。1467 年，日本爆发全国性战争，后世史学家称从此开始的一个半世纪为日本“战国时代”。同样是在国家内乱的当口，义政似徽宗再世，选择将权力与负担转嫁给儿子，自己过起了隐居的享乐生活。文明五年（1473），也就是大僧正参加“淋汗茶汤”的同年，不到 40 岁、年富力强的义政选择卸任将军，把年仅 9 岁的儿子推入政治旋涡，他则躲进了自己的会所。当然，他不会独自隐居，他有“同朋众”的陪伴。

“同朋众”指的是一群在将军身边的侍卫、杂役，值得一提的是，其中的文化侍从（艺能供奉），也就是在文艺方面和将军情投意合、能交流的人。义政时期，艺术品方面最有名气的“同朋众”称为能阿弥（1397—1471）。自称“阿弥”并不代表他是僧人，他是要借此表明自己在艺术中修行的精神。[5]能阿弥根据自己的理解，对一些茶具形制进行改造。他操持的“书院茶”要求主客都保持正坐（端正的跪坐），主人为客人庄重地点茶，其间没有比赛、奖品，书院内要绝对肃静。主客之间可以有交流，但必须简明扼要。[6]

能阿弥的文学作品——《君台观左右帐记》更是对日本茶道的形成大有裨益。此作在梳理茶典故的同时，也为日本国宝规划了等级，其中不乏茶会器物。能阿弥之所以能拥有如此全面的茶饮、茶具知识，与他的工作有关。能阿弥在幕府中担任“唐物奉行”[7]，负责为将军辨别、掌管家藏文物，这个职务相当于今天的国立博物馆馆长。久而久之自然对艺术品鉴定独具慧眼，他将义政府内文物分为上、中、下三个等级，其中上等与中等上品陈列在义政的“东山殿”中，称为“御物”。[8]“东山殿”于1482年开始修筑，建造耗时8年。然而，次年义政就迫不及待地迁入其中。由于整个东山殿建筑群只有银阁和东求堂保留至今，今人习惯称其为“银阁寺”[9]。

1483年的“东山御物”中尽是宋、元、明各代工艺品，如绘画、书法、器具，也不乏茶盏、水釜、茶入这类典型茶具。[10]义政本人也经常加入能阿弥，为自己的会所筛选馆藏器物。就在他徜徉于诗情画意、点茶玩物之时，室町政权进一步陷入被动。当然，这并未阻碍他投入艺术怀抱的决心。日本茶文化已经在义政的时代有了长足进步，不论是“东山殿”的“书院茶”还是百姓间的“淋汗茶”，都将对不久后日本茶道的建立有所帮助。与日本茶涵养略有提升相比，在中国茶学于《茶经》中确立后，经过宋、元两朝，截至明中晚期，它的涵养已经展现出南辕北辙的颓势。

元明两朝的茶变局

在元与明这两个朝代中，中国茶经历了两次重大变革，都发生在立国之初。南宋灭亡24年后的公元1303年，建安北苑三个半世纪的御茶园生涯走到尽头。元代开国将领高兴（1245—1313）对武夷茶青睐有加，他的公子高久住更是扎根武夷山，开辟新茶园。经过久住一系列基础设施的构筑，武夷——当时称为崇安，产紧压绿茶——终于有能力出产御茶。之后，明继承了元的贡茶园遗址，还逐渐发展出一种习俗，即每年惊蛰时分，县官祭拜山神之后都会命令大家敲着鼓、挥着旗一起喊“茶发芽”，以寄托美好的愿景。[11]其实，这种做法可能更多的是给茶农自己鼓劲，接下来的一个多月将是一年中最废寝忘食的阶段。

第二项变革发生在明王朝建立后的第24年，即公元1391年。这一年9月，太祖皇帝朱元璋以制造龙凤团茶劳民伤财为由，将其罢除。同样被废除的还有五百户茶农的徭役。自此，贡茶的成品规制全部定位为散茶茶芽。[12]不过，御贡散茶并不是洪武皇帝的发明。早在半个多世纪前，元朝的御贡已有芽茶存在，出产地就在入元僧登陆的港口——庆元附近（今宁波），名字叫作“范殿帅茶”[13]，朱元璋只不过彻底否定了团茶御贡的行为。随着团茶的弃用，明人备茶法也不再使用点茶，他们将散茶放入鼎中，瀹（煮）茶而饮，之后为方便逐渐演变为泡茶。就因为明开国皇帝爱民，简化贡茶这一道旨意，后世诸多茶学者便将“毁茶灭道”这顶大帽子扣在他头上，难道真是他的错吗？

明代文人喜欢茶，创作了许多关于它的专著。从他们的文章中可以看出，饮茶风尚虽逐渐偏向泡茶转变，但至少在有明一朝，瀹茗（煮茶叶）也有很大的受众群体。明末文学家、军事家徐渭就曾指出：煮茶之事虽小，但要领悟其中人与茶的协调并不容易，它往往在隐士间传承，属于山人气质的一部分。

人品：煎茶虽微清小雅，然要领其人与茶品相得，故其法每传于高流大隐、云霞泉石之辈、鱼虾麋鹿之俦。[14]

明代茶专著的另一个共同之处在于，它们几乎都于明晚期的嘉靖（1522—1566）、万历（1573—1620）年间，甚至更晚阶段创作，正好可以作为整个文化断层茶风气的总结。

嘉靖二十一年（1542），明代文人顾元庆梳理前人文学，创作了一部《茶谱》。在文章中，他汇总了当时的茶器、茶法，其中涉及煎茶、点茶的内容。由此可见，洪武皇帝并没有强迫民众用煮茶叶或泡茶叶的方法来食用茶。嘉靖三十三年（1554），明代一位嗜茶者田艺蘅创作了一篇《煮泉小品》。文章极其全面地介绍了煮叶茶的每一个细节。比如，在涉及煮茶用火时，就强调在山林中用松树枝很妙，“有生命”的火要比炭这样的死火强很多。寒冬腊月多捡拾一些松树果实放在屋内收集好，遇到煮茶时添作燃料更为雅致。[15]

万历二十年（1592），前文提到的徐渭，还有另一重身份，即书画家，他以72岁高龄挥毫泼墨，写下短文《煎茶七类》。文章中他对煎煮茶叶时的投茶时间、火候把控给出了自己的总结：“烹点：烹用活火，候汤眼鳞鳞起，沫浡鼓泛，投茗器中，初入汤少数，候汤茗相浃，却复满注。顷间云脚渐开，浮花浮面，味奏全功矣。”[16]徐渭先师这篇短文的墨宝至今传世。万历末期，长兴县来了一位好知县，名字叫熊明遇。他任内政治清明、百姓安定。[17]闲暇时他创作了《罗岕茶记》。“岕”指两座山峰彼此阻隔，介于之间平坦广阔的山冈。[18]“岕茶”此后专指长兴县内的高档茶。李唐贡茶——阳羡紫笋、顾渚紫笋，元代贡茶——金字茶都产自这片区域，明代它得以再放光彩是这位清官之功。在介绍烹茶时，熊明遇强调了水的作用，并列举说明该如何选水、养水。

非个人过错

从明朝晚期茶人对茶的理解来看，他们继承了茶道需要仪式步骤的法则，也延续了独自饮茶激发领悟的思想。除记录自己在山林中品悟的田艺蘅之外，最有见地的莫过于明《茶录》的作者张源。他在万历年间选择过隐居生活，肯定是那段类似于陆羽的“山人”岁月，才让他收获了一颗纯粹的啜茗之心。文中他称一个人品饮为“神”（或“幽”）[19]，既有气质，也有韵味，大有投入“孤寂”之感。两个人品饮为“胜”，有气场、有秩序；三四为“趣”，杯壶来往，情谊正欢；五六为“泛”，深入不及，扰乱有余；七八为“施”，以茶为名，并无道实。如此透彻的见解，为茶在不同参与人数下的氛围作了总结。

由此可见，明茶人对茶道的真知灼见并未退化，然而茶人毕竟是少数，更多人关注茶能创造的实际效益。记录朱元璋“废除团茶御贡”的作者——沈德符生活在明末，他明确指出当时富贵阶层对“岕茶”推崇至极，价格已经向蔡襄的小龙团看齐。两个朝代的前车之鉴——祸起重利。当茶叶价格过于突出，资本随之流入，投资者自然要继续煽动社会情绪，以确保本方持续获利，最好还是暴利，如此形成恶性循环。一旦社会关注定格于茶叶售价，便很难扭转大众视角，无路回归茶道本真。

另外，明代官方茶不出意料地延续了宋代陋习——自我膨胀。沈德符的记录中还曾提道："本朝熟《茶经》者甚少。"[20]这不禁会令人回想起宋人强调北苑茶时曾数次抨击陆羽，明人在推崇岕茶后将《茶经》与宋茶礼统统抛掷脑后。沈德符——有人说他好学到每天要读一寸厚的书籍——甚至无事献殷勤，称明太祖皇帝首先开辟了煮茶叶之法，即便陆鸿渐地下有灵也会俯首！[21]多么赤裸裸的阿谀奉承。拒绝承认前辈的思想通常会退步。要知道，整代明人茶专著的佳作都能找到《茶经》的影子。

同样被明人遗忘的还有宋点茶，然而速度之快、程度之彻底仍不免令人咋舌。毛奇龄（1623—1716）出生在明末，成长于清初，是当时著名的文学家，人们尊称他为"西河先生"。在一次参加祭祀礼仪时，毛先生生平第一次见到了"茶筅"，他承认自己不了解眼前之物是何用途，只知道宋人曾把它当作茶具，原因是在元代的赞美诗中见过。他猜测宋朝人在使用茶饼前，大概需要借助茶筅撬茶、搅碎饼面，并感叹它怎么可能作为祭祀用的礼器？[22]这就是明末清初学者在承继祖宗茶事上的"贡献"——弃茶筅、丢茶礼。

明人传承茶道的另一个败笔在于它对仪式的进一步简化。明早期，江苏宜兴窑因烧造仿钧釉[23]陶器积攒了一定数量的制陶艺人。朝代中后期，随着泡茶法的盛行，专门为方便饮茶而设计的宜兴紫砂茶具逐渐流行于世。自此，铫釜、茶盏退出历史舞台，茶壶、茶杯接替。[24]然而，泡茶法在快捷的同时，锐减仪式，这大大降低了成为茶人的门槛，却大大提升了理解茶道的难度。操作简便，任何人都可以沏茶，不需要再像操作煎茶、点茶那样，要求主事者有强大的场所、空间、器物、姿态审美，更可以免去古老的茶道知识。这为后世茶在本土丧失仪式、止步饮品埋下了伏笔。

截至此刻，中国古代茶史告一段落，有辉煌、有遗憾，以下面这首《寄茶千载》作为纪念：

汉末纷争孕清谈，荈草代酒国难挽。
五纪春秋圣人至，七千经言仪韵衍。
蔡公忠惠琢龙团，宋帝徽宗怜墨盏。
去繁千载孤心却，欲善祖道修途远。

戏剧性的是，茶于15世纪中期向泡茶法过渡，到17世纪形成群众基础。这150年间，日本陷入了“战国时代”的泥潭。暗无天日的内战令京都—大阪—堺文化圈独自为战，无形中屏蔽了来自明后期的影响，宋、元茶道在日本传播、发酵。能阿弥的朋友珠光在京都开办起自己的茶道场；战国后期的“主人”丰臣秀吉令堺地茶人走向神坛。

注释：

[1] 包括本段在内的后三段史实均来自《看闻御记》，转引自［日］千宗室《〈茶经〉与日本茶道的历史意义》，萧艳华译，修刚校，南开大学出版社1992年版，第131—135页。

[2]《罗汉图》一直收藏于镰仓地区的寿福寺或建长寺中，直到被转移到北条氏外护的早云寺中。早云寺建于1521年，是北条氏家祠，用于纪念在

1519 年去世的小田原大名——北条早云。再后来，丰臣秀吉灭北条氏之后，《罗汉图》被转移到京都方广寺。丰臣秀吉去世后，江户幕府时代《罗汉图》收藏于大德寺中，直至今世。参见［日］奈良國立博物館、東京文化財研究所企画情報部編集《大徳寺伝来五百羅漢図，銘文調査報告書》，奈良國立博物館 2011 年版，第 240 页。

［3］参见《经觉私要抄》，转引自［日］千宗室《〈茶经〉与日本茶道的历史意义》，萧艳华译，修刚译，南开大学出版社 1992 年版，第 136 页。

［4］［日］桑田忠亲：《茶道的历史》，汪平等译，南京大学出版社 2011 年版，第 5 页。

［5］参见［日］桑田忠亲《茶道的历史》，汪平等译，南京大学出版社 2011 年版，第 2 页。

［6］参见滕军《日本茶道文化概论》，［日］千宗室审定，东方出版社 1992 年版，第 34 页。

［7］参见林瑞萱《日本茶经南方录讲义》，台北坐忘谷茶道中心 2021 年版，第 124 页。

［8］参见［日］桑田忠亲《茶道的历史》，汪平等译，南京大学出版社 2011 年版，第 12 页。

［9］足利义政模仿鹿苑寺的舍利殿——金阁，建造了东山山庄中的观音殿——银阁，包括观音殿在内的寺院整体被后人俗称为银阁寺。金阁建筑物表面确实贴有金箔，但银阁没有贴过银箔的痕迹。

［10］参见［日］熊仓功夫《日本茶道史话：叙至千利休》，陆留弟译，上海大学出版社 2021 年版，第 73 页。

［11］参见（明）黄仲昭修纂，福建省地方志编纂委员会旧志整理组整理《八闽通志》卷 41，福建人民出版社 2017 年版，第 1172 页。

［12］参见（明）沈德符《万历野获编》（下），中华书局 1997 年版，第 799 页。

［13］参见（元）忽思慧《饮膳正要》卷 2，中医古籍出版社 2019 年复刻本，第 9 页。原文："范殿帅茶：系江浙庆元路造进茶芽，味色绝胜诸茶。"

［14］（明）徐渭：《煎茶七类》，载朱自振、沈冬梅、增勤编著《中国古代茶书集成》，上海文化出版社 2010 年版，第 231 页。

[15] 参见（明）田艺蘅《煮泉小品》，载朱自振、沈冬梅、增勤编著《中国古代茶书集成》，上海文化出版社 2010 年版，第 201 页。

[16]（明）徐渭：《煎茶七类》，载朱自振、沈冬梅、增勤编著《中国古代茶书集成》，上海文化出版社 2010 年版，第 231 页。

[17] 参见王建平《熊明遇与〈罗岕茶记〉》，《农业考古》2013 年第 2 期，第 320 页。

[18] 参见（唐）陆羽、（清）陆廷灿著《茶经 · 续茶经》，申楠评译，北京联合出版公司 2019 年版，第 136 页。

[19] "神"出自（明）张源：《茶录》，载朱自振、沈冬梅、增勤编著《中国古代茶书集成》，上海文化出版社 2010 年版，第 246 页。"幽"出自（明）张源：《茶录》，转引自（唐）陆羽、（清）陆廷灿著《茶经 · 续茶经》，申楠评译，北京联合出版公司 2019 年版，第 113 页。

[20] 以上两段史实出于（明）沈德符：《万历野获编》卷 24，中华书局 1997 年版，第 626 页。

[21] 参见（明）沈德符《万历野获编》（下），中华书局 1997 年版，第 799 页。

[22] 参见（清）毛奇龄《辨定祭礼通俗谱》，载（清）萧山陆氏《西河全集》（第三册），中国国家图书馆古籍馆重印刻本，乾隆三十五年（1770）重修，嘉庆元年（1796）重印，卷三第 7 页。原文："祭礼无茶，今偶一用之。若朱礼每称茶筅，吾不知茶筅何物。且此是宋人俗制，前此无有。观元人有咏茶筅诗可验。或曰宋时用茶饼，将此搅之，然此何足备礼器乎！"

[23] 钧釉以铜、铁为着色剂，在高温还原气氛下烧制而成。因窑内温度、气氛变化，钧瓷会形成色彩多变、纹路奇特的窑变效果，被称为"入窑一色，出窑万彩"。宋代钧瓷被后世推崇，根据其工艺仿造的瓷釉被称为仿钧釉。

[24] 参见（明）许次纾《茶疏》，载朱自振、沈冬梅、增勤编著《中国古代茶书集成》，上海文化出版社 2010 年版，第 261 页。原文："茶壶，往时尚龚春，近日时大彬所制，极为人所重。"龚春为 1550 年前后著名紫砂制壶师，时大彬（1573—1648）为明末壶艺师；参见（明）周高起《阳

羡茗壶系》，载朱自振、沈冬梅、增勤编著《中国古代茶书集成》，上海文化出版社 2010 年版，第 462 页。原文："董翰……赵梁……玄锡……时朋，即大彬父，是为四名家。"阳羡是宜兴的古称，万历是明晚期神宗皇帝的年号；参见（明）冯可宾《岕茶笺》，载朱自振、沈冬梅、增勤编著《中国古代茶书集成》，上海文化出版社 2010 年版，第 454 页。原文："茶壶，窑器为上，锡次之。茶杯，汝、官、哥、定如未可多得，则适意为佳耳。"冯可宾是明末清初人士；参见（明）张源《茶录》，载朱自振、沈冬梅、增勤编著《中国古代茶书集成》，上海文化出版社 2010 年版，第 247 页。原文："茶盏，盏以雪白者为上，蓝白者不损茶色，次之。"

茶道本土化的实现过程

（1582，待庵）

近代人类遵循的重要哲学体系几乎都形成自“轴心时代”[1]，固然这些古老哲学理论是通过后人不断的智慧镶嵌而完善，但至少它们首先要被承认、继承下来。然而令人遗憾的是，唐以后的宋人并没有充分肯定茶道家翁，反而经常在比较之后否定陆氏茶，进而忽视他的思想。《茶经》只是作为一本工具书被偶尔查阅，以致最终被抛弃。陆氏茶的节奏被逐步化简，陆氏茶的孤寂被后世遗忘。然而，孤寂才是思想源泉。公元 15 世纪后期至 16 世纪后期这一百多年，日本茶人将自己丢弃在孤寂之中，这令他们在精神世界坐到了陆羽身旁。

大家印象中的村田珠光

通过近些年学术研究，日本茶史界已经不像之前几个世纪那样，对珠光在茶道上的全面贡献性深信不疑。如今，他更像是位精神导师。日本茶道史对珠光身世的记录很多，但并非出自同时代人之手，原因应该是他生前名气并不大。然而，经过随后几辈人的推崇与重塑，他的身影逐步伟岸，被奉为“日本茶祖”。珠光本人并没有传世的茶学专著，他的故事是靠后人口述记录，拼接而来。其实，在珠光去世不到百年，已经有人需要通过推测来描述他了。

记录珠光身世最多、最早的书籍莫过于16世纪晚期的《山上宗二记》[2]。比如，珠光的生辰是根据奈良称名寺——珠光最早出家的地方，他牌位上1502年的逝世日期与《山上宗二记》中“珠光八十岁逝于雪山”的记录推断而得，为1423年。《山上宗二记》记录了能阿弥将珠光引荐给足利义政的故事。能阿弥称珠光30岁之后深入研学茶汤，并精通孔子理学，见过唐物、懂得欣赏。还说他手中有从一休和尚那里继承的宋代僧人圆悟克勤的书法真迹。能阿弥与义政的“书院茶”中一般挂唐绘，之所以珠光选择悬挂宋僧墨迹，是因为他师傅——一休宗纯认为“茶汤中亦有佛法”。[3]

尽管《山上宗二记》曾用珠光与他之后的名家——武野绍鸥都是禅宗弟子来佐证“茶汤伴随着禅宗”，[4]但日本同时代僧人对珠光似乎并不了解。久保权大辅（1571—1640）是江户幕府（1603—1868）初期的日本僧人，比山上宗二（1544—1590）小二十几岁。他曾在自己的文章中指出，（日本）数奇[5]的起源时间众说纷纭，即便询问知其道者，也不是很明确。根据久保的见解，它无疑来自“东山”（指义政的会所）时期，当时的将军义政让位于其子，自己跑去会所中隐居，安享清雅，醉在茶间，而且他认为珠光大概是文明年间（日本年号，1469—1486）的人物。[6]久保极有可能代表当时大多数人对茶道与珠光的记忆，“不是很明确”与“估计”占主旋律。

珠光的姓氏“村田”则提出得更晚。1760年，在南秀女所著

《茶事谈》中记载了珠光生在村田家，并且丰富了他早年进入京都紫野大德寺前的身世。此外，文章还录入了关于珠光年轻时，坐禅读书爱瞌睡的逸事。记载称，珠光曾因瞌睡而去请教名医，医生给他讲述了一些理论，貌似来自《吃茶养生记》。此后，珠光视茶为良药，又先后收集了《茶经》《茶谱》《试茶论》《茶录》等中国茶学典籍。[7] 在没有任何早期记录作为参考的条件下，南秀女能在珠光逝世两个半世纪后，把他的生活细节梳理得如此细致，似乎有些难辨真伪。但无论如何，珠光生命最后时刻的茶理论，确实闪烁着陆氏茶哲学的孤灯烛照。

珠光曾留给自己弟子一封秘传书，它在后世被称为“心之文”。文中珠光尽数自己对茶的观点。他指出，在茶道中既不能嫉妒以往的能者，也不能蔑视新近的初学，见到能者要虚心请教，遇到初学要培养提携。同样重要的是要弥合和（日本）与汉（中国）之间的茶界限，这无疑为随后而来的茶道本土化提供了奋斗方向。此外，珠光确信茶道的目标是要达到“冷枯”的境界。他解释“枯”代表有好的器具并了解它妙在何处，而“冷”该是指通过不断独自修炼方可获得的智慧。这种对孤寂的领悟，与陆氏茶如出一辙。此时，珠光结合了儒家与禅宗的思想理念，并将它们注入茶道，训诫后人。珠光的遗书无疑为日本叩开了茶哲学大门，就在他去世的这一年，能够传承他衣钵的人在堺地呱呱坠地。

乱世富商

从数字上看，室町幕府一共持续了 200 多年，先后诞生 15 代将军。然而，若从足利义满1392年统一南北朝到义政应仁元年（1467）狼烟再起，日本第二幕府政权只维持了70多年的相对和平。足利义政8岁成为幕府第八代将军，他的继位是一连串诸如父亲——六代将军被杀、兄长——七代将军任内一年去世的意外而成就。由于前代将军频频暴毙，义政从小就在母亲、乳母以及家人的呵护下成长，这导致他生性懦弱。他的人生经历与同时期明王朝第八位成化皇帝如出一辙。他们的其他共同点还有：成年后皆与自己的乳母成婚，并都于15世纪70年代不问政事。义政之后，幕府威望日薄西山，他的子孙基本都沦为上洛大名[8]的傀儡。1502年，珠光在乱世中去世，他的再传弟子武野绍鸥（1502—1555）降生。然而绍鸥是幸运的，算是含着金钥匙出生的人。

室町中期，距离今天日本大阪城十几公里之处有一座港口，它面对大阪湾，是大阪这座海上贸易城市的门户，它的名字叫“堺”。由于堺依托海运业，在对明贸易中获得了丰厚利益，它在日本室町中期，也就是战国初期发展成首屈一指的都市，也诞生了众多富商。武野绍鸥的父亲是大皮革商，而他在继承家庭财富的同时，也将事业拓展到了军火业。[9]艺术文学方面，绍鸥师从名家学习和歌。和歌是日本的一种诗歌体裁，虽由中国乐府诗演化而来，但公元8世纪前后就已经完成了本土化。后来，它又发展成两人对吟，甚至多人共同创作的“连歌”。连歌为和歌注入了新生命，令后者更具备趣味性与参与性。

绍鸥24岁时来到京都求学，33岁时仍以连歌师的身份生活在此地。这一时期，茶学也作为绍鸥的“选修课”潜移默化地影响着他的心智。绍鸥的两位茶学老师都是珠光的禅宗弟子。[10]也许正是受到珠光“弥合日本与中国之间界限”的启发，绍鸥创造性地将和歌书法作品装裱起来，应用于茶室挂轴，[11] 要知道这在当时颇具挑战与争议。和歌中吟诵的内容很多与男女恋情有关，因此一直被视为会玷污茶仪式高洁气质的回避之物。挂轴通常要悬于茶室中显眼的位置，后来更是被请入庄重的壁龛之中。绍鸥以前，如此重要的职位只可能由唐绘或名僧大德的墨迹出任。而绍鸥的这一举动不仅彻底肯定了和歌的艺术正统性，也让茶道本土化迈进了一步。

尽管茶在12世纪末第二次由荣西注入日本，至绍鸥的时代已经过去了300多个春秋，但它依然缺少普及的重要一环——器具。茶器中的茶盏不光成寻要找北宋皇帝要，堺町商人也要找明王朝买。即便此时日本当地已经拥有零星陶器窑口，比如珠光“心之文”中提到的备前、信乐等地，但不论质量、成品精美程度或影响力，这些器具都无法与朱明舶来品——“唐物”同日而语。另外，举办茶会不仅需要碗，还要有水釜、茶入、茶台、陈列装饰、墙壁书画等直接参与或周边器物。因此，唐物不光要有，还要多，否则依然无法承办高品质茶会。战国乱世下，堺町富商成为为数不多举办得起茶会的团体。作为他们中的一员，绍鸥手中也曾积累了大量价格不菲的中国工艺品，这些为他成为茶界名人提供了必要的硬件支持。

茶道必须有对参与器物的记录，就像《茶经》中第二章茶之具与第四章茶之器一样。在这方面，绍鸥的功绩比较突出。“茶会记”是一种类似于记录茶会细节的流水账。它通常会逐条录入仪式流程、选用器物，如果涉及重要物件，甚至还要有关于它们规制与款式的描述。日本天文十一年（1542），历史第一次收录了绍鸥的

"茶会记"，此刻他41岁。[12]从那时起，关于他的"茶会记"持续出现在同时期的茶学作品中，细致程度日臻完善。12年后，在绍鸥的最后一则"茶会记"中出现了日本本土信乐窑口的"水指"[13]，这件盛放废水的器物虽然没有绍鸥茄子——放末茶的茶入、虚堂墨迹、松岛茶壶这些舶来品那么耀眼，却也在茶道具本土化上迈出了一小步。

有一件茶器需要特殊说明，它就是松岛茶壶，有时也称松岛大壶，是当时日本最有名气的茶叶罐。日语中的"茶壶"并不代表冲泡器物，特别是在日本战国时期，明代泡茶法还未传入，现代意义上"壶"这个器型在当时的日本并不存在。"茶壶"代表放干茶叶的大容器，形制与汉末"茶"字铭文青瓷罍极其相似（见第一章"以替身出道"），茶叶未被碾成粉前需要放入其中。冲点前，茶叶会从"茶壶"中取出，研磨成粉再放入小瓷瓶——"茶入"中。后代"茶入"的用途更加精细化，通常仅用于盛放高品质末茶——"浓茶"，而盛放一般品质末茶——"薄茶"的器具称为"棗"，以木、竹、陶、大漆材质为主。由于现代日本茶企会直接生产出末茶，"茶壶"这种古老的器具逐渐退出公众视野，不过在绍鸥的年代，它属于必备茶器之一。

绍鸥的另一项贡献体现在对茶室的改进上。他的茶室不再添加"书院茶"贴在墙围子上的白纸，而是直接用泥土掺杂稻秸抹在上面。此外，他将规整的木条窗框换成竹条；将壁龛前沿涂的油漆减少，或干脆露出木材本来的颜色。[14]这些举措足以证实绍鸥的成长，经过茶会的洗礼，他已对茶道产生了更深层次的领悟——茶之本，法自然。绍鸥称珠光的茶室为真正茶室或正规茶室，把自己的茶室比作草的茶室，这就是后代描述的“草庵茶”。“草庵”即将成为日本茶道对于茶室的统一价值观，不论日后茶室的位置、面积、朝向、内饰、庭院如何幻化，自然、纯粹的设计态度再未改变。

与“名物”同化灰烬

室町幕府的终结者，也就是“战国三杰”的第一位——织田信长（1534—1582），在绍鸥去世的那一年还只是个刚满20岁的毛头小子。此刻，他即将卷入战国的滚滚浪潮之中。信长歼灭敌对、攻城杀戮的手段并不比同时期其他军阀首领更温和，后人之所以肯定他，一是因为他的两位继任者完成了对日本的统一，二是因为他确实兼具统一日本列岛的信念与能力，只可惜他命数稍差。公元1568年，经过十余年浴血奋战，织田信长终于踏上了前往京都之路。这一年他会收到一些昂贵的茶具礼物，从而开启一项全新的统治策略。

信长上洛前，京都的持有者曾是绍鸥的茶道门徒之一——松永久秀。自知实力不济的久秀为了讨信长欢心，献上了三件宝物：宝刀、美女、茶入。宝刀名为“吉光骨食”，由著名刀匠打造，被当时的日本称为“两大名胁差[15]”之一。美女是久秀自己的女儿，据说是大和第一美女。而这两样似乎都没有被称为“九十九发茄子”的唐物茶入更具诚意。[16]之所以称“九十九”，是因为相传珠光出价99贯钱将其购入。经过“茶祖开光”的精神加成，这枚茶入的身价陡然而升，在永秀得到它时已经翻了10倍，售价千贯。

进京后，信长很快受到了一位重要人物的朝贺，他就是绍鸥的徒弟兼女婿，被日本后世称为“天下三宗匠”之一的今井宗久（1520—1593）。今井宗久在绍鸥过世时持有他的遗产，原因是此刻绍鸥的儿子只有六岁，仅比宗久的儿子大一岁。1568 年年底，在绍鸥离世 14 年后，宗久将绍鸥珍藏的“绍鸥茄子”与“松岛茶壶”献予信长，换来了信长堺町代理人的职位，[17] 之后又进而成为信长采购火枪与火药的御用商人。[18] 然而，同年晚些时候，绍鸥成年的儿子就与宗久就遗产继承权问题产生了争执。事情居然告到了信长处，足见绍鸥遗产数额之巨——需要政权首领裁决。信长的宣判是：今井宗久全面胜诉。[19] 不得不说，在这过程中那两件茶器也算物尽其用了。至此，绍鸥生前的积累难逃所托非人的结局。

信长上洛前一年已经表露出野心，提出“天下布武”的王政——天下布满武力，武家支配天下。然而，幕府本已是武家天下，只不过“布”字听上去更像权力均分。提出顺势口号并不难，建立政权后如何掌控武人才是日本政治的终极课题，稍有闪失就会演变为手握重兵的武士以下克上，策动政变。先前不论天皇还是将军多想利用佛教束缚人心，但僧团并不可靠，经常会出现掣肘甚至带头作乱的状况。在陆续收到高档茶具礼物，特别是托管了“金阁寺”“银阁寺”所在地——京都之后，信长想到了茶人。他曾公然表态：金银、米、钱已经不缺，接下来的目标是中国茶、唐物，网罗天下名物。[20] 信长这样做并非要步义政后尘，虽然都是要茶具，但“醉翁之意不在酒”，他是为了达成自己的政治目的。

“天下三宗匠”除今井宗久外，另两位同样是绍鸥的弟子，一位叫津田宗及，另一位叫千宗易。千宗易（1522—1591），原名与四郎，17 岁开始学茶，先拜北向道陈为师，后来道陈将其引荐给武野绍鸥，宗易是他在大德寺获得的法号。[21]其实，不论“绍”或“宗”都是大德寺派系禅僧授予的法号。从这点可以看出，数奇在开始阶段需要与禅同修，本是遵循宋、元茶礼脚步，安安静静地避世传承。然而，当信长发现这一众茶人具备俘获他这种武人的能力后，茶会不仅为新的统治策略提供了助力，也被推到了每一位武士面前。“天下三宗匠”既是信长茶会的常客，也成为他的茶头。[22]而这些茶头还有另一重身份——商人。商人出于对特权的需求，信长出于对经济的考虑，彼此之间都有多亲多近的理由，茶会成为双方最恰当的沟通渠道。信长在京都与堺两地频繁举办茶会为的就是与各界商人增进交流，强化互信。[23]

作为豪商巨贾的茶头能为经济贸易带来支持，作为武人导师的茶头能为政权稳定提供保障，作为执政者的信长没有理由拒绝这样的合作者。1573年，信长放逐了被自己扶上位的傀儡将军——足利义昭，这是室町幕府灭亡的标志。然而，信长的征伐远没有结束，日本列岛的大部分地区仍处于混乱之中。两年后的天正三年（1575），信长收到了一份一千颗火枪子弹的礼物，他特意写信感谢寄礼物的商人，而这位商人正是千宗易[24]，几年后他将改名“利休”。信长与堺町茶头的合作共赢模式持续了十几年，直到天正十年（1582）。

1582年6月1日，信长由自己的府邸“安土城”来到京都，下榻在本能寺。上午他在寺中设茶会，招待博多商人，另外参会的还有京都本地商、政两届要员。信长向一众来宾展示了令他引以为傲的38件名茶器[25]，这其中就有帮他开启收藏之路的“九十九发茄子”。然而，这即将成为他人生的最后一次茶会，就在当天夜里，他最得力的将领之一——明智光秀，化身死神收割者，发动叛乱。信长的毕生收集成为他的陪葬品，在本能寺随即燃起的熊熊烈火中与主人化为灰烬。织田信长倒在了统一日本的最后一程，随后，他的继承者并没有费太大力气就完成了他的生前愿望。

“成也秀吉，败也秀吉”

丰臣秀吉（1537—1598）从天文二十三年（1554）开始为织田信长效力，一路为主人开疆拓土，到信长在本能寺遇害，他们已经共事近 30 年。信长离世后，秀吉迅速在山崎之战中击败明智光秀，站到了政权争夺者制高点。“本能寺之变”后不到半月，“表面”[26]主犯明智光秀战败身死。而后两年，日本残余战事相对收敛，并未继续扩张。虽然天正十二年（1584）年初，信长家的继承人与信长政权内另一位实力将领——德川家康（1543—1616）结盟，同秀吉断交，但年底双方讲和，家康还送次子秀康做了秀吉的养子。[27]在一切趋于平稳，日本似乎要结束纷争之际，秀吉志得意满，在天正十三年（1585）加冕“关白”，意思是：一个在事情上报君主前，必须要通过审批的人。[28]秀吉对信长众多规则的实效性可谓心知肚明，选择对前任的政治策略萧规曹随，同时被继承的还有那一众茶头。

1585 年 10 月，作为被天皇任命为关白的回礼，秀吉举办了禁中茶会，茶会的布置工作交由茶头千宗易完成。此次茶会规模宏大，一共持续了三日。首日，是秀吉嫡系、家人与高等客人——正亲町天皇、亲王等人的见面会。翌日，秀吉本人亲自为客人们点茶，千宗易则为身在京畿的官员点茶。三日，秀吉的胞弟丰臣秀长与官员们见面，以大量金银、绸缎作为答谢的礼品。关白这样做不仅能让天皇与官员成为自己茶会的座上宾，也能彰显新政权文武兼备的形象。而茶会的筹划者收到了情理之中的荣誉，千宗易的绰号由“天下三宗匠”之一晋升为“天下第一茶人”。随后他迎来侍奉天皇的机会，由于普通人不能进宫，天皇特意为他赐号“利休居士”。从那天起，千宗易成为过去时。

千利休与丰臣秀吉的人生在天正十五年（1587）同时迎来荣誉顶点。这一年年中，丰臣秀吉平定九州。9月，他位于京都的新府第“聚乐第”竣工。10月，他在北野举办规模空前的大茶会，千利休与他共同商议细节。北野大茶会之所以影响大，主要基于两个宽松政策。首先，参与人群不受限，只要喜欢茶，不论町人、百姓、武士、大名都可以参加，关白本人甚至带着自己的“黄金茶室”为茶会添彩。其次，茶会形式不受限，书院茶、数奇、草庵茶，甚至户外茶会都可以得到一方天地。因此，它的社会效应可想而知。北野大茶会本打算持续10天，但由于局部地区突发动乱，实际只进行了1天。[29]尽管丰臣秀吉在茶道方面对千利休极为信服，但此刻66岁的千利休与50岁的丰臣秀吉关于茶的价值观，已经无法挽回地背向而行。

要了解一个人的生平，一手材料是文物，二手材料是文献。文字始终有主观性，也会出现理解差异；反而是冷冰冰的器物客观、无偏颇。几年前，我带领研学团体参观了位于大阪城天守阁内丰臣秀吉打造的黄金茶室，同行拜访了位于京都妙喜庵内千利休筑建的待庵茶室。1585年年底禁中茶会完毕之后，秀吉于次年1月在禁里小御所打造了黄金茶室，并在此地将它献给正亲町天皇。茶室的墙壁、柱子、茶台、茶道具都以金箔贴附。待庵大概在 1582 年秀吉掌权前后修建完成，但之后被解体、保存了起来。直到利休死后，其子千少庵 1594 年返回京都后，才在妙喜庵内重新搭建。[30]

参观当天，就像黄金茶室曾经的主人躁动的内心一样，天守阁内人声嘈杂，我甚至无法压低音量作讲解。面对着黄金材质如此晃眼的茶室墙壁与茶器，我选择避开它反射的光，背向为听众介绍那段战火纷飞的岁月。后来，因为要听中文讲解而凑上来的华人朋友越来越多，我只得心怀抱歉地再次提高嗓门，原本计划 20 分钟的演讲，无奈压缩为 10 分钟。结束之后，意犹未尽的看官隔着玻璃与茶室合影留念，而我却躲到一旁，不想让它再次进入我的视野。这可能是日本历史上最昂贵也最不着调的茶室。

第二天在待庵则是另一番景象。妙喜庵只有一家人在打理、看管，而其中小小的待庵是日本为数不多的国宝级建筑。妙喜庵的主人非常礼貌，在听过我对待庵的介绍之后，他决定由我为他们的这件国宝担任宣讲使，条件只有一个——不许拍照。妙喜庵的整体格局精小、别致，连通待庵门前的石阶相对狭窄，对于当时还体格偏胖的我来说略显局促。我非常谨慎地站在茶室门口，为每一位听众解释着千利休对茶室朝向与采光的改变、窝身门设计的原因、壁龛内所用挂轴的规格、墙壁的材质、用来悬挂花器的花钉、屋顶内部的高低层次……生怕会漏掉哪一个细节。最后我还不忘告诉大家："就在这两叠榻榻米的空间中，我们不仅能领略 16 世纪日本最纯粹的茶道，也能感受千利休这位茶人要呈现的孤寂。"

由于研学团有三十几位成员，每次除我之外茶室门前只能同时容 4 人站立，因此要分数次才能完成讲解工作。每一次迎来送往间隙，没有任何人监督，而手机就在我的口袋中，我甚至没有冲动去拍摄那些唾手可得的照片。在尊重待庵今代主人对我的信任之余，我也明白照片在此处毫无意义。一个二维成像技术无法呈现三维空间之美，更不可能让人领略茶会四维空间营造的精神触感。在全部讲解工作进行完毕之后，我决定犒劳一下自己。面对着空无一人的待庵，我闭上眼，感受着它内部传来的平缓气流，聆听着花语鸟鸣，体验着初次拜访的情绪共振，这种时空无阻的欢愉非常美妙。不由得我竟吟诵起与千利休同时期，明代茶人张源的一句话“饮茶以客少为贵，客众则喧，喧则雅趣乏矣”[31]。

由于千利休晚年对茶道的理解与贡献，茶师团队从曾经的山人、僧人又扩充出了商人。16 世纪末，日本茶道原本可以为实现本土化画上完美的句点，但千利休在 1591 年的剖腹自尽无疑成为其中最大的遗憾，也为“成也秀吉，败也秀吉”的提出带来了借口。剖腹是日本对于武士体面死去的礼节，尽管这并不容易被世界其他民族理解，但它在日本确实不是侮辱。而对于没有武士身份、一介町人[32]的千利休来说，它甚至可以被看作一种“恩赐”。比起一年前被枭首的山上宗二——千利休弟子、《山上宗二记》的作者——以剖腹方式离开人间，不失为保住了名节。

死亡，并不是衡量成败的标准，但导致它形成的原因值得关注。利休剖腹前五年，秀吉的弟弟秀长曾有“内部的事宜有宗易（利休），朝廷的事宜有我，万事皆在掌控中”[33]的言辞。利休剖腹前一年，大名伊达政宗晚到战场被秀吉责骂，千利休从中调停，令其获得赦免。[34]利休剖腹前一个月，他的最后一场茶会只邀请了一个人，此人就是在秀吉死后建立江户幕府的德川家康。[35]作为茶头的“利休居士”不论是因为鄙视秀吉的价值观还是对关白内外律令的干涉，都令他在政治这条本不属于他的路上走得太远。如果商人还有能力把握自己的命运，那么政治家则更看运气，既不该留恋遁世，也无缘享受孤寂。

注释：

［1］由德国思想家卡尔·雅斯贝尔斯（Karl Theodor Jaspers）提出，指的是公元前500年左右，同时出现在中国、西方和印度等地区的人类文明突破现象。

［2］日本天正十六年（1588）完成，由千利休之徒——山上宗二整理、创作。

［3］上述两段内容参见［日］山上宗二《山上宗二记》，转引自［日］千宗室《〈茶经〉与日本茶道的历史意义》，萧艳华译，修刚校，南开大学出版社1992年版，第148—149页。

［4］参见［日］千宗室《〈茶经〉与日本茶道的历史意义》，萧艳华译，修刚校，南开大学出版社1992年版，第144页。

［5］茶道形成初期，日语对它的称谓也写作“数寄”，根据日语发音配上的汉字。数寄开始代表男女之间的喜爱之情，后来演变为追逐风雅之意，才进而代表茶道。

［6］参见［日］久保权大辅《长闇堂记》，转引自［日］千宗室《〈茶经〉与日本茶道的历史意义》，萧艳华译，修刚校，南开大学出版社1992年版，第145页。

［7］参见《茶事谈》，转引自［日］千宗室《〈茶经〉与日本茶道的历史意

义》，萧艳华译，修刚校，南开大学出版社 1992 年版，第 146—147 页。

[8] 洛阳是中国古代许多朝代的首都或陪都，日本也将京都的别称定为“洛阳”。“上洛”指的是攻入京都的军事行动。从室町幕府到江户幕府时期，占据一国或数国的封建武装领主称为“大名”。

[9] 参见代路《织田信长》，陕西人民出版社 2020 年版，第 99 页。

[10] 宗陈、宗悟，堺的商人，珠光弟子。参见林瑞萱《日本茶经南方录讲义》，台北坐忘谷茶道中心 2021 年版，第 123 页。

[11] 参见滕军《日本茶道文化概论》，[日]千宗室审定，东方出版社 1992 年版，第 47—49 页。

[12] 参见《松屋会记》，转引自[日]熊仓功夫《日本茶道史话：叙至千利休》，陆留弟译，上海大学出版社 2021 年版，第 85 页。

[13] 参见《今井宗久茶汤日记》，转引自[日]熊仓功夫《日本茶道史话：叙至千利休》，陆留弟译，上海大学出版社 2021 年版，第 87 页。

[14] 参见《南方录》，转引自滕军《日本茶道文化概论》，[日]千宗室审定，东方出版社 1992 年版，第 51 页。

[15] “胁差”指插在腰间的短刀，常用于作战长刀——“太刀”的备用之物，或执行“介错”之礼。

[16] 参见代路《织田信长》，陕西人民出版社 2020 年版，第 94 页。

[17] 参见代路《织田信长》，陕西人民出版社 2020 年版，第 100 页。

[18] 参见[日]池上裕子《织丰政权与江户幕府：战国时代》，何晓毅译，文汇出版社 2021 年版，第 80 页。

[19] 参见[日]熊仓功夫《日本茶道史话：叙至千利休》，陆留弟译，上海大学出版社 2021 年版，第 89—90 页。

[20] 参见[日]榊山润《信長公記》卷 2，教育社株式会社 1980 年版，第 151 页。

[21] 参见林瑞萱《日本茶经南方录讲义》，台北坐忘谷茶道中心 2021 年版，第 122、21 页。在学茶的同时，与四郎在大德寺随和尚——大林宗套、笑岭宗䜣参禅，在此过程中获得了“宗易”的法号。

[22] 参见[日]池上裕子《织丰政权与江户幕府：战国时代》，何晓毅译，文汇出版社 2021 年版，第 79 页。

[23] 参见［日］池上裕子《织丰政权与江户幕府：战国时代》，何晓毅译，文汇出版社 2021 年版，第 288 页。

[24] 参见《不审庵所藏文书》，转引自［日］明智宪三郎《本能寺之变：光秀·信长·秀吉·家康，1582 年的真相》，郑寅珑译，社会科学文献出版社 2017 年版，第 320 页。

[25] 参见［日］池上裕子《织丰政权与江户幕府：战国时代》，何晓毅译，文汇出版社 2021 年版，第 106 页。

[26] 关于明智光秀为何造反的真正原因早已石沉大海，他是织田信长死的直接造成者，但并不是这次政治事件的最终受益者。因此在日本史学界，关于谁是本能寺之变主犯的争论还在继续。

[27] 参见［日］池上裕子《织丰政权与江户幕府：战国时代》，何晓毅译，文汇出版社 2021 年版，第 137—141 页。

[28] 参见（汉）班固撰，（唐）颜师古注《汉书》卷 68《霍光金日磾传第三十八》，中华书局 2015 年版，第 2121 页。原文："上谦让不受，诸事皆先关白光，然后奏御天子。"

[29] 以上两段史料参见［日］池上裕子《织丰政权与江户幕府：战国时代》，何晓毅译，文汇出版社 2021 年版，第 156 页；［日］桑田忠亲《茶道的历史》，汪平等译，南京大学出版社 2011 年版，第 45—46 页。

[30] 参见［日］桐浴邦夫《图解日式茶室设计》，林书娴译，台北易博士文化 2016 年版，第 220、218 页。

[31]（明）张源：《茶录》，载朱自振、沈冬梅、增勤编著《中国古代茶书集成》，上海文化出版社 2010 年版，第 246 页。

[32] 町人，战国、江户时期对人民的称呼，即城市居民之意，他们主要是商人、町伎，部分人是工匠以及从事工业的工人。

[33]［日］明智宪三郎：《本能寺之变：光秀·信长·秀吉·家康，1582 年的真相》，郑寅珑译，社会科学文献出版社 2017 年版，第 319 页。

[34] 参见［日］池上裕子《织丰政权与江户幕府：战国时代》，何晓毅译，文汇出版社 2021 年版，第 291 页。

[35] 参见《利休百会记》，转引自［日］桑田忠亲《茶道的历史》，汪平等译，南京大学出版社 2011 年版，第 51 页。

不变的孤寂与自然
（1769，江户城）

16世纪后期，茶在利休的引导下得到日本武士、贵族阶层进一步认可，但“唐物”已经不再像先前那样独霸视听。利休根据自己的创意命人烧制的今烧茶碗[1]，多少能使更多人参与到茶会的举办之中，然而想成为茶道名家，仍旧十分困难。利休将自己仰慕的茶师称作“茶道名人”，听上去有些平白，但要跻身其中，条件十分苛刻。“茶道名人”需满足四点要求：第一，要能举办茶会、操持茶事；第二，要对传承茶道有贡献；第三，需拥有许多“唐物”；第四，要将毕生奉献于茶道事业。[2]“拥有大量唐物”无疑对成为“茶道名人”提出不小的物质挑战。织丰时代，特别是在“本能寺之变”、大量名物葬身火海后，可能唯有堺地商人才具备成为“茶道名人”的硬件基础。不过，随着丰臣秀吉统一日本后，将战火烧到国外，一批新匠人的“引入”即将打破僵局。

血色的茶瓷本土化

尽管“陶瓷”二字经常合并出现，但陶器与瓷器是两种完全不同的概念，不论是烧造前还是成器后，都有各自的化学式。陶器被全世界不同地区先民相对独立发明，发明时间可以追溯到旧、新石器时代交替之际，而瓷器发明于中国东汉晚期的公元 200 年前后（图 3-2）。瓷器与陶器有两个主要区别。首先，瓷器选料精细，需要瓷石与高岭土两部分主要原料，[3] 并不像陶器那样可以广泛取材。第二，瓷的烧造温度要在摄氏千度以上。人们熟知的青花瓷，若令氧化钴稳定着色，并发出优雅的靛蓝，窑温要达到 1200℃—1300℃。而陶器仅需 850℃即可定型。这里面有一个误区，许多茶友认为上了釉——有亮亮的玻璃质表面——的器具是瓷器，但实际上陶器上釉的情况也屡见不鲜。

与茶叶在公元 8 世纪末、9 世纪初相继传入朝鲜、日本不同，

图 3-2　东汉末期全世界最早的瓷器，根据 1976 年浙江省上虞县出土的东汉晚期瓷片判断，此时窑温可达 1300℃，胎体中化学成分符合瓷器标准。故宫博物院藏

上述两地吸纳瓷器制作的时间相差600多年。公元918年，王建在朝鲜半岛称王，十几年后他并吞新罗、灭掉后百济，建立了存世475年的高丽王朝。建国后，创始人宣布他将为新王朝建立一种抹除中国影响的文化认同。然而，在公元第一个千年前后，青瓷的制作方法传入朝鲜半岛，中国影响仍继续主导高丽瓷器，无论是在材料还是器型。[4] 反观日本，濑户古窑出品日本最古老的上釉陶，他的创始者是1223年与道元同入天童山修禅的藤四郎。[5] 虽然古濑户制作的茶入很有名气，但以它为首的日本六大古窑[6] 都是陶窑，它们的制品不论质地、釉色还是细腻程度均无法与瓷器相提并论。这也就是为什么从足利义满到千利休都如此推崇“唐物”的原因。

利休剖腹同年晚些时候，秀吉开始部署入侵朝鲜的战备基地。第二年，也就是日本文禄元年（1592），他发动了为时七年的文禄、庆长两次侵朝战争。战争过程中，大批朝鲜民众被贩卖到日本沦为奴隶。撤退过程中，为运输辎重又有大量朝鲜人被掳走，这其中就有对后来江户幕府朱子学奠基产生积极影响的姜沆[7]。此外，被掳掠的还有许多陶瓷工匠。日本当代史学家指出：“朝鲜的陶瓷制造技艺在这一时期（战争期间）远超日本，是朝鲜人给日本带来了先进的瓷器生产技术。”[8] 日本后代非常著名的几个窑口，如萩烧、有田烧（古伊万里烧）、萨摩烧都是由朝鲜窑师开创。[9] 这些窑师多是因两次战争而背井离乡、骨肉分离。当然，也有相对主动并因此名利双收之人，他就是有田烧的开创者。

庆长之战中，朝鲜人李参平曾担任日本佐贺藩国老多久安顺的向导，战后归顺日本。起初，他在多久的庇护下于佐贺生产唐津风杂器，但之后他选择离开多久，考察藩内各地。终于，李参平在有田川上游发现瓷石矿，而此刻的有田还只是个人迹罕至的小山村。日本元和二年（1616），李参平改换日本姓名，与18名归化日本的朝鲜人共同烧造出白瓷与青瓷，这成为日本瓷器的起始。本土瓷器的出现对日本古老陶窑，特别是茶器窑口造成了极大的冲击，有田烧在17世纪初出道即巅峰。数十年间，李参平在有田川多地筑造新窑，他手下的技工数量迅速增加到100多人，而他本人也成为大企业家。[10]就在李参平让瓷器在日本破茧而出之际，日本政坛的第三幕府也在战争的尘埃下完成蜕变。

产业链带动影响力

朝鲜与日本两国原本并无仇恨，丰臣秀吉单纯是因为好战而出兵朝鲜。即便如此，征朝也只是他疯狂计划的开始，秀吉原本要借朝鲜作为跳板，进军明帝国、印度、波斯，以至席卷整个亚洲。[11]从这一点上可以看出，还没有统一北海道的秀吉已先膨胀到昏聩的地步。同样愚昧的决定还体现在他为自己后代选择的监护人上。庆长三年（1598）7月，弥留之际的丰臣秀吉将自己年少的幼子托付给以德川家康、前田利家为首的5位元老，称其为“五奉行”[12]，他异想天开地认为，让他们咬破手指，在誓约书上签字就可以约束他们的行为。一个月之后，秀吉结束了自己疯狂的一生。

尽管后代历史多数将庆长八年（1603）德川家康出任征夷大将军视为江户幕府的起始，但当代研究江户时代的权威史学家池田晃渊认为“德川幕府建立于丰臣秀吉去世那天”[13]。1614年，翦灭丰臣一系的大阪城之役打响。在冬之阵已经抵抗不力的情况下，丰臣秀吉的妻、子糊里糊涂地上了德川家康的当——和谈是假，真意是要填平大阪城的护城河。1615 年 5 月，丰臣秀吉的妻子淀殿、儿子丰臣秀赖，主从二十余人眼见无力抵抗，自杀身亡[14]，夏之阵结束。这意味着大阪战役结束，日本战国时期结束，江户幕府成为日本列岛新主宰。（彩图 18）

丰臣秀吉在自我毁灭前，以一种极其极端又极其见效的方式为日本茶事业的普及注入了一针兴奋剂。继有田烧 1616 年成立后，日本又先后诞生出锅岛烧与九谷烧，它们出品的彩瓷无疑为江户时期的茶会注入了大量新鲜血液，也令举办茶会的门槛大大降低。与丰臣秀吉寿终正寝而家族骤亡的命运刚好相反，虽然千利休剖腹自尽于前，但他子孙繁盛，更有佼佼者在江户初期凭一己之力为茶事敲开了匠人之门。

利休自裁后，他的族人自然而然受到牵连，长子道安与次子少庵过起逃亡生活，只有 14 岁的孙儿千宗旦（1578—1658）继续在寺庙中过着清贫的生活。宗旦 10 岁时被送到紫野大德寺，在这个与珠光、绍鸥、利休都缘分极深的寺院中，他打坐、诵经、做杂役、上街行讨、管理经文……这些经历让幼年的宗旦饱尝世间疾苦，也为他日后的茶道思想打下了坚实基础。秀吉晚年赦免了千利休，并在京都赐予千家土地，千家因此得以重建。不仅如此，秀吉之后又进一步退还了没收的财产，这其中也包括许多茶具。[15] 由此可见，秀吉对利休的怨恨极其有限。正是秀吉对利休后人优厚的待遇，与千宗旦年少的复杂经历，日本茶才迎来它全面普及的曙光。

千宗旦对茶文化的普及有三点主要贡献。第一，与父亲少庵拒绝成为将军的家臣、远离政治旋涡一样，他也选择做一介布衣茶人，向世人传播茶道。不论男女老少、高低贵贱，都可以是宗旦茶会的客人。第二，他将自己的三个儿子——次子宗守、三子宗左、四子宗室都培养为茶师，他们之后又分别掌管武者小路千家——官休庵、表千家——不审庵、里千家——今日庵，茶道"三千家"门派初创完成。特别是在 1653 年，已经 76 岁高龄的宗旦还将自己隐居的今日庵让与四子用于茶道传播，自己出资建造"又隐"，搬入其中。[16]"三千家"的建立态度鲜明——茶道并不需要拘泥于某一意识形态或某些规定器具，这令茶道形式更多样、更灵活。（图 3-3）第三，千宗旦将自己所用茶具，特别是举办重大茶会时的器具交由全国最顶尖技师制作，如茶碗师乐吉左卫门、釜师大西清右卫门、袋师土田友湖、柄杓师黑田正玄等，一共 10 位司职不同茶具的匠人。之后，由各自家族世袭继承，它们被统称为"千家十职"。"十职"在给予个人荣誉的同时，为天下匠人树立了榜样，对于后来的家族继承者来说，这也无疑会成为一种鞭策。日本对"匠人精神"的理解广受今人称颂，千宗旦在这其中的贡献不可小觑。此外，"千家十职"这种以点带面的影响方式无疑让更多人与茶产生切身利益，令更多个体、家庭、区域成为茶文化的传播大使，同时令茶整体形成系统、精确的产业链。

无须再现的"茶头政治"

千宗旦从未侍奉过哪位权力最高长官。假设他曾经选择出仕，不用怀疑，凭能力他必定可以担任德川幕府将军的茶头，即便如此，他也绝不可能复制他爷爷时代茶人的风采。包括利休在内的

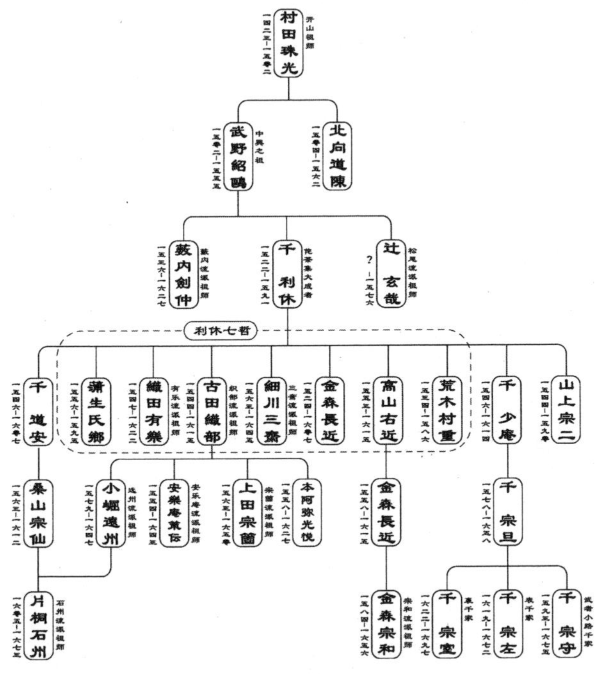

图 3-3　日本茶道早期的门派

“天下三宗匠”都是织田信长的茶头，而丰臣秀吉有八位茶师，千利休名冠八人。“利休居士”是天皇的茶师，是武人的精神领袖，是商界翘楚。怎奈“能量守恒”，有得必有失，名利双收并徜徉于精神界的利休已经丧失推行“平等茶道”的能力。他也曾尝试令茶道更亲民，但他孙儿能完成的，在他的时代就像天方夜谭。

千利休曾将茶室入口为将军、大名设置的正门废除，令他们与随从都由侧门出入。之后他又取消了为贵族提供的高级如厕地，将它与为下人准备的普通厕所统一规格。再之后，无等级差别的同高洗手池也相继出现。[17]这些理想化的“平等”展现出利休内心对阶级的反感，但这在战国时代无疑会被视为不利于稳定的僭越之举。织丰时代的统治阶级是武人，要令这些人统一思想，信长没有可以借鉴的经验与团体。政界茶头团队的出现是权宜之计——在没有秩序的社会中，人们迫切期盼和平，终日打杀的武人更追求安定，茶室像是为武人精神疗伤的避风港。等进入江户时代，和平已然到来，幕府打造的官僚团队由文人组成，此刻它可以照搬邻国——明、清，更严谨、更经得起时间考验的执政策略。

要在江户时代成为政治家，才气、名气、经验都不是重点，他们中的多数都需要有学问，特别是对于儒学的修养要尤其精湛。[18]在儒学中，不论是孔子的礼学还是朱熹的礼学都强调人们做符合身份的事。“天子”的任务是顺天命知民意；臣子的任务是恪尽职守；百姓要守法，人子要从父。而作为茶人，不论是将军的茶头，还是百姓的茶师，茶事才是本职工作。这虽然根本性限制了茶人涉足政坛、成为军火商的潜能，但也不失为保全他们的方法。毕竟“天下第一茶人”太张扬，太不利于修行，也太容易遭人嫉妒。况且，茶道不必非要政、商的加持。

不朽源于传播

在千宗旦及其同时代茶人的推动下，末茶道在 17 世纪 40 年代已经推广得卓有成效，甚至给造访的荷兰商人留下了深刻的印象。1638—1641 年，一位名叫弗朗索瓦 · 卡隆（François Caron）的荷兰人在日本长崎一家工厂中担任厂长，他以一个外国人的眼光，从侧面描述了日本茶。根据记录，茶似乎需要被密封储存，想喝的时候拿出来研磨，弗朗索瓦称茶磨很像荷兰的芥末磨，并称磨茶粉需要一个刀尖的量（the point of a knife full）。[19] 这个描述确实很有欧洲范儿，有一种用餐刀挖果酱的感觉，但其实取末茶的工具应该是细长的茶匙，因为它很薄，看上去像某种小刀。

1654 年，也就是千宗旦退居“又隐”的第二年，日本迎来了茶饮推广的又一重量级人物——隐元隆琦（1592—1673）。隐元本是明末清初福建黄檗山万福寺的住持，年过花甲渡海来到日本长崎，之后受邀移居摄津富田（今大阪府高槻市）的普门寺。其间由于身体问题与政治压力，隐元曾萌生回国的想法，但最终在长崎被友人安慰、挽留，回到普门寺。事实证明，这个决策造就了当代日本大众的饮茶文化。

在日本，“煎茶”二字的含义与中文不同，它所指代的并不是陆氏瀹茗的备茶步骤，而是指冲泡叶茶。[20] 在当代日本家居生活中煎茶的出现频率远胜末茶。其实，这种以炒茶为主的制作技艺在中国明代已经传入北九州，但并未推广。日本宽文元年（1661），古稀之年访日七载的隐元不再令人忌惮，江户幕府为他在山地宇治筑寺。隐元依故土之例，也将其命名为黄檗山万福寺。就此，日本黄檗宗开坛。隐元身边跟随的十名中国僧人终于获得种植、加工茶叶的机会，宇治茶区的地位也就此无法撼动。隐元弟子们加工的茶自然不再是宋、元末茶，他们将鲜叶放于锅中翻炒，之后揉捻再晾干，制作出标准的炒青绿茶。由于这种制茶方法是通过宇治万福寺推广普及，当时世俗间也称其为“隐元茶”。[21]

日本享保二十年（1735），文化中心——京都地区迎来了一位60岁的“煎茶道”推广者，他被后世熟知的称呼是“卖茶翁”（1675—1763）。卖茶翁本是黄檗山万福寺分寺——佐贺龙津寺的僧人，还俗后到京都构建了茶亭，取名“通仙亭”，亭口挂一旗，书“清风”二字，开始以向民众售卖煎茶茶饮为生。从茶亭的名号与旗帜的绣书就不难看出他对唐代茶学者、诗人——卢仝[22]（约795—835）的喜爱程度。卖茶翁的言谈举止处处透露着对卢全的迷恋[23]，这是他对茶与诗交集的领悟，也体现出他对文人茶的推崇。正是由于他的态度，日本“煎茶”逐步去禅院化，在文人雅士间物色了一方新天地，之后随诗人、诗歌普及到民众间。

卖茶翁将自己人生最后近30年都献祭给了“煎茶道”的传播事业。在他之后，更多人加入茶饮售卖行列，他们的故事为日本画家提供了惊艳世人的创作灵感。江户时期，日本兴起了一种独特的民族绘画艺术形式——浮世绘，主要描绘人们日常生活、风景或演剧。18世纪中后期，浮世绘中出现了许多取材茶屋场景、人物的画作，而且与原先历史中茶头、大名、富商清一色的男性不同，卖茶者统统为女性角色。

以画家铃木春信（1725—1770）为例，他的作品多以茶女、歌舞伎为题材。春信生活的时代，茶屋已在日本都市中极为普遍，它们设在寺庙、神社前或直接立在道路旁，为过往民众提供饮茶、小憩之所。茶屋多雇用年轻女子，但与风月场所不同，茶女穿着得体，形象清纯，广受男性特别是男性艺术家青睐。江户的笠森稻荷神社前有一所茶屋名叫“键屋”，铃木春信根据键屋老板女儿美人阿仙创作了一系列画作。笠森阿仙是明和年间（1764—1771）江户城最负盛名的三位民间女子之一。1769 年，18 岁的她令铃木春信魂牵梦萦。

另一位稍晚期，名气颇旺的画家喜多川歌麿（1753—1806）同样以美女和茶为题，他绘制了一幅名为《难波屋阿北》（彩图 19）的名画。图画主人公阿北是浅草寺内茶屋——难波屋的招牌茶女，也是日本宽政时期（1789—1800）最受欢迎的美人。[24] 从上述作品中可以感受到，江户幕府中后期，日本茶肆林立，以煎茶道为主，饮茶已经成为全民参与的日常行为。每位女孩手中的茶杯下都有像宋茶一样的盏托，茶具无不精致小巧，讨人喜欢。

“流水不腐、户枢不蠹”，江户时期饮茶行为的普及令茶文化深深扎根于日本民众心中，再不曾断绝。然而无论日本茶道如何演变、怎样传承，在经历了从荣西二次引入、珠光思想起始、利休道法沉淀、宗旦推广普及、“茶翁”另辟蹊径之后，它并没有丢失本来的味道。后世日本完整的“末茶道”需要先点“浓茶”，加“后炭”再点“薄茶”，在宋代的《禅规》中它被称为“茶礼”与“汤礼”。虽然后世各门派茶筅的模样不尽相同，但都在各自仪式中担

图 3-4　不同茶道门派的茶筅（图片由日本宇治丸久小山园提供）

负着灵魂作用（图 3-4）。尽管点茶道与煎茶道各自茶室的规制、陈设略有差异，但都凝结着那份永恒的孤寂与自然。不论日本幕府近七百年的历史演绎过何等世事无常，浇筑过多少市井风俗，令多少代茶人皓首穷经、多少位茶女容颜逝去，它能让珠光与其后茶人领悟茶道初心，并传承至今，令人欣慰。

注释：

［1］参见［日］桑田忠亲《茶道的历史》，汪平等译，南京大学出版社 2011 年版，第 52 页。今烧茶碗是当代日本乐烧茶碗的前身。“烧”在形容窑口时相当于中文的“窑”。

［2］参见［日］山上宗二《山上宗二记》，转引自［日］桑田忠亲《茶道的历史》，汪平等译，南京大学出版社 2011 年版，第 24 页。

［3］元代以前只有瓷石一种，称为“一元配方”。从元代开始，由于浅层瓷石与优质瓷石匮乏，深层瓷石或劣质瓷石又容易造成烧造变形，景德镇研发出加入适量高岭土的“二元配方”。这是中国瓷器史的重要变革，高岭土中含量 35% 的三氧化二铝拓宽了烧造温度，减少了烧造变形，为后世生产大件瓷器打下基础。参见故宫博物院武英殿展墙说明文字。

［4］Paul Atterbury general editor, *The History of PORCELAIN*, London: Orbis Publishing, 1982, p.35. “ The founder, Wang Kon, proclaimed his intention of establishing a cultural identity for Korea which would be removed from the influence of China. In fact, however, during the first period of the Koryo dynasty, until about 1100, Chinese influence continued to dominate Korean porcelain, with respect both to materials and to forms.”

［5］参见关涛、王玉新编著《日本陶瓷史》，辽宁画报出版社 2001 年版，第

61 页。

[6] 六大古窑：古濑户、常滑、信乐、越前、丹波、备前。信乐与备前曾在珠光的《心之文》中提到。

[7] 姜沆，朝鲜王朝中期官员，1597 年于日本第二次侵朝时被掳。在大约三年的俘虏生活中，他与日本儒学学者藤原惺窝深入交流，还根据日本国情、国土特征及各大名的情形完成了《看羊录》的创作。

[8] [日] 池上裕子:《织丰政权与江户幕府：战国时代》，何晓毅译，文汇出版社 2021 年版，第 326 页。

[9] 文禄二年（1593），毛利辉元归国，带回朝鲜李氏兄弟，开创萩烧。庆长三年（1598）岛津义弘归国，带回 18 姓 43 人，其中有陶工，开创了萨摩烧。参见关涛、王玉新编著《日本陶瓷史》，辽宁画报出版社 2001 年版，第 120、117 页。

[10] 参见关涛、王玉新编著《日本陶瓷史》，辽宁画报出版社 2001 年版，第 121—122 页。

[11] 参见 [日] 渡边世祐《早稻田大学日本史　卷八　安土桃山时代》，米彦军译，华文出版社 2020 年版，第 267 页。

[12] 参见 [日] 渡边世祐《早稻田大学日本史　卷八　安土桃山时代》，米彦军译，华文出版社 2020 年版，第 308 页。

[13] [日] 池田晃渊:《早稻田大学日本史　卷九　德川幕府时代（上）》，米彦军译，华文出版社 2020 年版，第 1 页。

[14] 参见 [日] 池田晃渊《早稻田大学日本史　卷九　德川幕府时代（上）》，米彦军译，华文出版社 2020 年版，第 74 页。

[15] 参见 [日] 桑田忠亲《茶道的历史》，汪平等译，南京大学出版社 2011 年版，第 77—78 页。

[16] 参见 [日] 桐浴邦夫《图解日式茶室设计》，林书娴译，台北易博士文化 2016 年版，第 232 页。

[17] 参见 [日] 桑田忠亲《茶道的历史》，汪平等译，南京大学出版社 2011 年版，第 95—96 页。

[18] 参见 [日] 栗田元次《日本近代史》，胡锡年译，正中书局 1947 年版，第 58 页。

[19] See G. Schlegel, "First introduction of tea into Holland", *T' oung Pao*, Second Series, Vol.1, No.5, 1900, p.469. "From the description of Japan by François Caron (Amsterdam 1648), who was chief of the Factory an Nagasaki from 1638—1641, it appears that the Japanese preserved their tea in jars which were hermetically pasted up. When wanting to drink tea, the Japanese ground it in a sort of mill resembling the dutch mustard-mills, threw about the point of a knife full of this dust into a stone cup, poured boiling water upon it and stirred it with a brush, till (the fluid) turned green, when they sipped it as hot as possible."

[20] 这可能是传播之初对文字误解所致。日本"煎茶"相当于炒青或蒸青工艺制作的绿茶散叶，饮用这种茶的方式被称为"煎茶道"。也就是说，日本"煎茶道"概念类似于中国的"泡茶法"，虽操作有差异，但都是冲泡同类型叶茶茶饮的方法。

[21] 参见［日］大槻幹郎《煎茶文化考：文人茶の系谱》，思文阁 2004 年版，第 39 页。

[22] 卢仝，唐代诗人、茶人，初唐四杰之一卢照邻之后。卢仝淡泊名利，刻苦文学，博览经史，工诗精文。可惜在 835 年死于甘露之变（见第二章"赴天下苍生"）。"通仙"与"清风"出自卢仝经典茶诗——《走笔谢孟谏议寄新茶》的经典段落："一碗喉吻润，两碗破孤闷。三碗搜枯肠，唯有文字五千卷。四碗发轻汗，平生不平事，尽向毛孔散。五碗肌骨清，六碗通仙灵。七碗吃不得也，唯觉两腋习习清风生。"参见高泽雄、黎安国、刘定乡编《古代茶诗名篇五百首》，湖北人民出版社 2014 年版，第 40 页。

[23] 参见［日］尼崎博正、麓和善、矢ヶ崎善太郎《庭と建筑の煎茶文化：近代數寄空門》，思文阁 2018 年版，第 101 页。

[24] 参见深圳市南山博物馆、李可染画院编《浮世绘　最日本的表情》，文物出版社 2020 年版，第 252 页。

第四章

大航海时代之后的茶版图

几乎是在茶文化经陆羽指点迷津，弘扬推广的同时，茶饮开始从唐帝国输出到与之毗邻的西南高原与西北旷野。随着常鲁将饮茶之风注入世界屋脊——西藏，居于今蒙古国、我国内蒙古、新疆地区的回鹘民族也加入饮茶的行列，他们驱赶着名马来到李唐境内，为的只是换回令人心动的茶。[1] 与此同时，大唐帝国在对茶征税并系统化管理之后，逐渐意识到它可以作为换取马匹的交易物，然而真正将“茶马互市”落实的朝代还是北宋。自那以后，茶在亚洲大陆从未停下它向西、向北拓展的脚步。

[1] 参见本书第二章“国小贡献大，命短影响长”。

向西向北，茶和天下
（1500，威尼斯）

随着赵匡胤在公元960年黄袍加身，赵宋代替柴周[1]成为新的中原之长，又一个缺少马匹的政权诞生。公元975年，“十国”中南唐沦陷，赵宋在接收南唐军民之余，也将世界全部茶产区悉数囊括。四年后，它又翦灭了十国硕果仅存的北汉，基本完成了疆域统一战争，但北方仍有契丹人频频来袭。就像今天许多国家需要购置军舰、战机一样，买马钱成了宋人必要的国防开支，似乎没有马，在与“镔铁”的碰撞中就全无胜算。[2]问题是刚刚稳定国内形势的宋政权并不太清楚要拿什么作为马的交易物。建国后的一百年，他们并未充分借鉴唐末、五代的历史经验，对龙团凤饼这些无用之物枉费心思，却没有在边销茶上做足功课。

为两宋保驾护航

宋代初期，朝廷在与邻邦交易马匹时是何等殚精竭虑，元代官修《宋史》用了一整卷才叙述清楚。最简单的方法就是用钱买，然而铜币熔炼后可以制作各种器物，这令当时决心武力扩张“收复幽云十六州"的北宋朝廷大为忧虑。太平兴国八年（983），已经有人意识到布帛与茶堪当大任[3]，但就贯彻执行来看，"以茶为交换物"显然没有得到执政团队的全力认可。除了不知道用什么交易马之外，宋人也不知道谁的马好，他们采取的策略是：来者不拒，有马就收。公元984年至989年，北宋边境线在原本河东、陕西、川陕三个买马区域的基础上又增加了两个，一共三十四处交易地点。在交易民族上同样不挑剔，除了当时还是敌人的契丹族之外，吐蕃、回纥、党项、藏才、白马、鼻家、保家、女真统统都是北宋交易的对象。[4]

公元第一个千年初，赵家王朝做了许多不同的尝试，比如自己养马。当然，这在诸如古埃及、古印度的政权中也曾试行过，终止的原因也都一样——气候不适合，钱越花越多，马越养越少，如果再加上管理不善的人祸，足可以掏空国库。另一个调整来自用于交换的物品，仁宗嘉祐元年（1056），宋人将希望寄托于绢帛，但绢帛的生产需要时间，每次购马都要花费大量此类丝织品，不足还要用税收来补充。[5]

多方尝试无果，宋人终于在建国120年后的神宗元丰四年（1081）想通了一个道理：自己认为的好产品并不一定能打动消费者，不论是银、绢、钱、钞都不是牧民的刚需。如此看，茶才是最适合的交换物。他们还认识到，茶马虽设有两司，但官方的卖茶、买马实际是一回事，茶马之事就此合并一处，也就有了后来的"茶马司"。[6]与此同时，两宋边销茶的主产区也相继敲定，以四川雅州（今雅安）为中心的川陕茶场蓬勃兴起。

其实，不论是西南的吐蕃、西北的西夏还是北方的辽国，他们的饮食结构基本一致，以腥膻的肉食和油腻的乳酪为主。对于人体来说，分解这样的食物对胃肠功能构成极大挑战，有助消化的饮品自然是首选。相对于金银、绸缎这些身外之物，健康、长寿更诱人。而对于宋人的绿茶来说，如果仅是经蒸青、揉捻、干燥制作，并不比如今的绿茶更助消化。今天，通过研究人们得知，要增强胃动力应该求助于黑茶，因为它的“后发酵”工艺会生成一些氧化酶与脂肪附着物，使人体难以辨别脂肪，从而拒绝将其悉数收纳。令人意外的是，北宋周边邻国所享用的茶可能正是此类还没有被命名的黑茶。

黑茶，需要先经杀青、揉捻、干燥制成绿茶，也可称其为“青毛茶”。“毛茶”指的是还需要继续加工，有点像日本碾茶——只是半成品，之后还需要继续加工成末茶。毛茶成品后则要进行“后发酵”。“后发酵”的定义为：鲜叶经高温杀青使酶失去活性后，由湿热环境所产微生物呼吸作用，转化茶叶内含成分的工艺。人为创造的湿热环境称为“渥堆”，生成的茶品即为“熟茶”；自然营造的湿热环境称为“陈放”，所产之茶即“生茶”[7]。正是因为宋人通过牛、马甚至是人力运输绿茶（图 4-1），在雨雪、风霜的原生态环境下经过数月长途跋涉，才为其转化成黑茶创造了纯天然湿热环境。因此，这些茶会比宋境内部的茶品更具助消化能力。

当然，茶只能为宋的和平局面续命，国运并不能通过几片叶子转变。金国崛起于中国东北的白山黑水之间，先是公元 1125 年断了辽的香火，又在 1127 年斩了北宋的国祚，但这并未使其停下向南征伐的脚步。12 世纪中期，当南宋反击的旌旗刚刚舒展之时，岳飞惨死、秦桧主和。1151 年，金国将自己的行政中心迁至今北

图 4-1　四川至康藏段由于地形太过陡峭，茶只能依靠人力脚夫搬运，每人平均负重三百斤。图片拍摄于 20 世纪

京，并在 1160 年与偏安一隅的南宋达成不平等“和解”，条件是：疆域分界线东起淮水、西至大散关；南宋向金国称臣；岁贡金银 25 万两、绢 25 万匹。[8]

此刻金国的版图较先前的契丹进一步南扩，甚至包含了湖北、河南、安徽、浙江等一些重要的茶产地。战事结束后，金国在边境开办茶交易市场（茶榷场），在获得充足的岁贡后，茶似乎是南国唯一值得交易的货品。当然，女真人并不想把马输入宋地，宋人只得另寻马主。同时期南国诗人陆游（1125—1210）道出了国家要找“西南夷”，也就是大理（云南）、西藏等地买马的苦楚。[9] 然而，金人设置榷场并不能解决全部问题，金地私茶贩卖问题很严重，这致使金世宗完颜雍在大定十六年（1176）建立了更加明确的赏罚政策。[10]

对茶政更大的改革举措来自世宗的继任者——金章宗完颜璟（1168—1208）。像北宋让自己人养马一样，章宗也想到让自己人种茶。承安四年（1199），他在自己国家的南方四地各设置了一家造茶坊，同时进一步严格茶法，以杜绝私下制茶贩卖的情况。怎奈事与愿违，金国的茶产量根本无法满足国民消耗，在这期间竟然出现用香椿叶冒充茶叶的荒唐事件。其后，茶叶造假问题愈演愈烈，最终导致章宗在自家茶园开辟的六年后，也就是金泰和五年（1205）下令废除。产销不行只能堵住购买欲望。次年，完颜璟下令只有七品以上官员才能喝茶，茶不得买卖也不能馈赠。章宗去世 15 年后，金国已是宣宗一朝。这一年能享用茶的人群进一步缩减——限五品以上官员，同样不得买卖、不许馈赠，若有人胆敢触犯，免不了 5 年的牢狱之灾。[11]

宋人虽然无奈地把领土留给了金国，但会种茶、制茶的匠人却早已死走逃亡，毕竟能想到南渡的不光有宋高宗，还有他父兄留下的北宋遗民。女真人像造不出汝瓷[12]一样，对茶的生产端也是一筹莫展。此外，即便金政府采用严刑峻法也无法杜绝茶走私，南国进献的岁贡又以茶资的形式流回本土，这种消耗大大阻碍了金国全盛时期，也就是世宗、章宗两朝南下的脚步。宣宗时，已经被蒙古军打得喘不过气的金政权还对征宋念念不忘。讽刺的是，此刻他们却要提防国内走私茶的人，因为很可能有人因为几斤茶便会泄露军情。[13]谁能想到，这枚小小的叶子却能如此守卫两宋，制衡它们的“天敌”。

波斯使者笔下的违禁品

随着宋在1279年落下帷幕，元世祖忽必烈以“大哉乾元”登陆九州。元朝应该是中国历史上最不愁马的王朝之一，这种“战争原动力”可以说是该王朝建立者老家的“土特产”。像辽国人将茶礼画在自家墓中一样，元代古墓中甚至有绘制点茶过程的壁画。由于元朝素有秘葬风俗，考古发现墓葬实属不易，带有壁画则更显文化价值，其中最难能可贵的还要数40年前发掘的元宝山古墓，墓葬壁画中有两幅茶道图。1号墓中壁画绘有茶桌，桌上有茶罐、执壶、茶筅、茶盏，桌旁站立的侍者正在碾茶粉。[14]（图4-2）

2号墓中茶图绘制的人物更多，内容更丰富。图中央长茶桌布

图4-2 研茶图（图片来自内蒙古赤峰博物馆）

图 4-3　元宝山 2 号墓中的《茶道图》生动再现了元代点茶场面

置得很讲究，不仅铺有桌布，茶罐、水壶（双耳瓶）、茶盏（盏下还有盏托）、茶盂等器具也是一应俱全。桌前有一个女子，左手持棍拨动炭火，右手执水壶，侧跪着在烧水。桌后三人，正在点茶、分茶。[15] 然而点茶器物却是一双筷子（茶箸），这件茶仪式的点睛之物没有第一幅专业。（图 4-3）

考古学家称发现茶道壁画的墓葬为元宝山古墓，属今天内蒙古赤峰市管辖。要知道在元版图中，这里属于非常深入的中央地带。当马不再稀缺，茶也失去了向更西、更北传播的动力。元代茶叶买卖为国家带来了巨大的财政收入，却在对外影响上战绩平平。1368年，明太祖皇帝朱元璋将马上民族送回了他们的草原祖庭。随后，蒙古人学习忍气吞声的宋人，在那里建立了北元。明朝建立后，用于交易的官茶还是主要在川地收获，后又加入陕西汉中茶区，而交易市场也回到了北方的秦州，没过几年又在更靠西的甘肃洮河与西宁分别添置茶马司。

朱元璋的茶法十分苛刻，当然也相当平等——朝廷统一掌管官茶，绝不允许私下带出国门，谁与外邦交易谁就涉嫌颠覆政府，需要用性命作为代价。如果关隘检察不彻底同样要处以极刑。民间存储茶不能超过一个月的用度。[16] 怎奈古今中外都不缺自恃家境雄厚而中饱私囊的人，朱元璋的女婿欧阳伦恰恰是他们中的一员，只不过他运气稍差。1397 年，当岳父得知女婿私自贩茶出境后，直接将他明正典刑。欧阳伦之所以铤而走险正是因为这其中利益巨大。

明代建立之初，一匹马最多时可以换 1800 斤茶，后来政府逐步摸索出茶马交易规则——上等马一匹给茶 120 斤，中等马换茶

70 斤，马驹换茶 50 斤。[17] 如果茶商选择金银钱财而不换马——特别是像欧阳伦那样可以经手大宗贸易之人——几年后便会富可敌国，而他们背后的政权则会因此失去拒敌于国门之外的先机。明前期对茶的管控极其严格，即使是在朱元璋去世，三代皇帝成祖朱棣在位期间，情况依旧如此。

当初在蒙古东方帝国溃败的同时，它的西方各汗国也处于瓦解之中。在中亚，比朱元璋小 8 岁的“跛子”帖木儿[18] 忙着建立自己的帝国。然而与朱元璋不同，帖木儿心目中的国土面积似乎永远没有止境，这与他妻子的祖先成吉思汗倒是有几分相像。1380 年，已经是花剌子模宗主的帖木儿攻入伊朗，七年后占领其全境，但这只是攻伐的开始。之后，帖木儿击金帐汗国、袭印度、攻叙利亚、伐奥斯曼帝国，用 20 年时间把自己打造成一台“杀戮机器”，最终在 1405 年东征明王朝的路上一命呜呼。[19] 帖木儿的突然离世让国家陷入争夺继承权的内战。4 年后，他的儿子沙哈鲁完成了平叛，并随即将父亲对外扩张的政策改为对内建设。

沙哈鲁在位期间，波斯地区的内政外交都表现得极为出色。1419 年，他更是派遣使团前往明王朝，以增进两国间互信。这次访问的全过程被沙哈鲁宫廷中优秀的史学家失哈不丁（Shihabu’d—Din）记录在案。波斯带队使节为宫廷画师盖耶速丁，他于 1419 年年底出发，一年后抵达明都北京，在京城生活半年后于 1421 年 5 月离开，次年 8 月底回归故里。[20] 出使过程中，明帝国的待客餐食给人留下深刻印象，美酒佳肴、禽鸟烧肉、蔬菜水果令使臣应接不暇，除此之外，果盘也很讲究，榛、枣、桃、去皮栗、柠檬，甚至还有醋泡过的蒜（腊八蒜）都盛在碟子中。[21]

但令人惊奇的是在这些记录中竟没有茶饮。

就在这次快乐的旅行临近尾声时，明都北京发生了一件大事。刚刚竣工没多久的皇宫在一场雷雨中触发火灾，奉天、华盖、谨身三大殿[22]被烧成一片焦土。作为皇城中的标志性建筑，尤其是受“天火”所焚，无疑对自称“天子”需要“奉天”的皇帝形象构成极大的负面影响。朱棣确实因此生病，令儿子出来代理朝政。访问使团正是在此种背景下动身离京。一个多月后，使团队伍行进至临近边境的城镇。官吏与贵人照例出城迎接。边检人员也例行查验行李，看看有没有人将违禁品夹带出中国，而唯一被波斯使者记录的违禁品就是“茶”。[23]当然，使臣情况特殊，最终未被搜检。正是由于此刻明政府对战略物质——茶的出口禁令，导致它没有更多向外拓展空间。然而，关于茶的故事却已深入中亚之地，在那里，它甚至乘风远播地中海。

伊斯法罕的神州茶馆

约公元1500年，波斯人哈吉·马哈迈德（Hagi Mahomed）将茶介绍给了一位威尼斯商人——拉姆希奥，而聆听者后来将那段谈话记了下来。有意思的是，波斯人此时仍将明王朝称为“契丹国”——就像日本此刻还称中国用具为“唐物”一样。拉姆希奥从哈吉那里听到的茶称作“Chiai Catai”，第一个单词是“茶”，第二个单词是“契丹”之意。据称，这种茶产自Cacianfu，当代学者分析它是“西安府”的音译，波斯人可能把其中一个物流地点误解为是茶产地。

哈吉夸赞茶的角度带有明显的商人色彩，着眼于用户体验。他说，（契丹）全国人都很珍视茶，用它的叶子——不论干还是鲜——煮水喝，空腹饮用可以治疗热病、头痛、胃痛、腰痛或是关节疼痛。热饮效果更好，能治疗数不清的疾病，但他只能记起痛风。如果有人吃多了、胃动力不足，只需喝少量茶就可以解决问题，每位旅者都可以携带，有备无患。在哈吉口中，契丹人坚信无论是威尼斯人、波斯人还是法兰克人，只要了解这种叶子一定会爱上它。[24]哈吉的言辞包含了推销一件商品最有力的卖点，但他没提半个“卖”字，波斯商人在给客人“种草”方面显然做过威尼斯商人的老师。

就在二位商人于地中海沿岸闲谈之际，亚洲最东端的明帝国却丝毫不敢怠慢，忙着营造它的茶马事业。此刻，用于交易马匹的官茶仍以巴蜀、汉中所产为主，然而随着陕西水土流失越发严重，川地独木难支。在川茶价格持续走高、边疆供不应求的被动形势下，茶商开始自发性“寻找”其他茶产地。在价格引导下，他们来到了湖南。安化县位于湖南省西北部地区，地形以山地、丘陵为主，水系发达、雨量充沛、四季分明，这些都是出产好茶的环境优势。虽然《明史》中只声明“湖南茶”，并未对具体县市做出标注，但安化保留至今的官茶园遗址可以佐证它辉煌的过往。

万历二十三年（1595），湖南茶第一次被历史提及，但形象并不光彩。由于湖南的茶叶品劣、价低，因此成为私茶贩卖的重灾区。源头的剧烈震荡带来了终端的强烈波动。“番族”以私茶品质低贱为由，拒绝向官方缴纳马匹。当边关愤怒的声音传入朝廷后，御史们给出了自己的观点与解决方案——为湖南商贩颁发官方“茶引”，并严查私茶、假茶。湖南茶存在价格优势，可以作为川、陕茶的差异化产品，两者并无内耗。此外，御史们还从口感上给出了湘茶边销的理由：汉中茶味道甘甜而淡薄，湖茶味道苦，对于伴酥酪为食的番人更为相宜。[25]

随着汉中茶叶产量持续下降，随着川茶仅能配给康藏地区，随着牧民展现出对湖南茶口感的偏爱，自明末开始，边销茶格局发生了天翻地覆的变化。湖南茶凭借口感占得先机，一跃成为“茶马道”新源头，但它的历史使命远不止于此。据荷尔斯泰因（Holstein）[26]驻波斯国王大使的秘书亚当·奥莱里厄斯（Adam Olearius）描述，1638年人们可以“在伊斯法罕发现三种客栈：酒馆（scire chane）——嫖客光顾的地方，咖啡馆（cahwa chane）——诗人、历史学家和说书人的聚会之所，神州茶馆（tsia chattai chane）——有良好声誉的人会去那里喝茶、吸烟、下棋”。[27]而他们的茶是通过乌兹别克商人从明帝国带来的。[28]正是由于湖南茶产能极大，才有边销茶流通西域的局面，才能使茶成为波斯第三帝国新都伊斯法罕的日常消耗品。

事实上同样在1638年，明人的茶已经到达更远的沙俄首都莫斯科，俄国此时正由罗曼诺夫王朝的缔造者、王朝首位沙皇米哈伊尔·费奥多罗维奇执掌，茶是蒙古送来的礼物。像所有初次接触茶饮的国度一样，俄国人也把它看作一种药品。[29]截至此刻，明茶的影响已远播中亚、东欧，但明王朝正处于朝不保夕的边缘，它用茶防住了蒙古，却敌不过白山黑水间的部落。明末清初的改朝换代断绝了南北交通。万幸的是，当清廷确立，社会重归稳定，湖南茶承继边销茶主力地位，继续发挥着它的能量，以湖南为源头的茶叶贸易线路持续服役到清代后期。

新局势，新挑战

1636 年，女真部落首领皇太极称帝，改国号为“清”。9 年后，他的后人经山海关入北京，终结了明王朝 276 年国祚。经顺治（1644—1661 年在位）与康熙（1662—1722 年在位）两代皇帝的征战，大清的版图疆域已经囊括了曾经的辽、宋之地，几乎可以和蒙元媲美。当雍正帝（1723—1735 年在位）接过前辈的基业，他适时地决定放弃大规模征战，大力发展经济。尽管雍正帝在位十三年便油尽灯枯——以令常人难以想象的“工作狂”状态完成了执政生涯，但雍正一朝的诸多政策却庇荫子孙。

对于茶产地影响最大的政策来自“改土归流”。当今世界重要的黑茶产区云南结束了元、明两朝由本地王爷（土司）世袭管理的局面，改为中央直属领导。农业规范化令滇民受益。雍正二年（1724），茶商与工匠大量涌入茶山，达数十万之众。雍正七年（1729），云南紧压茶已经可以作为贡茶发往京师。[30] 雍正十三年（1735），胤禛去世前彻底停止了官营茶马贸易。清廷此时辽阔的疆域已经将曾经的国家化为内部民族，与元朝无茶马互市的原因类似——单一民族仰仗的贸易形式，在民族大融合后会被更灵活的民间买卖取代——大清同样无须官方茶马交易。就在西南普洱茶区蓬勃建设的同时，外兴安岭也在大兴土木建一座小城。当然，它最初的建设者并不是清人。

1727 年年中，俄国士兵在中国边境一个新近被命名为“恰克图”的地点开辟城郭，一年后中俄《恰克图条约》签订。它更像当初康熙二十八年（1689）中俄《尼布楚条约》的延续与结果，俄国人曾在此条约中提出“用黄金和毛皮交换茶叶”[31]的需求，终于要在近40年后得偿所愿。清政府从建立阶段便完全无视对外贸易的潜能，恰克图是因俄国通商愿望而修建。条约签订后，俄国人很快明确了从首都圣彼得堡[32]到恰克图的路线，雅罗斯拉夫尔、大乌斯秋格、索利维切戈茨克、索利卡姆斯克、秋明、托博尔斯克、伊尔库茨克[33]，这些俄罗斯今日依然重要的远东枢纽都曾是沿途城市。

在恰克图城竣工两年后的1730年，当清廷看到贸易带来的实际效益后，才开始在它对面兴建能供中国商人旅居的买卖城。[34]尽管中国驼帮可以提供品种丰富的食品、酒类、丝绸，但最吸引俄国市场的似乎还是几类茶品。它们来自当代八个省份、十个地点，分别是：福建武夷山，安徽安庆、休宁、黄山，贵州关山，浙江自范山（音译），湖南安化，四川眉山，云南普洱[35]以及湖北羊楼洞。在这些产区的茶品中，来自两湖的砖茶更受西伯利亚原住民和中亚游牧民族喜爱；[36]武夷山白毫则更受俄国欧洲部分青睐。出乎大多数人意料，在俄、清茶贸易最鼎盛的19世纪40—90年代，白毫茶的交易量始终高于砖茶[37]，其他茶品需求量较低。

当然，今人不应过分夸大恰克图与买卖城的作用。陆上边城直到18世纪90年代都未发挥出它的全部实力，乾隆皇帝（1736—1795年在位）曾在他执政的18世纪中后期三度关闭买卖城，妄想用这种方法钳制万里之外的俄国，毕竟以茶治边是几百年来屡试不爽的黄金法则。然而，他这种靠想象“认识”世界的方法已经不适合18世纪的国际形势。此刻，几乎每一个地方政权——不论是亚洲、非洲、欧洲，还是美洲的——都希望在世界贸易体系中分得一杯羹，拒绝如此的可能只有大清皇帝和日本德川幕府将军。另外，清高宗也没有能力完全堵住茶进入俄国的渠道。19世纪前，在买卖城拒绝恰克图的大部分时间里，俄国选择和以英国为首的欧洲国家进行茶贸易，甚至直接从德国集贸市场采购[38]，只不过由于价格问题，这些茶只能算上层阶级的独享。

茶曾是中原地区服役时间最长的“防御系统”，戍边战士几年一轮换，它却保两宋、护明清，几百年坚守岗位。四川、湖南、云南、福建这些曾经的边销茶产地，甘肃、西藏、新疆这些历史悠久的边贸重镇，都在不同时期轮值过防御体系的核心工作。不论是茶工、脚夫、船工、商人都不是兵将，他们也许从没提过枪、上过阵，但他们却能以手中之茶保家国和平。在许多人看来，这也许并不是最直接、最勇武的做法，但也不失为最有温度、最具智慧的手段。

另外，随着18世纪开启的全球经济一体化，苍穹之下的战场也在实现一体化，海洋正在适应它的新角色——洲际战争补给线与战场。对于妄想锁紧大门便会国祚长久的清廷，需要提防的人不仅来自西北地区，更来自绵长的海岸线。其实，16世纪“到访”的葡萄牙舰艇与17世纪同荷兰人的军事摩擦已经为明王朝带来了不小的麻烦。然而，凭借冷兵器战败明军火铳的新政府没有看到获胜的本质，不信任明军配备的火器。更致命的是，它全然无视欧亚版图另一端飞速发展的坚船利炮，此种忽视正将茶的国度带入无尽的被动之中。

注释：

[1] 公元951年，郭威灭后汉，建立后周。954年郭威死，由养子柴荣即位。柴荣怀经天纬地之才，可惜在位6年驾崩。960年，后周殿前都点检——赵匡胤发动陈桥兵变，建立北宋，后周灭亡。这标志着五代时期结束，但“十国”还尚存南唐与北汉两方割据政权。

[2] “镔铁”在契丹语中，代表一种钢，能锻造出锋利的武器，这也是契丹人以此给自己命名的原因。事实证明，“马”并不是解决问题的唯一方法。986年宋太宗三路大军北伐并未给北宋带来和平，反而是1004年“澶渊之盟”的签订为国家带来了长治久安。而“澶渊之盟”的胜利来自将帅齐心与“三弓床弩”，并不是战马。

[3] 参见（元）脱脱、（元）阿鲁图《宋史》卷198《志第一百五十一·兵十二》，（台湾）中华书局2016年版，第八册，第4页。原文：“（太平兴国，宋太宗年号）八年，有司言戎人得钱，销铸为器，乃以布帛茶及他物易之。”

[4] 参见（元）脱脱、（元）阿鲁图《宋史》卷198《志第一百五十一·兵十二》，（台湾）中华书局2016年版，第4页。原文：“宋初，市马唯河东、陕西、川峡三路……至雍熙、端拱间，河东则……陕西则……河西则灵、绥、银、夏州，川峡则……京东则登州。”

[5] 参见（元）脱脱、（元）阿鲁图《宋史》卷198《志第一百五十一·兵十二》，（台湾）中华书局2016年版，第八册，第5页。原文：“嘉祐元年，诏三司出绢三万，市马于秦州以给河东军……京师岁支银四万两、细绢七万五千匹充马直，不足，以解盐钞并杂支钱给之。”

[6] 参见（元）脱脱、（元）阿鲁图《宋史》卷198《志第一百五十一·兵十二》，（台湾）中华书局2016年版，第14页。原文：“元丰……四年，群牧判官郭茂恂言：‘承诏议专以茶市马，以物帛市谷，而并茶马为一司……近岁事局既分，专用银绢、钱钞，非蕃部所欲。且茶马二者，事实相须。请如诏便。’奏可！”

[7] 因此，未经陈放的生茶并不是黑茶，而属于绿茶。生茶一定要陈放七八年以上，否则未完全氧化的醇类、醛类物质可能会导致滑肠。

[8] 参见吕思勉《中国通史》，中华书局 2015 年版，第 240 页。

[9] 参见（宋）陆游《龙眠画马》，载严修《陆游诗词》，中国国际广播出版社 2011 年版，第 103 页。原文："国家一从失西陲，年年买马西南夷。"

[10] 参见（元）脱脱主编，陆费达总勘《金史》卷 49《志第三十 · 食货四》，（台湾）中华书局 2016 年版，第二册，第 9 页。原文："茶，自宋人岁供之外，皆贸易于宋界之榷场。世宗大定十六年，以多私贩，乃更定香茶罪赏格。"

[11] 参见（元）脱脱主编，陆费达总勘《金史》卷 49《志第三十 · 食货四》，（台湾）中华书局 2016 年版，第 9—10 页。原文："四年三月，于淄、密、宁海、蔡州各置一坊，造新茶……五月，以山东人户造卖私茶，侵侔榷货，遂定比煎私矾例，罪徒二年……乃知山东、河北四路悉椿配于人……五年春，罢造茶之坊……六年……命七品以上官，其家方许食茶，仍不得卖及馈献……宣宗元光二年三月……乃制亲王，公主及见任五品以上官，素蓄者存之，禁不得卖、馈余人并禁之。犯者徒五年，告者赏宝泉一万贯。"

[12] 窑址位于今天河南省平顶山市宝丰县大营镇清凉寺村，北宋属汝州管辖，此地窑口为徽宗烧造的瓷器称为"汝瓷"，汝瓷为北宋艺术之冠。1127 年以后，汝州归入金国版图，1271 年属元。

[13] 参见（元）脱脱主编，陆费达总勘《金史》卷 49《志第三十 · 食货四》，（台湾）中华书局 2016 年版，第 10 页。原文："自昔商贾以金帛易之，是徒耗也……兵兴以来，复举行之，然犯者不少衰，而边民又窥利，越境私易，恐因泄军情。"

[14] 参见刘冰主编《赤峰博物馆文物典藏》，远方出版社 2006 年版，第 219 页。内蒙古赤峰元宝山元代古墓壁画，发现于 1982 年。图 4-2 出处相同。

[15] 参见裘纪平《中国茶画》，浙江摄影出版社 2014 年版，第 62 页。图 4-3 出处相同。

[16] 参见佚名《茶史》，载朱自振、沈冬梅、增勤编著《中国古代茶书集成》，上海文化出版社 2010 年版，第 864 页。上段最后出处相同。

[17] 参见（清）张廷玉，陆费达总勘《明史》卷 80《志五十六 · 食货四》，

（台湾）中华书局 2016 年版，第 11 页。

[18] 帖木儿（1336—1405），出身突厥化的蒙古贵族。早年臣属于东察合台汗国。1370 年夺得西察合台汗国政权，建立帖木儿帝国，定都巴里黑。后迁都撒马尔罕，改称“苏丹”。

[19] 参见［英］伯纳德·路易斯《中东两千年》，郑之书译，国际文化出版公司 2017 年版，第 98 页。

[20] 参见何高济译《海屯行纪　鄂多立克东游录　沙哈鲁遣使中国记》，中华书局 2002 年版，第 109 页。

[21] 参见何高济译《海屯行纪　鄂多立克东游录　沙哈鲁遣使中国记》，中华书局 2002 年版，第 116 页。

[22] 也就是今天故宫博物院中太和、中和、保和三大殿的前身。清顺治帝本着以和为贵的精神为它们设了新名字。

[23] 参见何高济译《海屯行纪　鄂多立克东游录　沙哈鲁遣使中国记》，中华书局 2002 年版，第 142—143 页。

[24] 参见［英］裕尔撰，［法］考迪埃修订《东域纪程录丛：古代中国闻见录》，张绪山译，中华书局 2008 年版，第 254 页。

[25] 参见（清）张廷玉，陆费达总勘《明史》卷 80《志五十六·食货四》，台湾中华书局 2016 年版，第 14 页。

[26] 如今是德国的一个州，北邻丹麦。历史上 Holstein 这个名字包括更大的区域。

[27] Victor H. Mair & Erling Hoh., *The true history of tea*, Thames & Hudson, 2009, p.155. “The three types of taverns found in Isfahan: scire chane（‘wine taverns’）, where the whoremongers went; cahwa chane（‘coffee taverns’）, where the poets, historians, and storytellers went; and tsia chattai chane（‘Cathay tea taverns’）, where persons of good repute went to drink tea, smoke tobacco, and play chess.”

[28] Subodh Kapoor, *The Indian encyclopaedia*, COSMO Publications, 2002, p.6984. “Olearius io（作者注：应该是 in）1638 found it in use among the Persians, who obtained the leaves from China through

the medium of the Uzbek traders."

[29] 参见［俄］伊万·索科洛夫编著《俄罗斯的中国茶时代：1790—1919年俄罗斯茶叶和茶叶贸易》，黄敬东译，李皖译校，武汉出版社2016年版，第9页。

[30] 参见木霁弘《茶马古道文化遗产线路》，云南大学出版社2020年版，第80—81页。

[31] ［美］斯塔夫里阿诺斯：《全球通史——从史前史到21世纪》（下册），吴象婴等译，北京大学出版社2016年版，第447页。

[32] 1712年彼得一世迁都到彼得堡，一直到1918年的200多年间，此处都是俄罗斯文化、政治、经济中心，而后改名彼得格勒、圣彼得堡。

[33] 参见米镇波《清代中俄恰克图边境贸易》，南开大学出版社2003年版，第15页。

[34] 参见米镇波《清代中俄恰克图边境贸易》，南开大学出版社2003年版，第87页。

[35] 参见米镇波《清代中俄恰克图边境贸易》，南开大学出版社2003年版，第32—33页。

[36] 参见［俄］伊万·索科洛夫编著《俄罗斯的中国茶时代：1790—1919年俄罗斯茶叶和茶叶贸易》，黄敬东译，李皖译校，武汉出版社2016年版，第26页。

[37] 参见［俄］伊万·索科洛夫编著《俄罗斯的中国茶时代：1790—1919年俄罗斯茶叶和茶叶贸易》，黄敬东译，李皖译校，武汉出版社2016年版，第15页。

[38] 参见［俄］伊万·索科洛夫编著《俄罗斯的中国茶时代：1790—1919年俄罗斯茶叶和茶叶贸易》，黄敬东译，李皖译校，武汉出版社2016年版，第11页。

过于“马车夫”
（1602，荷兰）

16 世纪以前，茶以中国为原点，向东覆盖朝鲜、日本；向西辐射突厥斯坦与波斯之地；向北穿越草原；向南影响越南。然而上述传播受陆地地形与运输强度的制约，尽管为方便黑茶运输，安化地区采用更大的紧压篾篓茶、设计更科学的百两茶、千两茶[1]，但仍旧无法扭转运输效率低、成本高的局面。随着 15 世纪末葡萄牙与西班牙引领人类进入“海洋时代”，上述原始运输方式即将终结。

公元 1498 年，葡萄牙航海家瓦斯科 · 达 · 伽马率领他的舰队横跨印度洋，登陆印度西海岸卡利卡特，欧罗巴与婆罗多第一次通过海洋纽带直接连通。在此后一个世纪中，西方国家大多是通过葡萄牙的描述认识东方，也以它的拼写命名众多东方物品。例如之后对西北欧，特别是英国影响深远的“印度棉”(calico)，就是借达 · 伽马之口传入欧洲，字面意思为“卡利卡特的布”。葡萄牙人在 16 世纪初来到中国明王朝海岸，他们选择的落脚点在今天的澳门。澳门人讲粤语，对“茶”的发音与普通话相同，同为“Cha”。葡萄牙本有机会将这个读音输入欧洲，然而它在之后的一百年间对茶的传播鲜有建树，以至于成为整个西北欧唯一一个称此类叶饮为

"cha"的国家，其他地区则师从之后到访的另一个国家，吸纳了茶在中国的方言发音。

"海上马车夫"的敌手

当历史的卷轴展开17世纪的篇章时，它迎来了两个对茶影响深远的事件。首先，英国东印度公司——后来的世界茶叶寡头——在1600年收到伊丽莎白一世女皇颁发的皇家特许状，建立了一个合法管理、垄断印度殖民地治理权的贸易公司，这也开启了它与印度人民200多年的恩怨纠葛。其次，两年后的1602年，荷兰七个联合省元首为重组在亚洲新兴的海外贸易，颁布了一份带有独享性质的宪章。在宪章下，荷兰和泽兰（Zeeland）沿海省份分布在六个不同城市的东印度公司合并为一家，是为"荷兰东印度公司"。[2]就此，欧洲乃至后来美洲的茶贸易被这两家东印度公司轮流主宰。

简而言之，上述两家公司几乎瓜分了17世纪初至19世纪中叶这250年的世界茶市场。根据它们交替领衔的节奏，可以将这250年分为三个阶段。"起始阶段"是17世纪这100年，荷兰东印度公司独自品尝茶贸易带来的甜头。但由于该世纪末英、法包夹，荷兰逐渐让出了军事地位，也就随之让出了经济地位，18世纪这100年，两公司在茶领域步入"僵持阶段"。最终在18世纪末，荷兰完全丧失制海权，它的东印度公司不久宣告破产，英国东印度公司也进入"衰退阶段"，看似独享海洋与茶贸易五十几年，实则行将就木，正在被英国政府逐步瓦解、取代。因此，要展示世界茶格局起初的风采，还要从荷兰说起。

1604年，荷兰处于在华贸易的萌发阶段，即便它已经撼动西班牙、葡萄牙的海洋霸主地位，成为纵横洋面的“海上马车夫”，但要想叩开明王朝闭塞的贸易之门也绝非易事。在通商上碰了一鼻子灰的他们决定武力进攻澎湖列岛，为自己在明朝海岸线上打出一片根据地。虽然此时明军军备废弛、孱弱不堪，但凭借主场优势，没费多大力气就将荷兰人驱逐。同年，与澎湖一海之隔的福建南安降生了一名男婴，他的名字叫郑芝龙。郑氏家族与荷兰的中国南海之争就此拉开序幕。

公元1606年前后，第一批茶叶被运到荷兰本土。[3] 尽管此前茶很可能已经被葡萄牙人带离东方，但它作为商品被出口到欧洲西北部，这应该是第一次，茶也就此开启了直通欧洲的海上商贸之门。荷兰在东亚的第一个贸易伙伴国并非大明，而是日本。尽管江户幕府自1603年建立起就决心闭关锁国，但它还需要解决一些棘手问题。由于上一任掌权者丰臣秀吉对朝鲜发动了一系列军事行动，其间更是与前来救援朝鲜的明帝国撕破脸皮。即便在秀吉兵败去世之后，夺过帅位、建立幕府的德川家康也无法在短时间内改善僵硬的中日海域局势，他急需一位贸易中间人。荷兰船只的出现无疑起到了缓冲作用。

荷兰人被德川幕府接受的另一个原因则更加直接——他们更符合商人的定义，不像早前登陆的葡萄牙人那样，执着于宗教先行。[4] 荷兰东印度公司的船只于1609年驶入日本平户港。德川家康允许他们在此处设立商馆。虽然荷兰人立馆的真正目的是扩大军事基地，以便与葡萄牙人、西班牙人、英国人争夺对东南亚的控制权，兼顾五年前未能实现的军事目标——侵占明帝国澎湖列岛，但该公司的商船还是于次年完成了贸易行为，将少量茶贩回国内。[5]

1622 年，不甘心对华策略失败的荷兰人卷土重来，这一次他们瞄准了葡萄牙人客居的澳门。这背后的原因并不难理解，葡方在 16 世纪 80 年代至 17 世纪 30 年代陷入内乱，并暂时被西班牙吞并，1622 年时，它根本不具备与荷兰在远东一战的资本。所幸客人背后还有主人。荷兰人受到了明军再次打击，暂时盘踞在澎湖列岛。[6] 这一年，荷兰人后来在东亚海、陆的主要竞争对手郑芝龙已经成年。说来也巧，他成长的高光时刻与荷兰在华贸易的重要时期高度吻合。

就在荷兰于东亚洋面创业之时，郑芝龙也在同一片海域求生存，他幼年辗转于香港，并去过中国澳门以及日本，也因此学会了日语、西班牙语、葡萄牙语。[7] 步入青年，郑芝龙在日本平户港与荷兰人做生意时结识了自己日后的日本妻子。1624 年，郑芝龙之妻为他诞下了长子，取名郑森。同年，荷兰方面也有斩获，尽管再一次尝试占据澎湖失败，但轮番进攻终于为它换来了“乔迁之喜”，此刻已没人能阻拦它的货船停靠在台湾海岸。

由于荷兰人进军澳门失败，也就导致他们没有机会熟悉茶叶“Cha”的官方发音。当以台湾为落脚点同福建人互通有无后，闽南人对茶“Tey”的方言语调成为荷兰人获取茶信息的媒介。“海上马车夫”没有辜负它的名号，他们选择主动向欧洲西北部输送茶叶，并将其拼写为“Thee”。在向欧洲各国传授如何饮茶的同时，荷兰也将以“Te”为音调基础的新词汇注入对方的语言中。[8]1637 年年初，随着茶饮列席各个场合频次的增加，荷兰政府在致信本国印度总督理事会时，已经建议他们船运一些中国与日本的罐装茶叶。[9]

与茶的顺利传播相形见绌，此刻荷兰人在中国南海的商贸航线并不通畅，他们遇到了前所未有的竞争对手。此人比荷兰过去的敌人——西班牙、葡萄牙更有朝气，更具杀伤力，对它的软肋知根知底，且是主场作战。1627 年，明朝末代皇帝崇祯帝即位，此时郑芝龙 24 岁。次年，朝廷便将郑芝龙收编，官拜副总兵，很快他就成为明末中国沿海抵御荷兰的生力军。[10]

郑芝龙在发展海洋贸易、打击荷兰船只与争夺台湾经营权三棋并举的策略下度过了在明朝最后的 17 年，这三点处处都打在荷方的“七寸”上。1644 年，崇祯皇帝吊死煤山，清军入关，郑芝龙并未立即投降，他选择于次年拥立明唐王为帝。也就是在这一年，南明新君赐郑芝龙长子国姓——朱，名“成功”。[11] 赐姓名后不久，这位新君在逃亡中被擒，并最终绝食殒命。郑芝龙闻讯降清，但他并未缴械，而是留下自己的儿子继续抵抗，同时留下的还有他苦心经营的船队、航线以及大后方——台湾。

棋输一着

1656 年对荷兰东印度公司在华贸易有极其特殊的意义，这一年它的特使在紫禁城见到了清顺治帝。使团管家根据自己在中国的见闻绘制了一本插画游记。[12] 书籍封面上，左手抚摸着耶稣会传教士赠送大地球仪的顺治帝正襟危坐，俨然一副世界主人的容貌（图 4-4）。就是这次觐见让荷兰东印度公司与中国的新朝廷建立起直接联络，而联络的效益立竿见影。即便郑成功在 1662 年收复了台湾，荷兰人也能欣然接受，他们的对华贸易已畅通无阻，茶叶正

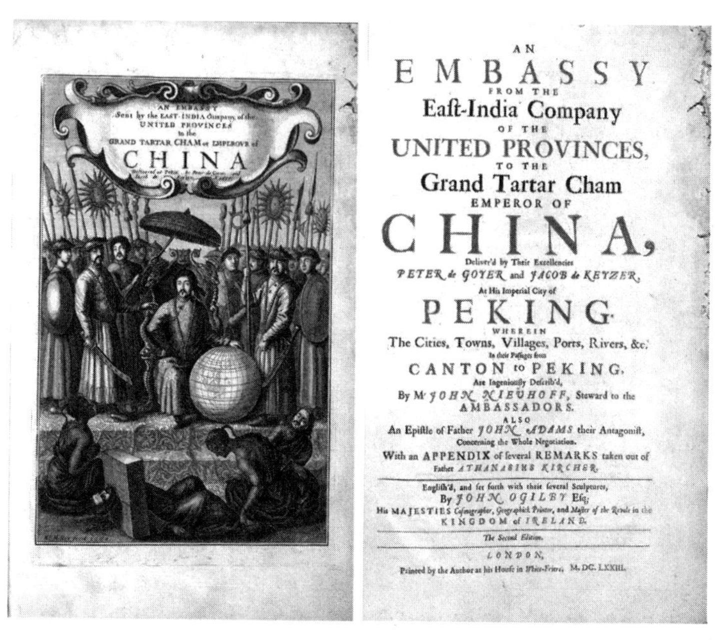
AN
EMBASSY
FROM THE
Eaſt-India Company
OF THE
UNITED PROVINCES,
TO THE
Grand Tartar Cham
EMPEROR OF
CHINA,
Deliver'd by Their Excellencies
PETER de GOYER and JACOB de KEYZER,
At His Imperial City of
PEKING.
WHEREIN
The Cities, Towns, Villages, Ports, Rivers, &c.
In their Paſſages from
CANTON to PEKING,
Are Ingeniouſly Deſcrib'd,
By Mr JOHN NIEUHOFF, Steward to the
AMBASSADORS.
ALSO
An Epiſtle of Father JOHN ADAMS their Antagoniſt,
Concerning the Whole Negotiation.
With an APPENDIX of ſeveral REMARKS taken out of
Father ATHANASIUS KIRCHER.
Engliſh'd, and ſet forth with their ſeveral Sculptures,
By JOHN OGILBY Eſq;
His MAJESTIES Coſmographer, Geographick Printer, and Maſter of the Revels in the
KINGDOM of IRELAND.
The Second Edition.
LONDON,
Printed by the Author at his Houſe in White-Friers, M. DC. LXXIII.

图 4-4　荷兰人画笔下的大清开国皇帝——顺治

被源源不断地送到荷兰在东南亚的中转站——巴达维亚。[13]

当然，最初促使欧洲人寻味东方的并不是茶叶，而是香料。17 世纪第二个十年，荷兰曾动用一系列武力手段将英国势力逐出印度尼西亚东部的“香料群岛”，变当地土著居民为奴隶。“香料群岛”包含三部分，分别是：当时全球丁香作物的唯一产地——马鲁古群岛，绝大多数豆蔻产地——班达群岛和位于二者之间的安汶岛。也就是说掌控了香料群岛，也就把握住了全球香料市场跳动的脉搏。尽管茶叶采购几乎贯穿整个 17 世纪由荷兰绝对主导的中欧贸易，但在这个世纪大部分时间里，荷兰人在亚洲的工作重心在于巩固自己的香料垄断地位，为数不多的中国出口货品也集中在丝绸、黄金和瓷器上。

从18世纪初开始，随着欧洲消费者饮茶习惯的养成，茶饮在欧洲人日常生活中逐渐变得不可或缺[14]，茶叶随之在投资者——各国东印度公司首脑——面前脱颖而出。这一点体现在阿姆斯特丹商会的销售数据上。

整个17世纪初，亚洲商品销售百分比前三名永远是“香料”“胡椒”以及“丝绸与棉”，占全部销售量的八成甚至更高。而茶即便在此世纪末也基本处于可忽略的状态，和咖啡一起才凑出4.1%。然而，18世纪初情况发生了巨大的改变。在前40年中，除了“糖”和“茶与咖啡”这两个品类，其他货物的进口比重均在缩水。茶类目更是惊人地暴涨到了24.92%，总量仅次于“丝绸与棉”的28.27%。[15]

18世纪，荷兰东印度公司与英国东印度公司的制海权竞争进入白热化。尽管在该世纪，特别是1750年后，不列颠人在对清贸易中无孔不入，致使荷兰公司丧失了原先的垄断地位[16]，但它却对中国茶叶越来越专注。为了确保高效的茶叶周转，1729年，公司首脑决定不再通过巴达维亚，而是直接管理与广东的贸易事宜。1735年，通过之前五年的实验结果，公司再次改变策略——任命印度总督和印度群岛理事会在巴达维亚指导贸易。如是操作了20年后公司还不满意，专门成立了所谓的“中国委员会”，由该部门直接负责茶采购。荷兰频繁变更茶法并非心血来潮，相反，那些都是反复揣摩后的决定，如此煞费苦心的原因很简单——此时茶在荷兰货舱中的占比为其全部中国货物购买量的70%。[17]

荷兰东印度公司作为欧洲茶贸易的探索者与实践者，尽其所能在 200 年间完善每一个供应链环节，即便在政治局面不利的情况下仍求索前行。然而，有一点它始终没做好——在贸易闭环中，荷兰老板们已经挣得盆满钵满却没花多少心思培养本土市场，他们掌握了生意的上游，却将下游完全放任给他人。茶距离荷兰公众的利益较远，任何事情在脱离群众后都会缺乏动力。也许他们是因为太执着于将茶运到欧洲，反而逐渐忽略了售卖的最终目的，这似乎有点过于符合“马车夫”的定义了。如果掺杂一些玄学，可以说荷兰东印度公司比晚它 100 年起步茶贸易的英国东印度公司缺少些许运气。无论如何，就把握市场而言，它显然没有它的继任者敏锐。

注释：

[1] “百两”“千两”都是根据明代的古称，它们都是茶柱形，容易悬挂在骡、马身体两侧。制作茶柱需要先用竹条编制周长半米多、高一米六的篾篓，然后以棕叶为内衬。紧压时，将未完全烘干的茶叶填充其中，反复压实排除空气、水分，并加以风干。如此做除方便悬挂外还有三点好处：首先，紧压后的茶柱密度大，极其有效地利用空间并减少行进中的阻力。其次，竹制外壁韧性强且可实现通风、防止茶变质。最后，棕叶内壁完全包裹茶柱，防止水分的渗入，确保茶洁净。每一个“千两茶”的净重为 36.25 千克，相当于将足足 100 多张现代标准的普洱茶饼（每张重 357 克）集合在一起。

[2] Yong Liu, *The Dutch East India Company's tea trade with China, 1757—1781*, Brill Leiden Boston, 2007, p.2.

[3] 参见[英]罗伊·莫克塞姆《茶：嗜好、开拓与帝国》，毕小青译，生活·读书·新知三联书店2015年版，第16页。

[4] 参见[日]羽田正《东印度公司与亚洲之海》，毕世鸿、李秋艳译，北京日报出版社2020年版，第114—117页。

[5] 参见[日]羽田正《东印度公司与亚洲之海》，毕世鸿、李秋艳译，北京日报出版社2020年版，第118、228页。

[6] 参见萧一山《清代通史》卷2，商务印书馆2019年版，第522页。

[7] 参见夏蓓蓓《郑芝龙：十七世纪的闽海巨商》，《学术月刊》2002年第4期。

[8] 西北欧各国对茶的拼写：挪威语tea，丹麦语te，瑞典语te，芬兰语tee，冰岛语te，法语thé，德语tee，匈牙利语tea，爱沙尼亚语tee，意大利语tè，西班牙语té。

[9] G. Schlegel, "First introduction of tea into Holland", *T' oung Pao*, Second Series, Vol.1, No.5, 1900, pp.468—469. "A letter written by the 17 directors of the E.I. Company to the Governor—General in council of Netherlands—India, dated January 2, 1637, it is said: As the tea begins to come into use with some people, we expect some jars of Chinese as well as Japanese tea with all ships."

[10] 参见（清）温睿临、李瑶《南疆绎史·绎史摭遗卷二》，台北大通书局1987年版，第440、442页。

[11] 参见（清）温睿临、李瑶《南疆绎史·南疆绎史勘本卷三》，台北大通书局1987年版，第37页。

[12] 作者：Johan Nieuhof，书名：Die Gesantschaft der Ost—Indischen Geselschaft in den Vereinigten Niederländern/an den Tartarischen Cham/und nunmehr auch Sinischen Keiser，中文翻译为：《荷使初访中国记》或《荷兰东印度公司派遣使节谒见鞑靼、中国的皇帝》。

[13] See D.W. Davies, *A primer of Dutch Seventeenth Century Overseas Trade*, Martinus Hijhoff, The Hague, 1961, p.69. 巴达维亚是今天印尼首都雅加达在荷兰统治时期的称呼。

[14] See Yong Liu, *The Dutch East India Company's tea trade with*

China, 1757—1781, Brill Leiden Boston, 2007, p.2.

[15] 该段全部数据来自：Kristof Glamann, *Dutch—Asiatic trade 1620—1740*, Martinus Nijhoff The Hague, 1958, p.14。

[16] C.J.A.Jörg, *Porcelain and the Dutch China trade*, Martinus Nijhoff The Hague, 1982, p.32. "Moreover, the Company had no monopoly on the goods it took to China. The English were, as part of the 'country trade', carrying ever larger amounts of merchandise from India and Further India to Canton, including pepper, tin and copper, and this constituted formidable competition for the Dutch."

[17] Yong Liu, *The Dutch East India Company's tea trade with China, 1757—1781*, Brill Leiden Boston, 2007, p.3.

经典营销案例
（1730，英国）

17 世纪中叶，茶饮于同一时期由荷兰传入英、法，却在此后形成了两种截然不同的形势。尽管咖啡较茶晚十几年进入法国，但它成为日后主导该国的非酒精饮品。相反，不列颠人对茶格外着迷。当然，要将这种着迷变为专宠还需要一段时间、一些机缘。尽管英国国会在 1660 年为茶这种新近问世的商品规定了税率，但在此后的一段时期内，它仍旧处于与英国民众日常生活几乎不相干的平行空间。

直到 1668 年英国东印度公司才开始意识到茶的商业潜力，它向英国政府申请，并获得了进口茶的特许。[1] 同年，公司有史以来第一次将 100 磅中国茶列入货物清单。1684 年，在英国被荷兰逐出爪哇岛之后，它的东印度公司才开始长期订购茶。[2] 而真正规律性与中国广东进行茶贸易，还要等到 30 年后的 1710 年以后。[3] 令人意外的是，在随后不到 30 年的时间里，茶在英国供不应求的程度就需要靠走私、抢夺来满足。以后知后觉的眼光看，除了与生俱来对味蕾的吸引之外，茶在英国迅速蹿红还和一连串社会事件有关。

皇室宠爱接力赛

茶与英国的良缘的确起源自一段婚姻，只不过那是一条多少缺失了爱情的红线——起始并不美满，结局更显惨淡。公元1662年，一位对宫外世界与摆脱束缚充满期待的公主被架上了政治天平，她就是葡萄牙公主——布拉干萨的凯瑟琳（或布拉甘萨的卡塔里娜，Catarina de Bragança，1638—1705）。天平一边是她那精力充沛、野心勃勃的母亲——路易莎·德·古斯曼（Luísa Francisca de Gusmão），葡萄牙王国的统治者；另一边是刚刚复辟、只盯着嫁妆而不关心自己娶了谁的未来丈夫——英格兰斯图亚特王朝查尔斯二世（Charles II）。在利益双方对这桩政治联姻的筹码满意时，凯瑟琳终身既定。

然而从这位新君“快乐王”（Merrie Monarch）的绰号中就可一窥他对家庭的态度。与他那位长在深闺、对忠贞的爱情与美好的婚姻充满孩子般憧憬的未婚妻相比，他可谓油腻的情场老手，且从不介意让自己糜烂的宫闱生活成为社会热点。在经过漫长的航行与暴风雨的洗礼之后，护送凯瑟琳的舰队进入英国海军诞生地——朴茨茅斯港，这令整个伦敦都进入沸腾状态，市民奔走相告、家家灯火通明。一下船，公主就拿起笔给自己的未婚夫写了一封信。而此时，她的未婚夫正与自己的情人卡斯尔梅恩夫人共进晚餐，新娘的到来并未打扰他放荡的雅兴，5天后他才去见那位可怜的葡萄牙姑娘。[4]

除了一少部分对凯瑟琳真实相貌的好奇之外，新郎绝大部分心思都系在未婚妻的嫁妆上。那里面包括两座军事重镇，一处是位于摩洛哥的丹吉尔港，另一处则是印度孟买——日后大英“茶叶帝

图 4-5　2016 年，葡萄牙为纪念凯瑟琳 · 布拉干萨对茶叶传播的贡献而发行的纪念币

国”的起始点。当然，眼下它们也不是不列颠君王的心仪之物。葡萄牙方面给出的 50 万英镑“现金奖励”大概是这桩婚事对男主最大的诱惑。不幸的是，由于一些原因，葡方的钱袋子里只兑现承诺数量一半的钱款，另一些则由货物支付。除此之外，嫁妆中还有一件杂物——在国王或绝大多数英国人看来都无足轻重，更可能是闻所未闻——即将改变这个国家乃至整个世界的历史走向，它就是茶。

在那些没有夫君陪伴的日子里，茶大概是凯瑟琳王后最忠实的聆听者（图 4-5）。难怪 1685 年，也就是查尔斯二世去世的同年，英国东印度公司会在写给东方的信中特意预言茶的前景，并声明需要茶作为宫廷高官馈赠之用。[5] 在这之后不久，凯瑟琳王后就不是英国皇室唯一的饮茶者。痛心的是，新来的饮茶者并非出于传承，更像是一种交接。

1688 年，英国迎来“光荣革命”，此时的凯瑟琳已经寡居三年。革命以荷兰执政威廉的“无流血胜利”告终。自此，威廉三世与他的夫人玛丽二世（1689—1694 年在位）入主汉普顿宫，成为共同主政的英国新君。他们二人的到来预示着凯瑟琳的旅英生涯结束，她终于可以在 26 年后回归故里。不知道这种接替对于凯瑟琳来说是悲是喜，但显然令新人玛丽二世春风得意。这位在凯瑟琳出嫁年份出生的英伦新主，选择用巴洛克风格布置自己的新家，皇室中许多古老的装饰与习惯就此改变，为数不多未被摒弃的行为就有饮茶。

玛丽二世的喝茶习惯早年在荷兰生活时就已养成，从某种意义上讲，她延续了凯瑟琳在伦敦宫廷中未竟的“茶饮推广事业”。18 世纪初，玛丽二世的妹妹——安妮女王（1702—1714 年在位）接管英国。同时，她接过了两位前辈的“茶壶”，饮茶风气在英国社会广泛兴起同样受到了她的影响。[6] 在 1662 年之后的半个多世纪中，英国皇室接力赛般树立皇家饮茶形象。这种源源不断来自最高权力阶层的影响，无疑为当时仍旧神秘的东方树叶点亮贵族光环。与此同时，英国民间也在以自己的方式助茶一臂之力。

掌握各自的客群

17 世纪欧洲的药店中出售茶并不是什么新鲜事，阿姆斯特丹人在开发茶叶的商业价值时就是由宣传其药用功效入手。1679 年，外号“好茶医生”的荷兰内科大夫 C. 德克尔（Cornelis Decker）就曾建议大众每天喝 8 至 10 杯茶，并“以身作则”创下一天喝 200 杯茶的纪录。[7] 当这种饮品摆上药剂师的货架，尽管饱受争议，却也价格高昂，此种僵局直到 18 世纪初才有所改变。[8] 茶在英国被销售商如法炮制，除了可以在咖啡店找到，也出现在药铺。同样被承袭的还有人们习惯性的评头论足。

英国人热衷于评价这种新近走出皇宫的叶饮，与荷兰“前辈”的情况相同，许多医生与社会学者称赞茶是无所不能的仙草——对五脏六腑、精神心智均有益处，且治疗各种急性、慢性疾病。当然，在大多数积极的回应中，也充斥着部分怀疑，有些人坚称茶是会令人丧失英武的毒物。[9] 这一正一反两方频繁过招，在今天看来无疑是对某一事物（或某一公众人物）最好的炒作——无论评价是否真实可靠，只要能不断跻身公众视野，总会赢得越来越多的关注。茶就这样在 17 世纪末、18 世纪初上传到英国民众的认知中。通过比较 1720 年与 1730 年英国、荷兰的茶叶进货数据，人们可以对上述观点加以证明，同时还能得出一些有意思的结论。

首先，十年内两国茶叶年均进口量都在增加，英国由 337 万磅增加到 421 万磅，荷兰则由 95 万磅陡增到超越英国的 427 万磅。英国在 1720 年的茶叶需求量远大于荷兰，这其中绿茶的贡献为四成、红茶六成。十年后，英国对红茶的进口几乎没有变，但对绿茶仍在增加，甚至还曾准备垄断中国外贸市场所有绿茶[10]，这导致两类茶的进口比例趋于平衡。反观荷兰数据，采购方向出现了战略性改变。1720 年时绿茶进货量占比还有六成，十年后却仅剩不到一成半。85% 比例的红茶中，基本款“bohea”更是高达 78.4%。[11] 此后这种风气愈演愈烈，1742 年后绿茶的占比通常连一成半都无法满足，1756 年更是出现未进口任何品类绿茶的情况。[12] 导致此种趋势的原因恰恰是英国民众正在迅速加入饮茶行列。

所有英国官方，也就是通过英国东印度公司进口的茶品出售前都需要上重税，这个祸根早在1660年英国为茶草率建立税法时就已埋下。等到18世纪，随着英国各阶层对茶的需求量屡创新高，税率也如影随形高歌猛进。在该世纪大多数年份里，英国茶的进口税始终维持在80%上下，并一度在1736年至1740年出现高达125%这样荒唐的数字。[13]换句话说，买得起“英国茶”的人通常非富即贵，他们从一开始接触绿茶就爱上了她，直到1730年仍处于“蜜月期”，且就1720年至1730年的数字变化来看，爱恋还在升温。[14]绿茶中的最高级“Hyson”，进货比例由0.6%增长到3.8%，涨幅超过500%，相信普通贵族应该都不是这类茶的日常消耗者。

居高不下的税率催生出一个新“职业”——茶叶走私。走私需要源头，而英国走私茶的绝对源头就是荷兰，更确切地说是荷兰东印度公司。尽管法国、瑞典、丹麦等国的东印度公司都进口茶叶并走私到英国，有些甚至以此为生，但它们的量级与荷兰相比还属“小巫见大巫”。大多数情况，走私茶的消耗者是英国民众，他们以此逃避苛刻的税款[15]，从而也变相成为走私行为的“支持者”“默许者”，甚至是直接参与者。面对来自消费者的呼声，“马车夫”自然要把货品配置成客人消耗得起的廉价茶。这就是18世纪20—30年代，荷兰急速转变茶品种，专注红茶基本款——“bohea”的原因。

税收与走私不断刷新着英国民众的承受能力，由此引发的一系列血腥事件再次令茶成为社会焦点。18世纪，不列颠的茶历史伴随着骇人听闻的暴力事件，它们都指向数量众多的茶叶武装走私集团，以至于《茶：嗜好、开拓与帝国》的作者莫克塞姆先生以发生在1747年的“茶走私团伙暴力冲击国王海关公署事件”为他的书籍开篇。茶在此前涉足的不同文化区域中扮演过许多角色，有的弥合民族矛盾、有的解决阶级争端、有的安抚躁动心灵，英伦首次赋予它如此“血流不止”的一面。

比想象更丰富的品类

由于上文中提到新茶类，另外还涉及一些茶品的早期英文名称，有必要在此处稍做说明。比如“红茶是何时，由谁发明的”就是一个十分有趣的问题。然而，就像“茶是何时，由谁发明的”一样，此类问题很难找出确切答案，对于一件成形早期、尚未普及的事物，人们总是缺乏记录的动力。从制作工艺看，红茶由萎凋、揉捻、氧化、干燥四个主要步骤制作而成。萎凋是叶子常温脱水的过程，揉捻是通过物理手段破坏叶子细胞壁，氧化是将析出细胞液的茶叶置于空气中，在氧化酶的参与下形成茶红素的过程，上述三步怎么看都像是在制作绿茶过程中，出现了一些延迟或操作不当所致。难怪有人会编出红茶是“军队驻扎后，睡在鲜叶上”而来的故事。

这则故事充斥着各类关于红茶起源的媒介信息，谈到红茶历史总是野史先行。它的具体内容根据发表目的各有不同，但梗概基本如此。约明朝后期，某年采茶季节，有一支军队路过红茶原发地——武夷山星村，最近十几年地点曾精细到更具体的“桐木关”。夜晚，驻扎在当地的官兵睡在了茶青上。待到天明，军队离开，茶叶已经变软发红。当地人为挽回损失，决定把这些茶搓揉成条，并用当地盛产的马尾松作为燃料烘干。尽管整桩事件的真实性极不确定，具体发生地更不得而知，但红茶意外成品有一定道理。讽刺的是，近十年间它又发展出许多新桥段，一些企业、个人用它来声明自己是红茶发明者的后代，听了叫人无奈苦笑。

关于红茶最早的书面记录可能要归功于中外交流。1556年，一位葡萄牙传教士踏上了中国的土地，他的名字叫加斯帕·达·克路士（Gaspar da Cruz）。[16]克路士把他在中国广州的短暂见闻编辑成册。后来的几十年间，这部作品在葡萄牙知识分子阶层广为传播。在关于“风俗”的一章，作者描述了中国人奉茶待客的习惯，并申明自己曾多次受邀饮茶。克路士指出，茶会用来招待受尊重的人，与主人熟悉与否并不重要。客杯数量要与客人数量相匹配，并且要放在精致的托盘上。茶汤带红色且药味很重。由于克路士当时并不知道这种茶叶的加工方法，他只能将其描述为“是用一种略带苦味的草调制而成”[17]。这位葡萄牙传教士所见、所品的茶可能是红茶或它的早期形态。遗憾的是，同时期的明朝人并没有对这种新茶类做过记录。

有研究显示，在明末的1640年，四类红茶——武夷、小种、工夫、白毫已经远赴荷兰并转至英国。[18]其实，上述四款茗品皆产自武夷山九曲尽头的星村一带，这里聚集着当时全世界唯一一批会制作红茶的匠人。武夷山自古就是佳品辈出的茶地区，红茶在此地诞生无疑为福建北部的茶史添加了浓墨重彩的一笔。

武夷，也就是欧洲人口中的“Bohea”，此时专指来自武夷山的大众红茶，有点像今天“口粮茶”的叫法。“Souchong”（小种）与“Congho/ Congou”（工夫）用的原材料都是岩茶，只不过小种的用料等级高于工夫。Pekoe（白毫）是“洲茶”[19]的最高等级。

据判断，它以芽头为原料。2005 年，在为白毫茶精选保护区山场之后，这种茶被重新研发，冠名“金骏眉”。今天，在全球许多茶馆中，人们依然可以点到上述四种茶中的几种——尽管很多情况下它们并不是来自武夷山。后世应用最广泛的名称是 Pekoe，前面加上 Orange，代表一个比较高的茶等级，缩写为 O.P.。“Orange”形容红茶氧化后白毫变为橙色的状态，并不代表它与橘皮窨制或拼配过。

如果有人问：“18 世纪中叶在英国能买到多少种茶？”答案是：几乎当时的所有品种，除了已经囊括全部红茶外，绿茶也可谓琳琅满目。前文提到有一种绿茶称作“Hyson”（熙春茶），产自明清时期安徽南部，长而薄的叶子被加工成螺形，散发着芳香，味道微涩。“熙春”取自温暖、阳光明媚、似有春风拂面之意，象征着茶的颜色和它收获的季节[20]，与当代名茶“碧螺春”的名号有异曲同工之妙。另一种“Songlo”（松萝茶），明初便开始生产，以颜色墨绿、香气持久、浓郁醇厚而闻名。松萝是安徽南部休宁县内的山名，人们在它的基础上发展出等级更高的“Twankay”（屯溪茶），并将其称为“绿色黄金”。今天安徽黄山市的茶叶市场就在屯溪区。[21]

还有一种需要被揉成深绿色小球的茶“Gunpowder”（火药茶 / 弹珠茶），这种茶的味道非常浓烈，荷兰进口商称其为“珍珠”茶。当代龙珠茶的命名应该借助过荷兰人的智慧，称作 Dragon Pearl，第二个单词是“珍珠”之意。还有一种高品质绿茶直接取名 Imperial tea——御茶，人们对它的评价很高，尖芽鲜嫩的外观、令人着迷的花香、有深度层次的口感，一年出产一次的茶中艺术品。[22]根据 Hyson、Songlo、Twankay 皆产自安徽南部判断，“御茶”很可能就是同一地区“黄山毛峰”的曾用名，而“弹珠茶”大概是当地中低端绿茶。

与今日中国茶在海外的认知度相比，18 世纪的英国人似乎能说出更多种类。仅仅福建、安徽两省就命名了十余种红、绿茶，这其中有些名称一直沿用至今，成为欧洲茶史重要的记忆。除数量外，它们的被认可度也不容忽略，与当代几年就会冒出几个“新茶”不同，这些茶品绝对主导欧洲市场一百多年，直到 19 世纪中期以后。

之所以英国会在 18 世纪中期频频爆发“茶叶武装暴力走私”这样疯狂的社会事件，皆因茶的炙手可热，它“几乎完全取代了家酿的淡啤酒，甚至对受人喜爱的含糖酒类（如希波拉葡萄甜酒）以及杜松子酒等烈性酒也构成了挑战”[23]。这种代替与威胁在其他任何时代看来都有些不可思议——茶与酒精饮品完全面向不同场景，服务不同人群，它们彼此间并不存在重合或冲突——但这段描述的确可以证明，茶曾在英国重要得不讲道理。

从 17 世纪中期至 18 世纪中期，皇室牵头、社会争论、高额税收与走私集团这一系列社会事件组合出击，将茶持续推送到英国公众的“八卦”新闻中，这是在 21 世纪都无法复制的“经典营销案例”。巧合的是，这一百年恰逢工业革命前的“商业革命”时期。茶在为英联邦（包括其北美殖民地）民众日常生活带来巨大改变的同时，也为本不稳定的地区形势带来了更多变数。然而，此刻距离茶传入英国也不过百年。我们不妨做一个大胆假设，如果自诩为

“太阳王”的路易十四（Louis XIV，1638—1715）曾经娶到一位爱茶的王后，或者他的曾孙、继任者路易十五（Louis XV，1710—1774）与情妇杜巴利夫人不是咖啡狂热的拥戴者[24]，茶是否会在法国市场与咖啡的角逐中落下风，还犹未可知。

注释：

［1］参见李国荣主编《帝国商行：广州十三行》，九州出版社 2007 年版，第 72 页。

［2］参见［美］西敏司《甜与权力：糖在近代历史上的地位》，朱健刚、王超译，商务印书馆 2010 年版，第 236 页。

［3］Yong Liu，*The Dutch East India Company's tea trade with China, 1757—1781*，Brill Leiden Boston，2007，p.3.

［4］参见［美］雅各布·阿伯特《查理二世：斯图亚特王朝复辟与开明统治》，刘彦峰译，华文出版社 2018 年版，第 208—230 页。

［5］参见［日］浅田实《东印度公司：巨额商业资本之兴衰》，顾姗姗译，社会科学文献出版社 2016 年版，第 134 页。

［6］参见［日］浅田实《东印度公司：巨额商业资本之兴衰》，顾姗姗译，社会科学文献出版社 2016 年版，第 133 页。

［7］参见［美］埃里克·杰·多林《美国和中国最初的相遇——航海时代奇异的中美关系史》，朱颖译，社会科学文献出版社 2014 年版，第 48 页。

［8］Kristof Glamann，*Dutch—Asiatic Trade 1620—1740*，Danish Science Press/Martinus Nijhoff，1958，p.212. “For the 40 years had changed tea from an expensive—and much debated—drug on the chemist's shelf to a popular drink.” “40 years” 指从 1680 年至 18 世纪 20 年代。

［9］参见［英］罗伊·莫克塞姆《茶：嗜好、开拓与帝国》，毕小青译，生

活 · 读书 · 新知三联书店 2015 年版，第 22—25 页。

[10] 参见李国荣主编《帝国商行：广州十三行》，九州出版社 2007 年版，第 73 页。

[11] Kristof Glamann, *Dutch—Asiatic Trade 1620—1740*, Danish Science Press/Martinus Nijhoff, 1958, p.214 (Table 40).

[12] Yong Liu, *The Dutch East India company's tea trade with china 1757—1781*, Leiden Boston, 2007, pp.212-222, Appendix 4.

[13] 参见［日］浅田实《东印度公司：巨额商业资本之兴衰》，顾姗姗译，社会科学文献出版社 2016 年版，第 137 页。

[14] 西北欧消费者最初接触的都是绿茶，此点论证见下篇。

[15] 参见［英］罗伊 · 莫克塞姆《茶：嗜好、开拓与帝国》，毕小青译，生活 · 读书 · 新知三联书店 2015 年版，第 24 页。

[16] 参见［葡］克路士《中国志》，载［英］C.R. 博克舍编注《十六世纪中国南海行纪》，何高济译，中华书局 2019 年版，第 89 页。

[17] ［葡］克路士：《中国志》，载［英］C.R. 博克舍编注《十六世纪中国南部行纪》，何高济译，中华书局 2019 年版，第 141 页。尽管广东当地凉茶历史悠久，但它的颜色为深褐色，与红色区别较大，而且广式凉茶并不是用一种草调制，而是用多种带有祛热功效的花草煮制而成。

[18] 以上两段史实出自冯廷佺、周国文主编《世界红茶》，中国农业出版社 2019 年版，第 7 页。

[19] 洲茶也就是黄土地所产之茶，黄土地不是非常适合种茶。比它高一个级别的土壤是已经被腐蚀、分解的岩石土壤，最适宜种茶的土壤是充分风化的岩石土壤。上述三种土壤在武夷山被称为“洲茶”“半岩”和“正岩”。

[20] Yong Liu, *The Dutch East India company's tea trade with china 1757—1781*, Leiden Boston, 2007, p.69. “Hyson was processed in twisted, long, thin leaves which unfurled slowly to emit a fragrant, astringent taste. It has been defined a warm, sunny and springlike, reflecting both the colour and the season in which Hyson was harvested.”

[21] Yong Liu, *The Dutch East India company's tea trade with china 1757—1781*, Leiden Boston, 2007, p.71. "Songlo...was produced since the early Ming Dynasty and was well known for its dark green colour, lasting pure aroma, and strong but mellow taste. Twankay, which was compared to 'Green Gold', was developed on the basis of Songlo but was of a much higher quality."

[22] Yong Liu, *The Dutch East India company's tea trade with china 1757—1781*, Leiden Boston, 2007, p.71. "Gunpowder tea (珠茶, Joosjes in the Dutch records) was known as 'pearl' tea because it was rolled into small balls resembling gunpowder pellets of a dark green colour. It has a mellow but tangy taste. Imperial tea (宫廷贡绿, Bing in the Dutch records) had a stunning, distinctively bright green colour and an unusual spiky appearance. Its striking leaves emitted an enchanting floral aroma and an unexpected depth of flavour which 'can be crafted just once a year and only then if all aspects of climate...'"

[23] [美] 西敏司:《甜与权力:糖在近代历史上的地位》,朱健刚、王超译,商务印书馆2010年版,第114页。

[24] 参见[日]臼井隆一郎《咖啡的世界史》,杨晓钟、张蠡译,陕西人民出版社2020年版,第135页。路易十四,世界历史在位时间最久的君主之一。由于路易十四在位72年,他的继承人又多死于天花,因此最终的王位继承人是他的曾孙路易十五。路易十五有妻子,但他更宠爱情妇杜巴利夫人。18世纪中叶,法王与他的情妇深爱咖啡,并不惜花重金打造器具。

繁荣背后的人性危机
（1773，北美）

17 世纪初，荷兰是西北欧唯一的茶叶进口国，它的船只从中国与日本引入茶叶。日本此时只出产绿茶，而该世纪末前荷兰人出于商业目的也只进口中国绿茶。[1] 因此，欧洲大部分人——除去早期部分葡萄牙人和一些收到红茶馈赠的人——显然是以绿茶开启品饮之路。然而，喝绿茶有两个硬性要求：第一，原材料成本高，这有钱可以实现；第二，绿茶储存条件高——即便当代也很难保证运输过程中不会变质——以 17 世纪的储存设备与运输速率根本无法保鲜。那么问题来了，人们当时喝的是怎样的绿茶呢？

持续至今的霉变茶

好绿茶之所以价格高，是因为需要满足的条件太多。要保证绿茶没有苦涩味是一件非常难的事，因为植物本身含有咖啡碱与茶多酚，这意味着不苦、不涩不成茶。然而若是能达到水土中矿物含量高、选料只用初春嫩芽、炒青手法精湛这三个条件，则可以极大地降低苦涩感，并在舌苔上形成美妙的回甘。另外，沏泡时如果稍微降低水温到85℃，还可以令咖啡碱与茶多酚缓慢溶于水，从而进一步屏蔽茶汤中的苦涩感。即便中等价格绿茶无法满足水土与加工手法，至少也要在选料上做足文章。不过，当三个先天条件都无法提供时，就会出现 Gunpowder 这种气味浓烈的绿茶，无论如何控制水温，茶都不会口感好。

反观红茶，由于制作过程中有萎凋、氧化的步骤，即使原叶"天资"差、制作略粗糙，至少也会因为氧化作用产生了多糖而略带甜口。同样是口感尚佳的中等茶，绿茶的加工精度要远胜红茶。如果把茶比作食物，那么绿茶更像海鲜刺身拼盘——海域、水质、原料质量是关键点；红茶则更像咖喱鸡块——香料与加工手法可以覆盖一些食材瑕疵，二者都代表美食，但前者显然对原料更挑剔，价格也更高。荷兰东印度公司18世纪后期固定了茶的进货种类，根据它的进货单[2]可以总结出，中低端绿茶[3]的进货单价始终是中低端红茶[4]的两倍，而高端绿茶[5]的价格则通常比高端红茶[6]的两倍还要高。

当然，截至18世纪20年代以前，喝茶的西欧人应该只停留在权贵阶层，他们有消耗这种饮品的经济实力，但钱并不是万能的，比如对运输条件，它就束手无策。绿茶作为唯一的"无氧化"茶，运输、仓储需要特殊对待。这个问题在1685年就已经开始困扰荷兰东印度公司的董事们，他们抱怨说："正如我们以前所写的那样，茶（此时指的肯定是绿茶）随着年龄的增长变质，而坏茶一文不值。"[7]不幸的是，他们对此无能为力。不要说在17世纪、18世纪，即便时至今日，全世界大多数绿茶也几乎都在船运的条件下变黄、发霉。要是再提前囤积一年半载，并且没有放入冰箱中，它必定会产生一种令人不快的尘土气。绿茶建议在采摘后半年内喝掉，可通常情况下，它们出厂半年还未到达全球终极市场。事实上，不仅是绿茶，红茶同样很脆弱，如果红茶不甜，必须通过加糖弥补味道，那就是该丢弃的时候了。

茶在初登欧洲时只需要服务于皇室、贵族，而且多是以皇家采购、馈赠等方式流通，价格问题暂时被掩盖。虽然此时的绿茶早已因温度、湿度或是浸泡过海水而腐败、变质，但好在品饮者数量较少，且并不知道新鲜绿茶本来的味道。18 世纪前期，欧洲许多国家嗅到了茶香，纷纷前往广州并获许在此地开设贸易机构，1715 年英国东印度公司最早获得这一权利。随后，法国于 1728 年，荷兰于 1729 年，丹麦于 1731 年，瑞典于 1732 年先后将自己的商行开在广东。[8] 随着时间的推移，希望喝茶的人越来越多，特别是当英国本土及其北美殖民地茶市场异军突起后，衍生出一个新问题——即便把其他国家东印度公司的茶叶都走私到英联邦，也无法平衡它吃紧的供需关系。一些商家动起了歪脑筋。

英国原本就爱红茶吗?

最简单的方式是向茶叶中掺入其他植物的叶子或者已经冲泡过的茶叶。但不论绿茶还是红茶都属精加工饮品，如果仅是掺入干叶，味道且不说，连颜色这关都通不过。18 世纪上半叶的欧洲，距离了解茶叶加工技术还有一百多年，口感肯定无法模仿，只得专攻色泽。给植物叶片染色的“障眼法”还要多亏中世纪欧洲的炼金术，虽然“点石成金”的本领终究没能修炼成，但给叶子上些颜色不成问题。毕竟染料与会染色的技工数量很充足。

1725 年，英国议会通过了一项法案，大意是如果有人胆敢用其他药物伪造茶叶，或者将其他叶子掺入茶叶，无论是销售商、生产者或是染色者都将被处以 100 英镑罚款。五年后，处罚金额有所提升。1766 年后，掺假者还会受到监禁的惩罚。值得注意的是，此刻英国茶税正处于峰值阶段。买不起茶的中间商就会用包括“铜绿、硫酸铁、普鲁士蓝、荷兰粉红、碳酸铜甚至羊粪”来涤染山楂树叶或黑刺梨树叶。[9] 相比于其他化学原料，羊粪绝对算得上最清洁的添加剂。从这些化学物质的颜色判断，它们大多数用于染绿茶，毕竟绿茶价高物贵，犯罪回报高，但红茶显然也没能幸免。

18 世纪中后期的英属地绿茶造假太过猖獗，以至于后来人竟觉得只有呈鲜亮蓝绿色的绿茶品质才高。最鲜活的例子出现在罗伯特 · 福琼（Robert Fortune，1812—1880）撰写的游记中。19 世纪中期，福琼两次来到中国，有计划地将中国茶树与制茶工艺“移植”到英国当时的大吉岭殖民地。有些人称福琼的这一行为是无耻的偷窃，另一些人则坚称他是伟大的植物猎人，后文会有关于他的故事，此处无须多做品评。结论是：茶树与“制茶知识产权”窃取计划由福琼圆满完成。福琼把他在中国的经历写入《两访中国茶乡》（*Two visits to the tea countries of China and the British tea plantations in the Himalaya*）中（后文简称：《两访》），今天它依然畅销全球。

《两访》中记录了一则 1848 年安徽制茶工为绿茶染色的故事，它发生在福琼第二次来到中国，秘密潜入茶区时。现在并不确定“染茶”技艺是何时从英国倒灌回茶叶原产地的，但从此时茶农们熟练的“加蓝”操作看，他们显然不是第一次如此行事。福琼对染茶的手法做了详细记录，精细到石膏与普鲁士蓝的配比。但他也客观地指出：着色是中国茶农对外销茶的特殊处理，他们并不喜欢添加剂的味道，这样做仅仅是为满足“很多欧洲和美洲人特殊的口味”[10]。而福琼记下这些过程的目的是告诫“那些英国，特别是美国的绿茶饮用者”[11]，不要再沉迷于颜色所带来的视觉满足。

故事中，福琼还略带自嘲地说：“一个文明人竟然喜欢染色茶，而不是自然之茶，实在可笑。难怪中国人会把西方人看成‘蛮夷’。”[12] 对于 19 世纪的清代徽州农村来说，它的农民并不会比当时欧、美喝染色绿茶的消费者更明确普鲁士蓝对人体的危害。茶农对这种做法的认知有限，充其量就是出口绿茶必要的额外加工步骤，同绿茶制作时的炒青、揉捻、干燥一样。只不过国内消费者不喜欢过分的颜色与奇怪的口感，而海外买家——管他是哪里的主顾——收购这种茶时会给好价钱。福琼将一些染色样本打包船运回英国本土。1851 年，它们中的一部分给了当地的一位药剂师，药剂师分析矿物成分后，确定它们是普鲁士蓝、石膏等物质。[13]

从以上行为可知，截至此刻，英国本地一百年前曾流行的茶染色“行业”大概已经销声匿迹，甚至连那段历史都快要被抹去。19 世纪 50 年代，当英属印度殖民地开始产且仅产红茶时，确实有理由为堵塞来自中国的绿茶下一剂猛药，毕竟新出产的红茶需要在英国市场迅速赢得好感、站稳脚跟并不容易，当口感无法比较时，可以寄希望于类似抹黑外国绿茶这样的手段。如果福琼的做法出于商业竞争还有情可原的话，那么当代一位作家在描述这件事时则令人难以理解。

2010年，美国女作家萨拉·罗斯（Sarah Rose）创作了一部再现福琼盗茶事迹的书。《茶叶大盗》（*For all the Tea in China — How England Stole the World's Favorite Drink and Changed History*）从书籍目录上看，它和福琼的旅行日记没有太大区别，几乎所有时间分段都高度吻合，可以说就像《两访》的简版，内容基本可以在前作中找到。为数不多的区别就来自"徽州染绿茶"事件。首先，萨拉在书中称：福琼在绿茶工厂穿行时"注意到制茶工人们的手上有一些古怪而异常惊人的东西"，并称福琼相信，一旦汇报上去"将大大刺激印度的茶叶销售"。[14]这两段描述显然和福琼对此事的理解与记录它的初衷不符，是萨拉的个人揣测。不论福琼当年是否真的想通过此种手段打压中国绿茶，至少在《两访》中他没有披露这样的心理活动。

其次，萨拉加入了一些福琼此段中没有涉及的内容。比如她提道：伦敦拍卖行的人猜想，中国人会把树枝和锯末掺入茶叶之中，或把回收的茶叶晒干再出售给国际市场。[15]福琼本人肯定编不出这种桥段，因为他非常清楚英国采购商对茶质量的要求。中国茶农为"确保品质"不惜添加额外的染茶操作，怎么可能主动创造残次品，丢掉买家。何况，茶叶并不是从中国茶园打包后直接拉到伦敦拍卖场里，检验、分装，在离开口岸前，有很多双眼睛在盯着它。英国人有驻华企业，福琼也是通过它们进入清帝国，若是英企中的茶买手办事粗糙，难道不怕因此丢了工作吗？萨拉显然轻视了这些人的纠错能力，没有深刻理解那个时代，也低估了商业的含义。

最后，《茶叶大盗》中提道：人如果吸收了高剂量亚铁氰化铁，也就是俗称的"普鲁士蓝"后，会出现"痉挛、昏迷，随后心脏骤停、猝死”。摄入低剂量也会导致“身体虚弱，出现晕眩、意识模糊、头晕眼花的现象”[16]。这些在当代看来司空见惯的科学常识大概连罗伯特·福琼本人也不甚明了，更何况是那些徽州茶园技工。否则他们又怎么会当着福琼的面，让“双手全部都被染成了蓝色”[17]，而不选择戴上护具或借助工具。他们没必要触碰、吸入那些有毒物质，把自己也变成受害者。萨拉的断章取义真是让那些百年前过世的茶工百口莫辩。

绿茶初到欧洲时，就俘获了上层社会的芳心。然而18世纪人们意识到绿茶价格高昂、物流受限，再加上频频闹出的染茶风波，尽管它仍受欢迎，却被红茶在销量上抢了风头。[18]作为一部茶史书，萨拉的作品显然夹杂了太多小说的修辞与杜撰。但在她的分析中，有一点也许是正确的——福琼的行为确实彻底打击到了绿茶，让人们在购买它时有所忌惮。随着英属印度茶园红茶产量的增加，绿茶难逃在英国销声匿迹的命运，以至于现代人存在一种固有认知——红茶天生更对英国人胃口。

第一次“茶叶战争”

就在茶第一次以商品登陆欧洲的同一年，大约100名英国男人乘船渡海前往北美洲沿岸。半年后，也就是1607年5月24日，他们选择在一处容易防御印第安人的地点登陆，并将此地命名为詹姆斯敦（Jamestown）[19]，将以它为中心的“处女地”称作弗吉尼亚州（Virginia），这开启了英国殖民美洲大陆的序章。126年后的1733年——也就是荷兰商人转变思想，大量购置红茶走私英联邦的同时期，乔治亚州（Georgia）成为英国在美洲最初十三块殖民地的最后一个。[20]然而，随着殖民地独立自主意识的兴起，它的人民对不列颠议会针对殖民地的多项税法越来越不满，积怨最终在茶税上发泄出来。

1773年，英国东印度公司有1700万磅茶叶滞销，导致它濒临倒闭。[21]滞销的原因不难猜，荷兰茶不仅可以走私到英国本土，也可以偷渡到它的美洲殖民地。人们通过殖民地合法渠道，也就是英国东印度公司购买茶，每磅需要支付3先令，而荷兰走私茶则只需2先令1便士。当然，不列颠议会与东印度公司存在太多利益纠葛，议员们不会坐视它破产而亡。同年4月，议会给出了解决方案——茶叶不需要再经英国转运，而是由东印度公司独立经营，从东方直接进口到"新大陆"。代价是美洲市场要为此支付3便士茶税。这样做听上去对殖民地很友善，茶既不需要在英国先收一笔税款，也会省去中间人的费用，而且美洲居民可以确确实实享受比走私茶少1先令的实惠。[22]然而，不列颠议会对结果过于乐观，没有考虑到殖民地此时复杂的社会情况。

第一，英国议会要把茶生意和盘端给东印度公司势必侵占现有赛道。其中受影响最大的群体莫过于从其他渠道购买、经营茶叶的商人，他们大多在殖民地生活，与当地民生联系紧密。第二，此时殖民地民众与母国存在普遍不信任，只要听到不同于英国本土的税收就会反感，即便只有每磅3便士，即便他们买到的茶将比以往任何时候都便宜，但这仍不足以博取信任。第三，"美洲本土需要独立"的意识已经扎根于当地一部分人心中。他们可以扛起道义大旗，称原则远比价格更重要，而额外征税就是欺骗行为，属于原则问题。

这一次英国议会打错了如意算盘，东印度公司发往美洲的几千箱茶叶没有一件被签收。发往费城和纽约的货船被迫满负荷返航；在安纳波利斯，马里兰人烧毁了货物和船只；在南卡罗来纳州的查尔斯顿，茶叶被没收。讽刺的是，没收的茶最终被拍卖，拍卖所得资助给了革命军。当然，最激进的行为出现在波士顿。1773 年 12 月 16 日，大约 100 名波士顿人乔装成印第安人，进入港口、登上货船，他们将 342 箱茶叶打碎，投入大西洋，把港口变成了一壶冷泡茶。这就是著名的“波士顿倾茶事件”。

眼看美洲形势越发不可控，一向“温和”的英王乔治三世（George III，1738—1820）[23] 也变得强硬、坚定。他写信给大臣时声称，倾茶事件背后一定有坏人煽动，同时表示波士顿人的行动不可原谅。英国的官方制裁接踵而至，转年便立法，剥夺了波士顿所在马萨诸塞州的各项特许权力，并用“不堪忍受”（Intolerable）为此项法案命名。英国与它的美洲殖民地在僵持中度过了一年多，似乎除了以命相搏之外，双方都找不出更好的解决办法。终于，战争在 1775 年不出意外地爆发，而“波士顿倾茶事件”也就此成为“美国独立战争”的导火索。没想到如此平和的饮品竟曾引发如此惨烈的大规模伤亡事件。

如果小皮特 14 岁任首相

18 世纪的中国是全球唯一有能力批量出口茶叶的国家，英联邦是走私茶唯一的流向地，因此，要计算有多少茶叶通过非官方途径流入英属市场并不难，只需用中国出口欧洲茶总量减去欧洲各国正规销售量即可。以美国独立战争时期——1774 年及之后 10 年的数据为例（记载略有偏差但总量基本一致），英联邦通过走私摄入了大约 750 万磅茶叶，几乎是正规销售量的两倍，后者只有区区 400 万磅。

其实，要掐断荷兰东印度公司的贸易链并没有看上去那么难，不列颠政府手中握有消费者，它可以釜底抽薪，降低税收，令走私无利可图。只要能让大多数民众（穷人）看到实惠，他们便不会选择来路不明的茶叶。很遗憾，美洲殖民地的和平没能通过降税达成，而是走了战争“捷径”。1783 年《巴黎条约》签订，英国承认自己在北美经营的 13 个州为“自由的、自主的、独立的国家”。同年晚些时候，英王乔治三世亲自遴选的新首相——小威廉 · 皮特在伦敦上任，这一年新首相 24 岁。

这位青年没让英王失望，上任第二年他签署了《抵代税法》（*Commutation Act*）。新法案下，茶税锐减到 12.2%，比起之前均值 80%，偶尔触及 125% 的老税率，这种改变确实是颠覆性的，效果则更加令人振奋，成倍增加的茶叶售卖量很快平衡了短时间的税收赤字。同时，法案第五章重申了英属东印度公司垄断中国茶叶进口的权限[24]，以上两步棋彻底盘活了这家濒临破产的企业。当然，新税法实施的功劳不应该全记在新首相身上，它反映了英国几辈茶人的心愿，也见证了他们共同的努力。川宁（Twinings）茶企第三代当家人理查德 · 川宁一世就是降低茶税重要的推动者之一，他的父亲、母亲，甚至是爷爷托马斯 · 川宁（Thomas Twining，1675—1741）[25] 的遗愿在这一刻统统得以实现。

1652—1784 年，英、荷两国为争夺海上霸权分阶段进行了 4

次战争，茶贸易始终贯穿其中。战争双方互有胜负，但在1780—1784年的最后一次战役中，荷兰人倒下了。“海上马车夫”就此马死车焚，退出了世界制海权的争夺。如果说1784年结束的英荷战争标志着英国对荷兰军事全胜，那么同年颁布的《抵代税法》就进一步实现了英国对荷兰的经济全胜。《抵代税法》对荷兰，也包括丹麦、瑞典、法国等国的茶贸易产生了毁灭性打击，它们货舱中茶的总量在随后10年骤减了80%。[26]

伴随着军事与经济的全面溃败，荷兰东印度公司的丧钟已响。反观英国，作为获胜方，它得到了丢掉北美13州的巨大补偿。然而，英国对北美殖民地的失败与对荷胜利并不存在因果关系，所谓的“补偿”也只是相对而已。值得反思的是，如果茶税税法提前10年做出改变，或者小威廉·皮特14岁出任首相——毕竟这项茶税法难点不在想到而在实施——1774年后整整10年的流血冲突也许可以避免，而茶也不至于让这么多人做了枪下亡魂。

注释：

[1] Yong Liu, *The Dutch East India company's tea trade with china 1757—1781*, Leiden Boston, 2007, p.68.

[2] Yong Liu, *The Dutch East India company's tea trade with china 1757—1781*, Leiden Boston, 2007, pp.219-222, Appendix 4.

[3] Songlo，松萝，出产在安徽的中低端茶。

[4] Bohea，武夷茶，武夷山地区出产的中低端红茶，不包括工夫茶、正山小种、白毫。

[5] Soulang，安徽黄山地区所产的高端绿茶。

[6] Pekoe & Souchong，白毫和小种茶，武夷山地区所产的高端红茶。

[7] G. Schlegel，"First introduction of tea into Holland"，*T'oung Pao*，Second Series，Vol.1，No.5，1900，p.470. "For as we have formerly written，tea deteriorated by age and bad tea are naught worth any money."

[8] 参见故宫博物院武英殿展墙文字说明。上述时期正是茶在英联邦蓬勃兴起的时代。

[9] 参见［英］罗伊·莫克塞姆《茶：嗜好、开拓与帝国》，毕小青译，生活·读书·新知三联书店 2015 年版，第 27—28 页。

[10] ［英］罗伯特·福琼：《两访中国茶乡》，敖雪岗译，江苏人民出版社 2016 年版，第 256 页。

[11] ［英］罗伯特·福琼：《两访中国茶乡》，敖雪岗译，江苏人民出版社 2016 年版，第 257 页。

[12] ［英］罗伯特·福琼：《两访中国茶乡》，敖雪岗译，江苏人民出版社 2016 年版，第 257 页。

[13] 参见［英］罗伯特·福琼《两访中国茶乡》，敖雪岗译，江苏人民出版社 2016 年版，第 258 页。

[14] ［美］萨拉·罗斯：《茶叶大盗：改变世界史的中国茶》，孟驰译，社会科学文献出版社 2015 年版，第 123 页。

[15] 参见［美］萨拉·罗斯《茶叶大盗：改变世界史的中国茶》，孟驰译，社会科学文献出版社 2015 年版，第 124 页。

[16] ［美］萨拉·罗斯：《茶叶大盗：改变世界史的中国茶》，孟驰译，社会科学文献出版社 2015 年版，第 125 页。

[17] ［英］罗伯特·福琼：《两访中国茶乡》，敖雪岗译，江苏人民出版社 2016 年版，第 257 页。

[18] 参见［英］罗伊·莫克塞姆《茶：嗜好、开拓与帝国》，毕小青译，生活·读书·新知三联书店 2015 年版，第 30 页。

[19] David M. Kennedy/Lizabeth Cohen, *The American Pageant: A History of the American People (Sixteenth Edition)*, Cengage Learning, 2016, p.28. "Setting sail in late 1606...There, on May 24, 1607, about a hundred English settlers, all of them men, disembarked. They called the place Jamestown. "

[20] David M. Kennedy/Lizabeth Cohen, *The American Pageant: A History of the American People (Sixteenth Edition)*, Cengage Learning, 2016, p.37. "Georgia...was formally founded in 1733. It proved to be the last of the thirteen colonies to be planted—126 years after the first, Virginia."

[21] David M. Kennedy/Lizabeth Cohen, *The American Pageant: A History of the American People (Sixteenth Edition)*, Cengage Learning, 2016, p.125.

[22] 参见郑非《帝国的分裂：美国独立战争的起源》，广西师范大学出版社 2016 年版，第 285 页。

[23] 乔治三世，与他的同时代君主乾隆皇帝同样长寿，同样传奇。乔治三世一生完成了阻击拿破仑、占领加拿大、经营工业革命、支持库克船长航海并最终发现澳大利亚等诸多功绩。

[24] See Hoh—Cheung, Lorna H. Mui, *The Commutation Act and the Tea Trade in Britain 1784-1793*, The Economic History Review, 1963, p.234.

[25] 川宁品牌创始人，他的第一家线下店于 1706 年开业，位于伦敦市中心 216 Strand。川宁老店运营至今，且店铺外观和室内装潢均未做出改变。

[26] 参见 [英] 罗伊 · 莫克塞姆《茶：嗜好、开拓与帝国》，毕小青译，生活 · 读书 · 新知三联书店 2015 年版，第 27 页。

商贸口岸变迁
（1860，俄国）

17 世纪下半叶，康熙皇帝为自家江山建立了无数功业，除了削三藩、收台湾之外，他还在 1685 年，也就是平噶尔丹前夕，于东南沿海开创了粤海、闽海、浙海、江海四大海关，并一直沿用到乾隆朝前期。之所以要设四关，是因为它们各有各的分理业务。松江，江海关主理国内贸易；宁波，浙海关仍旧延续着它古老的使命——与日本通商；厦门，闽海关主要面向南洋各国；广州，粤海关打理西方各国贸易。1757 年年底，47 岁的乾隆出于封闭国家与中饱私囊的双重目的，决定只留下广州，实行“一口通商”。自此，广州十三行成为与英国东印度公司同样的垄断型企业，它们二者在 18 世纪中期至 19 世纪中期这一百年联通了中欧贸易。

乾隆的南方钱库

清高宗爱新觉罗·弘历的生命几乎覆盖了整个 18 世纪，他于 1711 年出生，1799 年离世，是中国有史以来最长寿的皇帝，也是实际执掌国家最高权力时间最久的皇帝——达 63 年零 4 个月，即便在登基60年后晋升太上皇，也仍是实际政权操纵者。像绝大多数在位时间过长的君主一样，晚年的他独裁、自大、好奢靡。可悲的是，这些毛病在他年岁不大时就已开始显现。正是乾隆的全力扶植，才成就了十三行的富可敌国，当然，要赢得这份殊荣需要付出很多。

能够获得皇帝的垂青还要说广州得天独厚。自乾隆登基之年（1736）起，粤海关的税收逐年递增——最初23万两（白银），六年后29.6万两，再下一年31万两。[1]这种业绩增长哪个领导看了都会喜出望外。其实，广州并不是欧洲人特别是英国人最希望通商的地点，他们迫切需求的商品——丝绸，产自浙江；茶叶，产自安徽南部与福建北部；瓷器，产自江西北部——都不是广东所产，且都与广州相距甚远，高昂的国内运输费用需要国际采购商埋单。英国东印度公司的货船曾在1755年尝试在厦门与浙江等口岸完成交易。[2]奈何这个举动令乾隆皇帝十分担忧，他不认为国际商贸对大清有什么益处，反而是内地出现洋人有窥探国本的嫌疑。鉴于此，粤地这个距离帝国政治中心——紫禁城最遥远的港口，成了安置外国商人最理想的处所。

如上文介绍，在清廷下旨“一口通商”之前，粤海关本来打理的就是西方各国贸易，它并不是只接待荷兰或英国买家，而是照单全收。1720年，奥地利商船曾在这里满载茶叶而归。[3]1731—1806年，瑞典东印度公司曾与广州就茶叶、丝绸、瓷器、香料等业务进行过132次贸易，[4]饮茶此刻风靡瑞典。1784年，刚刚独立没多久的美国就将“中国皇后号”（The Empress of China）派往广州黄埔港。对于粤地商人来说，只要有能力驶入珠江口并逆流而上的商船都是客，都要友好接待。论外贸经验，无人能与广州商人媲美，而皇家特许政策无疑令他们如虎添翼。

十三行在出售丝绸、茶叶、瓷器等中国商品的同时，还接纳着来自世界各国的奇珍异宝，它们自当流向权贵阶层，“紫檀、象牙、珐琅、鼻烟、钟表、玻璃器、金银器、毛织品及宠物”[5]都在皇家采购的清单上。此外，十三行的服务对象除中央统治阶层外，还有地方官员。广州官员近水楼台，把西洋稀奇物件以贡品的形式奉献于朝廷，而猎奇的心理欲壑难填，之后朝廷又会发来更大的订单，寻找更奇特的稀世之物。这使官员与皇城越来越依赖于十三行。它贡献的钟表、珐琅以及名贵木材制作的摆件不光可以陈列，还可用于消遣，更能提供一种生活方式。然而世事难料，就在这些异国商品中，竟夹杂着一件即将改变中国历史的毒物。

1732年，广州市场得到了两艘英国船只带入的鸦片，像往常一样，人们对这种少见的物件产生了兴趣，新商品有销路。要知道在那样一个苦于没有消耗品能打入中国市场的年代，这无异于久旱逢甘霖。其实，英国人非常了解鸦片的危害性。早在1721年英政府清算本国南海公司时，有位高官就曾因在出庭前大量服用鸦片而亡。[6]然而，18世纪20年代以后，英国与它的东印度公司习惯处于商贸食物链最顶层，从上游进货到下游售卖的商业模式令人不满。只能依靠从拉美殖民地不断开采白银交换茶叶，令人难以接受。就在发现鸦片受清人欢迎前两年，公司五艘贸易船刚用超过58万两白银换购了以茶为主的中国商品，而除白银以外——那些能打动中国买家的奇珍异宝——只占总价值的2.3%。[7]

每年通过出售中国商品到欧美各地，英国东印度公司创造了巨额利润，但它依然强调自己在广州的生意无年不亏，这不合逻辑。它真正想表达的是：必须要发现一种货物，可以一举打穿面前这个潜能巨大的消费市场。1773 年，就在英属美洲殖民地将茶叶抛入大海的这一年，英国东印度公司夺取了南亚鸦片种植地——孟加拉。英政府将鸦片专卖权授予完成征服的企业。[8] 这意味着，罂粟有朝一日可能成为代金券，不仅可以取代白银支付茶资，还可能换回先前交易中花掉的白银。讽刺的是，清政府没有让英国公司等太久。

不欢而散的八十三寿宴

1793 年，已经过完 80 岁生日好几年、按功绩自诩“十全老人”的乾隆皇帝突然听说有人要给他补过寿诞，而且牵头的还是一位国家最高领导人，这显然是个令人愉快的消息。毫无疑问，觐见得到了通过，地点设在热河行宫（今河北承德避暑山庄）。祝寿的倡导者正是那位温和的英王——乔治三世，此时他也已年过半百。而要去完成祝寿任务的特使长他一岁，名叫马戛尔尼（George Macartney，1737—1806），是位经验丰富的外交家。这是西欧各国首次向中国派出正式使节。当然，祝寿只是名目，英王真正的目的是要扩大通商，他急需钱去维护在东方的根据地——1780—1790 年，英国对中国、印度贸易的利润是 200 万英镑，而统治印度却要花费 2800 万英镑。[9]

马戛尔尼此行最被后世广为传颂的事迹是他拒绝向乾隆行三跪九叩之礼。但根据他本人的记录，这似乎并未对他此行造成实质性影响。1793 年 9 月 9 日清晨，前一天刚刚抵达热河的马戛尔尼见到了几位清廷大臣，他们是为游说特使行叩拜之礼而来。马戛尔尼回绝了他们，争执多时，不欢而散。然而之后有一位中国官员告诉特使，先前几位大臣是为邀功固宠而来，至于皇帝本人，根本就不知道这件事。第二天，要求马戛尔尼行重礼的几位大臣再次前来商议，特使依旧予以拒绝。最终，大臣们在询问过英使行礼的肢体细节后选择了接受。[10]

马戛尔尼祝寿全程一共面圣三次，三次均行单膝跪倒礼。第一次是在 9 月 14 日，特使行礼后呈上英王亲笔书信，乾隆赠英王“如意”一支，请特使代为转交。特使在自己的游记中声明：“如意，取诸事如意、和平兴旺之意。”第二次是三日后的寿宴当天，特使只是仪式的一部分，没有单独被接见，仍旧行屈一膝之礼。最后一次是月底 30 日，皇帝为特使送行。马戛尔尼行礼后，皇帝特意差一人前来问候，表示听说他身体有恙，自己很牵挂，天气渐凉，如果在圆明园住着不舒服可以搬入北京城中。[11] 由此可见，乾隆根本没有因英国人行礼身法不合礼制而迁怒于他。在这半个多月的相处过程中，清朝官员始终以恭谨的态度、奢华的规格接待英使。问题在于，马戛尔尼此行并不是为贺寿、收礼而来，或者说他在乎的是更大的商贸之礼。

特使回京后没几天就见到了比自己小 13 岁的大清第一权臣——和珅[12]，和中堂拿来了大清皇帝写给他自家君主的回信。见清廷上下对通商三缄其口，马戛尔尼重申了本方需求。尽管乔治三世的信件在中文翻译后错解很多[13]，有些内容并非本来之意，但特使在他的游记中收录了重申条款的桥段，列出的六项要求清晰明确，它们就是英王国书中的重点。英王希望清政府允许英国商船在舟山（清时称“珠山”）、宁波、天津等处登岸，经营商业。特别是舟山周围的小岛，希望可以让英国商人存货、居住。此外，希望可以进入北京，设置洋行，买卖货物。如果可以，广州周围最好能听任英商人自由来往，不加禁止。另外还有两条关于税收的要求。[14]

这些“希望”与“要求”显然令“十全老人”猝不及防，满心欢喜变成了忧心忡忡，这位耄耋之年的帝王虽然好大喜功，但头脑仍旧清醒——在他写给英王的冗长回信中，已经解释了全部问题。在今天看来，乾隆的国书与之前历朝历代的宫廷发言没有区别，既要保全皇家威严，又要安抚对方情绪，甚至在措辞上相对平缓。回信中提到最多的是“英国人常驻北京不合适”，这应该也是乾隆最担心的问题，这份担心不无道理。英国人此刻迫切希望在北京常驻大使，一个重要原因是为工匠提供庇护伞，为让他们学习如何制茶、制瓷觅得良机，此前已经有人将瓷器样品带回英国。[15]乾隆皇帝给出了许多不必如此的理由，其中一个是这样提出的：

> 前次广东商人吴昭平有拖欠洋船价值银两者，俱饬令该管总督，由官库内先行动支帑项代为清还，并将拖欠商人重治其罪，想此事尔国亦闻知矣。外国又何必派人留京，为此越例断不可行之请，况留人在京，距澳门贸易处所几及万里，伊亦何能照料耶？[16]

由国家最高领导人出面，拿国家财政收入还商业欠款，并给本国涉事商人判重刑，在今天听来这该是全世界贸易的福音——事实往往是，被拖欠一方只得忍受或申诉无果。

几百年来，乾隆的回信一直饱受诟病，他甚至因此成了“傲慢君主”的代言人。问题在于，乾隆的国书是用中文写成，而翻译工作他个人无法把控。国书英译本中被指责最多的一句翻译回中文是这样的：国王啊，你理当尊重我的感情，在未来表现出更大的奉献与忠诚。这样，通过永远臣服于我们的王位，你就可以确保你的国家今后的和平与繁荣。[17]

然而在《敕英咭利国王谕》中，也就是原版回信中，上段中文文字对应的内容用现代文翻译后应该是这样的：国王，你理解朕的意思，要更加忠诚，要永远恭顺，这样你才能统治好国家，共享太平之福。[18]

虽然上述两句表达的内容方向基本一致，但前一种显然带有挑衅口吻，后一种则更像是严肃的劝诫。在当今国际框架下，如果有哪一国公使对出使国国政指手画脚，强行要求对方最高领导人答应本方的经济、政治诉求，那么换来的言辞必定比乾隆的国书强硬许多，且必然受到其他国家的谴责。

马戛尔尼回国后一直被炒作的“拒绝叩拜”并不是使两国交恶的症结，甚至不曾是矛盾点。西欧此时已经与明、清两朝直接接触了近300年，对要用什么说辞、行什么礼早已心知肚明。马戛尔尼的跪姿并没有错，错的是乔治三世交给他的任务一项也没完成。如果乾隆不是一位妄自尊大到无法沟通的皇帝，那么一定是马戛尔尼外交能力或要求本身出了问题，前者将不利于特使本人加官进爵，后者则会对大英帝国的一贯合理性提出质疑。

第二次“茶叶战争”

在整个 18 世纪下半叶，即 1752—1800 年英国在大清国购买了价值 1.05 亿银元的商品，尤其是国内日益增长的茶叶需求，进一步加剧了它与中国的贸易逆差。清政府对自己的茶更是出奇地自信。1816 年，嘉庆皇帝曾询问两广总督孙玉庭：“英吉利是否富强？”得到的答案是：“在西洋诸国中算强盛，但所以富足是因为在广东换取了茶叶，转卖给其他小国而来。只要断了茶叶供给，它必将穷困。”[19] 在对茶、银交易窃喜之余，清人完全没有注意到，英国此刻已经触碰到扭转商贸天平的砝码。就在马戛尔尼给乾隆拜寿 4 年后的 1797 年，英王又给大清准备了一份“大礼”——颁给英国东印度公司在孟加拉的鸦片生产垄断权。[20]

鸦片，来自未成熟的罂粟果实，提取其汁液，干燥即可得，很早便录入中国的药典书籍。在 16 世纪下半叶出版的《本草纲目》中，李时珍（1518—1593）将其记录在案，并给它起了一个好听的名字——阿芙蓉，原因是其花色似芙蓉。段中李药师还讲解了该如何从罂粟中提取“阿芙蓉”，但他不明白这种植物为何八月仍有青皮，[21] 显然没有见过活体生物，花色应该也是听他人描述而来。相信李药师怎么也不会预见，这枚绚丽的花朵将在未来榨干后辈的精气。19 世纪，鸦片在大清市场的繁荣不仅抵销了英国人购入茶叶、瓷器、丝绸所产生的费用，还令他们赚得盆满钵满。更致命的是，鸦片在朝中蔓延，使本就奉行利己主义的清廷文臣更加尸位素餐；鸦片在军中扩散，令本已军备废弛的清军更加不堪一击。

其实，看准鸦片利润的国家不止英国，只不过由于它垄断了印度种植园，其他国家很难找到大宗货源，比如美国就不得不绕道土耳其，收购鸦片。1818—1833年，美国人向中国走私了近500万美元的鸦片。当然，在英国人眼里，这点“成就”显然不值一提，他们同期向中国走私鸦片的价值超出美国人的20倍，在1亿美元以上。[22]如此恐怖的数字造就了1833年中英贸易的重要时刻。这一年，英国完成了鸦片与白银的“货币”迭代，它已经可以独立完成换取茶叶的任务。[23]从另一组数据中可以更直观地看到鸦片的“能力”，1752—1800年，有1.05亿银元流入中国；1808—1856年，则有3.84亿银元反向流动。[24]

促成英国后期对华贸易完全依赖于鸦片的原因除了罂粟植物容易获取、加工成本低廉外，还缘于英国获取贵重金属——金、银的途径受阻。1789—1829年，中美洲墨西哥以一己之力拉动了全球经济，其间它出产了约全世界80%的黄金、白银。然而，其实在19世纪10—20年代，全球白银产量已经腰斩，减产值达56.6%。[25]原因在于该时期拉美地区国家意识兴起，各地纷纷要求独立，墨西哥也随之步入独立战争时期，一打就是十几年。眼看换取茶叶的首选物质短缺——能取悦清政府的银子无处开采——英吉利要为鸦片在华销售扫清一切阻碍，哪怕赔上人命，哪怕走向战争。

在钦差大臣、强硬禁烟斗士林则徐抵达广州的一刻，鉴于英国对鸦片走私的孤注一掷，中英两国兵戎相见已经无法避免。1839年4—6月，林则徐在虎门分批销毁了英国驻华商务副总监义律（Charles Elliot）交出的两万箱鸦片。就在这期间，一群英国与美国水手在九龙找乐子时酒后闹事，拆了一座小庙的一部分，并随后与当地居民发生肢体接触，一位名叫林维喜的村民被打成重伤，第二天不幸遇难。义律闻讯后虽然认识到事态的严重性，却以“不知哪个人给死者致命一击”为由，轻判了涉事众人。随着林则徐根据道光帝旨意在1840年年初宣布正式封港，永远断绝和英国贸易，中英战争一触即发。

战争的过程并不离奇，结果也不出人意料。1842年8月29日，《南京条约》签订。在条约开篇双方的声明中，“大清大皇帝与大英君主”平起平坐，清的神坛已经粉碎，英的君主维多利亚（Alexandrina Victoria，1837—1901在位）正在开创属于她的时代。《南京条约》共13款，在第一款冠冕堂皇的和平宣言后，第二款立即明确了除广州外，还要加设福州、厦门、宁波、上海4个通商口岸。如果站在茶的角度，福州、厦门是为闽北、闽南茶而开，宁波、上海是为安徽、浙江茶而设。这样说一点都不过分，因为在战争开始前，不论是英的代表还是清的大臣都注意到，唯有茶真正牵动英国在华利益。[26]

出人意料的是，盎格鲁—撒克逊人在东方的生财之路并没有因五口通商而平坦。《南京条约》签订后，英国在1842—1856年茶的消费量翻了一倍多。1854年，英政府发现自己在对华贸易中竟再次处于劣势，收支出现高达800万英镑赤字。[27]如果一次战争没有解决问题，那么就有必要寻找借口再打一次。1856—1860年，第二次鸦片战争“如期而至”。这一次，英吉利又拉上了法兰西。这之后，大清的国门被炮火彻底洞开，曾经不可一世的东方大国此刻已是千疮百孔，遍地“口岸”。

战后茶贸易最惠国

1778年，莫斯科南面图拉市的一位钳工创建了俄国第一家茶炊作坊。最近也有研究显示，第一支茶炊可能源自1740年的乌拉尔地区。[28]无论如何，俄国此时已经成为全球第二个独立开发出茶具器型的国家。茶炊（Samovar）在俄文中写作“самовар”，由 сам——“自己”与 варит——“煮”构成，名副其实的自热炉，非常适合于在高纬度地区从事户外劳作的俄国农民。

茶炊底部可以容纳提供炭火热能的木炭或松果，中间是一根排气与送氧管道，直通容器顶端。火道周围包裹着储水容器，火不灭，水就永远是滚烫的。储水罐外接一个龙头，只要可以在野外找到溪流或积雪，高温消毒的开水便会从这个龙头源源不断地流出。除龙头外，这个器物的设计和今天中国北方涮肉用的铜锅类似。北方人在吃铜锅涮肉时，习惯把烧饼放在铜锅顶端的出气口加热，煮茶铁壶在茶炊上同样放在这个位置。通过持续不断加热翻滚，茶的浓酽程度可想而知，此时龙头中流出的开水刚好可以将茶稀释。其实，在茶炊发明后的很长一段时间，茶由于价格原因都未在俄国农民中普及，但拿掉顶端茶壶，它仍不失为一件煮水的好工具。

就在俄罗斯民族为自己饮茶风俗添置器具时，中华民族也忙着为给他们输送茶开发线路。俄国贵族钟爱的茶品恰恰产自距离他们最遥远的福建武夷山地区，要享用这份美味，着实需要费一番功夫。武夷白毫制作完毕后，需由人工肩背、担挑到浙江省淳安县，在那里装船入富春江，渡杭州，转吴淞口，达上海港，若天气好，这一过程需用时两周。在上海，茶会被装入更大的船运往天津。当然，如果不愿承担遇上海盗的风险，也可以陆路运输到天津。在那之后，茶继续旅程，托运通州，再北上张家口，去往库伦，最终达到中俄边境——买卖城。路况好时，这一段要花费一个半月。通常情况下，从武夷山到恰克图的物流时长为 3 个月。[29] 如此耗时的运输本需大宗货运作为支撑，但至少在 18 世纪末以前，中俄贸易都在被人为大力压缩中。

18 世纪上半叶签订的《恰克图条约》并没有让中俄贸易畅通无阻，乾隆皇帝曾在任内后期三度关闭互市，最后一次直到 1792 年《恰克图市约》签订后才恢复。[30] 因此，在这之前茶多数要从欧洲的另一端——英、德等国输入俄国，价格居高不下阻碍了它在俄民众间的传播。很可悲，真正让茶叶在俄国普及的并不是《恰克图条约》，而是《南京条约》。1842 年签订该条约以前，俄国每年茶叶消耗量仅有 600 万磅，这几乎是它能从各个途径获得的全部货品，但 1843 年，它从中国运出的茶叶量就有 1770 万磅，1851 年更是激增到接近 1 亿磅。[31] 如果说中英第一次鸦片战争提高了英国的茶叶摄入量，那么它带给俄国的则是根本性塑造全民饮茶习惯。

为什么武夷茶不需“拈花惹草”

18 世纪初，恰克图开始展现它存在的意义，但直到 19 世纪 40 年代后，它的潜能才被彻底激发。由恰克图直接输入的中国茶叶令俄国茶价大幅下降，茶由贵族专属奢侈品变为大众普遍消耗品。1846 年，莫斯科出现了 200 多家小餐馆，每天它们都要消耗总和

19.8 万俄磅，约合 8 万公斤的各式茶品。随着俄国经济的不断向好，1854 年它决定解除“不允许用白银支付中国货物”的禁令。一旦交换物由毛皮、药材、软革、活牲畜、动物骨、角等转变为货币，商贸效率随即大幅提升。[32]1850—1860 年，俄国茶叶销量稳中有升，从这时起，俄罗斯民族的茶叶普及工作宣告结束。历史又一次展现出它惊人的相似之处，在之后的一段时间里，俄国市场出现了此前英国市场进货量越大，茶叶越紧缺的问题，处理办法也一样——造假。

俄国的假茶可以分为两类。首先是以次充好，具体操作有：将价格便宜的茶叶当作贵茶出售；用炒过的砂糖给茶叶上色——这显然是红茶；将各等级茶叶混合再包装；将春茶与其他季节茶混合再包装。根据我个人多年对国际茶市场的了解，这四种情况今天依然在世界各地普遍存在。尤其是当茶叶被切碎之后，没人能对它最基本的品质——鲜叶外观溯源。第二类作假手法是：将本地灌木类、乔木类叶子植物与茶混合。这在今天根本不是问题，而且商家还特意为它起了好听的名字——拼配茶。将茶与其他花草拼配可以从两方面蒙蔽消费者：其一，茶的价值；其二，品饮本质。

高品质茶不论是土壤条件、鲜叶精度还是加工难度都远高于其他叶饮。因此，只要向高端茶中掺入其他植物花叶就会大幅降低成本、提高利润。糟糕的是，低端茶也可以通过掺入高香、高糖植物，有效弥补香气、口感不足的缺陷。久而久之，又有谁会多此一举，精选高品质原叶参与拼配。如此一来，拼配茶原料变得只以价格为导向，当然是越便宜越可能中标。发展到今天，一吨茶 500 美元在国际市场并不算低价收购。也就是说，按照摆在欧、美、澳超市货架上的茶包装内有 100 克茶计算，它的茶成本最多 5 美分，那么它标价 10 美元，基本相当于净赚 10 美元。这就是近代茶叶原料市场疲软，拼配茶却层出不穷的原因。更致命的是，茶品本身的营养成分也会因加入大量其他花、叶而大打折扣，让健康饮品彻底沦为这些茶的幌子。

反观从不拼配的高端茶，以口感丰富的乌龙茶为例。今天，武夷乌龙（也称“闽北乌龙”“岩茶”）通常每千克售价可达 6000 元人民币（约 1000 美元）以上。听上去似乎有点贵，但由于它滋味绵长，往往一个人喝一天的花费也不会超过一杯拿铁在任何国家的售价。世界上大概还没有哪个国家的拼茶师尝试用这种等级的茶参与拼配，它的口感层次由得天独厚的经纬分布与海拔高度抉择；由山场坡度与多孔土壤的地理条件决定；由制作环节的“半发酵”——做青工艺铸就，掺入任何其他香料、花叶本身就属画蛇添足。武夷乌龙在东亚、东南亚颇具市场，但几乎从未被批量引进到发达国家或地区，历史原因阻碍了那里的人接受自然最纯粹的馈赠。

尽管各式各样的假茶在 19 世纪后期骚扰着沙俄市场，却没有阻断俄罗斯民族的饮茶热情。随着第二次鸦片战争于 1860 年尘埃落定，俄国与欧洲各国均可以到满清内陆茶叶交易地——汉口购茶，恰克图与买卖城在 20 年短暂的辉煌后走向黯淡。20 世纪初竣工的西伯利亚铁路，让远东运输时长由原先的几个月骤减为一周，从而开启了俄国全新的饮茶时代，也彻底终结了恰克图的生机。今天，恰克图城仍屹立于外蒙古国与俄罗斯边境，买卖城却已荡然无存。要了解它们的过往，恰克图地方志博物馆是个好去处。

注释：

[1] 参见李国荣、林伟森主编《清代广州十三行纪略》，广东人民出版社 2006 年版，第 44 页。

[2] 参见李国荣、林伟森主编《清代广州十三行纪略》，广东人民出版社 2006 年版，第 47 页。

[3] 参见李国荣主编《帝国商行：广州十三行》，九州出版社 2007 年版，第 72 页。

[4] 参见冯廷佺、周国文主编《世界红茶》，中国农业出版社 2019 年版，第 46 页。

[5] 李国荣主编:《帝国商行：广州十三行》，九州出版社 2007 年版，第 38 页。

[6] 参见［日］浅田实《东印度公司：巨额商业资本之兴衰》，顾姗姗译，社会科学文献出版社 2016 年版，第 125 页。南海公司，1711 年以对南美洲各地进行贸易与殖民活动为名在英国成立。然而，公司在获得一系列特权后，真正目的是从事国家证券的投机。1720 年，南海公司股票疯涨，但“股市泡沫”在年中破裂，导致公司于年末破产。次年，英政府决定对参与决策的六名政府官员的受贿行为予以调查。

[7] Victor H. Mair & Erling Hoh., *The true history of tea*, Thames & Hudson, 2009, p.183. “In 1730, five English East India Company ships arrived in China carrying 582, 112 taels of silver — 97.7 percent of the value of the ships’ cargo.”

[8] 参见李国荣、林伟森主编《清代广州十三行纪略》，广东人民出版社 2006 年版，第 49 页。

[9] 参见［美］费正清《剑桥中国史》卷 10，转引自［英］蓝诗玲《鸦片战争》，刘悦斌译，新星出版社 2020 年版，第 4—5 页。

[10] 参见［英］马戛尔尼《乾隆英使觐见记》，刘半农译，李广生整理，百花文艺出版社 2010 年版，第 91—92 页。

[11] 参见［英］马戛尔尼《乾隆英使觐见记》，刘半农译，李广生整理，百花文艺出版社 2010 年版，第 99、116、117、134 页。

[12] 和珅（1750—1799），身兼数十个要职。他利用职务之便，结党营私，聚敛钱财。和珅经营的工商业与英国东印度公司、广州十三行都有商业往来。

[13] 参见覃仕勇《天朝梦碎：鸦片战争前后的中西大碰撞》，大有书局2020年版，第24—29页。

[14] 参见［英］马戛尔尼《乾隆英使觐见记》，刘半农译，李广生整理，百花文艺出版社2010年版，第147—148页。

[15] 参见［英］帕特里夏·法拉《性、植物学与帝国：林奈与班克斯》，李猛译，商务印书馆2017年版，第145—146页。

[16] 更多内容可参见《东华录》，转引自［英］马戛尔尼《乾隆英使觐见记》，刘半农译，李广生整理，百花文艺出版社2010年版，第140页。《东华录》由译者刘半农先生加入。

[17] Backhouse.E and J.O.P. Bland, *Annals and Memoirs of the Court of Peking*, Boston: Houghton Mifflin, 1914, pp.322-331。

[18] 更多内容可参见《东华录》，转引自［英］马戛尔尼《乾隆英使觐见记》，刘半农译，李广生整理，百花文艺出版社2010年版，第139—146页。《东华录》由译者刘半农先生加入。原文："尔国王惟当善体朕意，益励款诚。永矢恭顺，以保乂尔有邦，共享太平之福。"

[19] 覃仕勇：《天朝梦碎：鸦片战争前后的中西大碰撞》，大有书局2020年版，第66—67页。

[20] 参见［日］浅田实《东印度公司：巨额商业资本之兴衰》，顾姗姗译，社会科学文献出版社2016年版，第181页。

[21] 参见（明）李时珍《本草纲目》卷23《谷部二》，载陈士林主编《〈本草纲目〉全本图典》（第十一册），人民卫生出版社2018年版，第279页。

[22] 参见［英］罗伊·莫克塞姆《茶：嗜好、开拓与帝国》，毕小青译，生活·读书·新知三联书店2015年版，第67页。

[23] 参见覃仕勇《天朝梦碎：鸦片战争前后的中西大碰撞》，大有书局2020年版，第86页。

[24] 参见［英］蓝诗玲《鸦片战争》，刘悦斌译，新星出版社2020年版，第5页。

[25] 参见[英]蓝诗玲《鸦片战争》，刘悦斌译，新星出版社2020年版，第47页。

[26] 参见[英]蓝诗玲《鸦片战争》，刘悦斌译，新星出版社2020年版，第9、94页。律劳卑（William Napier），第一任英国驻华商务监督，1834年到达中国。他指出“英国在中国的核心利益是茶叶”。林则徐也曾承认，（中国商品中）只有茶才是英国人生活的必需品。

[27] 参见[英]蓝诗玲《鸦片战争》，刘悦斌译，新星出版社2020年版，第340页。

[28] 参见[俄]伊万·索科洛夫编著《俄罗斯的中国茶时代：1790—1919年俄罗斯茶叶和茶叶贸易》，黄敬东译，武汉出版社2016年版，第16页。

[29] 参见米镇波《清代中俄恰克图边境贸易》，南开大学出版社2003年版，第114页。

[30] 参见《清实录·高宗纯皇帝实录》卷1403，载郭平梁、纪大椿原辑《〈清实录〉新疆资料辑录（四）》，新疆大学出版社2017年版，第2378页。原文：“乾隆五十七年闰四月丁酉（1792年6月18日），谕，现在恰克图已准其照常贸易……”

[31] 参见[俄]伊万·索科洛夫编著《俄罗斯的中国茶时代：1790—1919年俄罗斯茶叶和茶叶贸易》，黄敬东译，李皖译校，武汉出版社2016年版，第12、41页。

[32] 参见[俄]伊万·索科洛夫编著《俄罗斯的中国茶时代：1790—1919年俄罗斯茶叶和茶叶贸易》，黄敬东译，李皖译校，武汉出版社2016年版，第129、42、115页。

世界作物、全球商品
（1964，肯尼亚）

随着茶在18世纪下半叶撬动全球经济，各国投资者纷纷瞄准茶叶市场，参与倒卖只是一方面，更多与之相关的农业拓展与物流服务都已箭在弦上。“剥夺中国的茶叶出口专利”并不难被提出，毕竟当时茶植物已经从中国扩展到朝鲜、日本、琉球、越南等众多东亚国家。如果哪个地方可以率先出产大宗茶叶，它便有可能取代中国在世界贸易中的有利位置。像13世纪金国曾经试图在本土培育茶以扭转对宋国的依赖一样，欧洲人从未停止对这种灌木植物的试种。尽管清政府明令禁止茶树、茶农离开本土，但公元552年的中国政府同样禁止蚕卵出口，最终还不是被两名景教（Nestorianism）教士私下带离中国，交给查士丁尼大帝的拜占庭帝国。茶植物本体也难逃走向世界的命运。

搞不来口岸，搞点茶树

茶树第一次落户西欧的时间出人意料地早——1763年，而在此之前这个计划已经筹措、实施了十几年。它的发起者就是18世纪全球最杰出的动植物学家之一——瑞典人卡尔·冯·林奈（Carl von Linné，1707—1778）。林奈的同事曾用“上帝创造、林奈整理”来形容他对生物学的贡献，这并不为过。他所创立的“双名命名法”无疑令全球动植物有了属于自己的“姓”与“名”，也令全球生物学协作效率大大增加。例如，他把“智人”写成 Homo sapiens——“聪明的人”；把茶的学名写作 Thea sinensis——“茶，来自中国的”；把青柠类别物种的第一个词定为 Citrus，尽管“小青柑”是当代茶品，但如果称其为“Citrus Puerh”，基本上可以得到国际认可。

林奈有位门徒在 1750 年前往中国，此行他有一项重要任务——为师父带回一棵茶树。徒弟其实已经在返航前完成了使命，只是由于船只起锚时，装茶树的罐子受到甲板上兴奋人群与船舷外礼炮轰鸣的共同震动，滚动、滑落海中。此后，林奈又尝试将茶种运回瑞典培育，但它们要么在旅途中夭折，要么在登陆后凋敝。好在这位动植物学家学生众多，终于在 1763 年得到回报，一株活体茶树被带到瑞典，但它还是没能挺过北欧寒冷的气候，渐渐枯萎。最终，在又一系列诸如茶树在船舱中被老鼠啃食，寻茶队伍从俄国经蒙古进入中国内陆被沙俄拒绝，将山茶树（Japanese camellia）错认成茶树而引入的种种失败后，林奈选择了妥协——沏泡瑞典当地植物的叶子。[1]

就在林奈为他的“茶树落户瑞典梦”殚精竭虑时，另一位小他三十多岁的博物学家则为自己即将参与环南太平洋之旅而踌躇满志，他的名字叫约瑟夫·班克斯（Joseph Banks，1743—1820）。1768 年，班克斯登上了詹姆斯·库克（James Cook）船长的“奋进号”(HMS Endeavor),开启了为期三年的探险考察。也就是在此次航行中,欧洲人首次发现了传说中的南方大陆——澳大利亚,班克斯有幸成为它的亲历者。1779 年,当英国下议院为安置罪犯向班克斯寻求意见时,他给出的理想安置地点正是此地,原因是那里的土著人比新西兰毛利人更害怕欧洲人,也就不会抵抗。在英政府犹豫不决时,他提出(大洋洲)新殖民地的建立会为航海业提供亚麻,此外,还会培育出茶叶、丝绸和调味品。[2]

班克斯对于植物的热忱来自它们提供的经济效益。要了解、比较不同植物的价值,就需要获取丰富的样本。班克斯为此积极培育“植物猎人”,他的方法是让这些人名利双收。在说服乔治三世为“植物猎人”提供薪水之后,班克斯又用名垂青史作为诱饵,如果谁能运来新物种,他会以猎取者的名字为该物种命名。如此一番操作,他的植物采集仆人囊括了政治家、士兵、海员、商人、传教士,渗透到每一个外交领域。1788 年,班克斯已经让英国乡下一块不起眼的小地点绽放异域光芒,面对着来自世界各地的植物,他自豪地表示:吾王在邱园——英国皇家植物园,中国皇帝在热河(今河北承德),虽不在一地,却可在同类植物的树荫下乘凉,感受同样的芬芳。[3]

茶应该是班克斯最看重的经济作物,就在他对邱园大加赞赏的这一年,他还提交了一份备忘录,内容是“沃伦·黑斯廷斯(Warren Hastings)关于从中国引进茶植物”的建议。[4] 黑斯廷斯可以称作英国历史上最著名的驻印度总督,正是他在 1757 年的普拉西战役中,为“日不落帝国”奠定了孟加拉之地。不过,1788 年的黑斯廷斯正处于被弹劾的旋涡中——所有功绩卓著的武将都必须过的坎。除了提建议，班克斯还将自己尽可能培养成茶树种植专家。他甚至直接建议乔治三世组织一次去往中国的植物采集远征。很快，这次植物采集就有了由头——1792 年，大清乾隆皇帝81 岁了。

有些近代书籍在讲述马戛尔尼 1793 年给乾隆祝寿时，提到出发前班克斯曾授意这位外交官，利用访华机会将茶树带出中国，但后者的游记中并未提及班克斯。当然，马戛尔尼随行人员中确实有一众喜好到处“收集”新奇动植物的人，茶树也确实被他们采集并最终成功送走。

在关于通商口岸的磋商失败后，马戛尔尼于 1793 年 10 月 7 日离开北京，前往澳门。途中他的心情似乎并未受到工作影响，像来时记录旅途的风土人情一样，每天他都在丰富着自己的中国见闻录。11 月 21 日这天，他来到了浙江、江西两省交界的玉山[5]，在这里他向当地人购买了一些茶树。马戛尔尼非常有经验地留下了茶树根周围的土壤，并决定将它们发往印度孟加拉。日记中，该段文字的最后马戛尔尼颇为骄傲地说：“如果当地（加尔各答）官员悉心照料，不出数十年，印度之茶必能闻名于世。”[6]18 世纪末，像几乎所有欧洲人一样，马戛尔尼显然还不知道：茶树三年即有初采、五年即已成熟、七年即可丰产。当然，他关于印度之茶的预言成真了。

争分夺秒的帝国茶园

1715 年 ，英国东印度公司先是获得进入广东的许可，后又加入定期从广东运茶回国的行列。可以说，英国茶贸易更像其东印度公司的私生子。1784 年《抵代税法》出台后，英国的茶价急剧下降，自此开启了全面普及之路。然而，激动人心的税法再一次为这家公司正名，捍卫了它在东方的贸易垄断权。与此同时，班克斯提出在印度甚至澳大利亚培育茶的可能性。怎奈世事难料，最终反而是俄国人率先涉足栽种茶园的事业。

1818 年，俄罗斯帝国黑海之滨的克里米亚地区出现了一个茶园，茶苗来自中国。1848 年，人们又将茶树移植到高加索的黑海沿岸，之后发展到当时俄帝国的其他地区——如今格鲁吉亚、阿塞拜疆等国。1885 年，来自中国的 15000 株茶苗被栽种到沙俄恰克瓦地区（今属格鲁吉亚）[7]，清晚期宁波一家茶场的经理助理刘峻周为此地开启了制茶之路。今天，如果访问恰克瓦市，仍可以找到刘峻周的故居与为他修建的纪念馆，而在格鲁吉亚出产的砖茶上仍能寻到刘先生的过往。

第二个拥有茶园的帝国仍然不是英国，而是曾经在 17 世纪不可一世的荷兰。尽管它的东印度公司在 1800 年的前一天宣布解散，1827 年的它已经和当初那个殖民帝国渐行渐远，但爪哇岛仍是其海外殖民地之一。爪哇在这一年迎来了一位荷兰茶商——雅各布森（J.I.L.L. Jacobson），茶商决定在岛上种茶，这显然不是他一个人的主意，因为就在同年晚些时候，带着“马车夫”残存的雷厉风行，500 株日本茶树被荷兰政府的船运到爪哇并种在茂物植物园（Buitenzorg Botanical Garden）。雅各布森以这些树叶为基础，根据自己的理解制作出了绿茶、红茶样品。只可惜日本植物在爪哇的雨林中水土不服，雅各布森在之后的 6 年选择踏上赴清之路。

从1828年到1832年，雅各布森以每年一次的频率往返于中国与爪哇的洋面，仅最后一次清廷腹地"寻宝"就让他获得了700万颗茶籽与15名茶工。[8]在此之后的15年，荷兰人把爪哇这个曾经的茶叶中转站打造成原产地，雅各布森也出版了欧洲第一部关于如何培育茶树的指导书。书中他介绍了这种植物的栽培方式、土地的选择，以及制茶的准备工作、操作方法。在贯穿爪哇岛中心的山脉上，茶园从山脚附近向山顶延伸，达到了一种海拔缓和的氛围。[9]茶树的根向往湿润，却不喜欢泡在水里，取山地种植正是深谙其理，雅各布森在中国完成了从茶商到茶师的蜕变。

比起"日不落帝国"，1818年的俄罗斯没有更适合种茶的殖民地，1827年的荷兰也不具备综合实力。它们之所以都能早英国培育出茶园，完全是拜英国东印度公司所赐。班克斯在19世纪早期就已经着手通过在印度种植茶树降低茶在英国的售价[10]，但他们的东印度公司此刻还有能力禁止其他英国企业或个人插足茶产业。毕竟，不论是种植还是贸易都会分走一杯羹，这显然不如独吞来得畅快。

1813年，英国东印度公司的贸易垄断权第一次受到挑战。英国国会通过《印度贸易垄断权废止》，允许一切英国国民享有在印度港口、贸易区域的贸易权、交易权与投资权。当然，英国东印度公司对"中国皇帝疆域"的贸易独裁仍在继续，但这并不能阻止它的日暮途穷。1833年8月28日，在一系列声讨与决议后，东印度公司对华茶贸易持续了120年的垄断权被废止。一旦更灵活的自由商人加入贸易阵线，像东印度公司这样运转缓慢的企业难逃被蚕食的命运。二手贸易商的特权被废，英国东印度公司只能转型一手制造业。培育茶园这个曾经被强力打压的提案，正式进入议事日程。

武夷山与大吉岭

1834 年，英国成立了一个“茶叶委员会”，戈登（C.J. Gordon）任委员会秘书。建会的目的非常明确——从中国引进茶树、茶籽，在印度选择合适的地区试种。1836 年，戈登向委员会交付了 8 万颗茶种，其中 2 万颗在加尔各答——英属印度首都的植物园中发芽，另 2 万株树苗被运到喜马拉雅山西麓的旁遮普地区，还有 2 万株植物去了印度东南海岸的马德拉斯，最后 2 万株被送到了阿萨姆。阿萨姆的树苗遭遇最惨，不到半年时间，这些来自中国的茶子茶孙锐减到 55 棵，它们中的大多数被牛吃掉了。[11] 事实上，这些树苗本来担负着极其重要的使命。（见附录《横行世界的“短裤茶”》）

说到印度茶的起源，世人通常会首先联想到罗伯特·福琼与他的著作《两访中国茶乡》，毕竟作为史上最具传奇色彩的“植物猎人”，他成功将中国武夷茶移植到了印度大吉岭地区。然而，真正让后人有机会认识、记住福琼的可能并不是他独一无二的实力，而是他无法匹敌的当代商业价值。荷兰人雅各布森在中国的经历绝不在福琼之下，而他的茶书对欧洲茶事业的贡献也绝对在福琼的个人游记之上。此外，福琼之前也已经有英国人把茶带出中国、种在印度。核心问题是，福琼盗取的茶苗、茶籽被种到了大吉岭。那里是印度茶园的“天选之地”，它所出产的红茶牵动着当代国际茶产业脉搏，它的缔造者自然要保住人气。

罗伯特·福琼于1843年与1848年两度来到中国，这是一段尴尬的时期。《南京条约》的签订令外国人获得了更多沿海贸易领地，但他们在部分内陆地区受到仇视。福琼之行的主要任务是获得更多茶种、茶苗，找到理想的茶叶种植、加工者。次要任务是用更多中国植物丰富自己在英国的植物园。根据当时的清代法律，外国人的活动范围仅限于通商口岸，进入内地属违法行为，但福琼数次潜华并没有受到太多阻碍。总的来说，能用钱解决的间谍活动都不是什么大问题，而比起猎取收获，福琼也并没花多少钱。

英属印度殖民地之所以以万计位消耗茶种，是因为它在试错，它要通过大面积种植排除掉那些不适合产茶的区域。茶质量并不重要，能否卖个好价钱只是宣传问题，首要任务是茶树需要发芽，茶叶能保证产量。因此，在中国茶种与印度土壤配对的过程中，成千上万中国植物成了失败的“小白鼠”。在确认过加尔各答、旁遮普地区、东南海岸与阿萨姆[12]不配对之后，大吉岭终于一扫阴霾，成功试种。自此，大吉岭这个从未光临过茶植物的喜马拉雅山南麓地区获得了全球最好茶树——武夷亚种（camellia sinensis var Bohea）的基因，而帮这些茶从种植、加工再到包装成箱的，是8位来自中国的技师。[13]

昙花一现的新鲜度意识

就在英国大力发展种茶事业的同时，美国也在为如何实现茶叶快速物流摸索经验。1784年，“中国皇后号”成功首航让刚刚建国的美利坚备受鼓舞，充满了对大洋彼岸的向往。“每一个小坡小溪，能容五个美国人居住的小村，都在计划到广州去。"[14]18 世纪末至 19 世纪初，一股持续升温的"中国热"席卷美国老牌东部十三州。短短 5 年后的 1789 年，访华商船已经激增到 15 艘，1805 年 41 艘，1832 年竟一口气发出 62 艘。[15] 伴随着对华贸易的发展，美国也在 1812 年至 1815 年完成了"第二次独立战争"。为了和英国人在大西洋上一决高下，美国人在战争初期投产了一款新型帆船[16]，而这些船将在接下来的半个多世纪中扬帆东方。

当代美国职业篮球联盟中，洛杉矶有两支球队：一支叫湖人（Lakers），另一支叫快船（Clippers）。快船指的是 1812 年美国人的一项发明创新——"飞剪式帆船"，寓意是"快"。飞剪式帆船拥有又长又窄的船身、横向宽展的船帆、高耸伟岸的桅杆，一旦它扬起风帆，即便只有微风，也可以超越同期任何汽船。1849 年，美国西海岸发现黄金的消息引爆了淘金热，大批飞剪船成为那些心急如焚淘金者的摆渡工具。[17]19 世纪 50—70 年代是飞剪船的全盛时期，在英国人成功仿造它之前，美国人曾用自己的发明夺取了远东和英国之间的茶叶贸易运输权。[18]

当然，这一切改变还要归结于 1833 年英政府对英属东印度公司垄断中国贸易的废除令，国际茶贸易背后巨大的利益被点亮，更多人获得参与其中的机会，动力十足。尽管蒸汽轮船在 19 世纪 40 年代问世，但飞剪式帆船还是凭借其速度优势，助一箱箱茶叶漂洋过海。为了实现心中的致富梦，参与者甘愿为茶绞尽脑汁、承担风险，有些人甚至赔上了性命。由于飞剪船通过风力驱动，所以它并不需要选择最短路线，只需找到最强的风道即可。强力风道、全速航行，追逐利益背后也隐藏着一次次船毁人亡。

速度更快就意味着茶品更新鲜，难怪涤染过的绿茶会在此时风靡北美市场且不受怀疑。其实，除了消费者意识到运输时长与茶叶质量成反比之外，声势浩大的竞赛机制本身就是抢眼的广告投放。“海巫号”从中国运茶 74 天后便进入纽约港；“岛主号”仅用 90 天就完成了难以想象的运茶任务；“太平号”提前“羚羊号”20 分钟到港！这些消息胜过任何市场宣传。不论到港先后，它们的货都能在拍卖会上点燃人们的情绪，都会令茶成为街头巷尾的谈资，哪怕实际航行天数仅减少十几天。

1869 年，随着苏伊士运河的通航，从欧洲前往印度洋变得异常便捷，英国到中国的航线也因此缩短了 4000 海里。运河不仅锐减了航程，还可以为过往船只添加燃料——煤。自此，载货量更大的蒸汽轮船成功上位。事实上，飞剪式帆船的名气远大过实际，它的职场生涯很短，随着 1872 年最后两艘英国帆船运茶竞赛落下帷幕，这种快速帆船的历史随即尘封。运输速度确实曾唤起了人们对于茶质量的关切，只可惜蒸汽船廉价的成本太诱人。汽笛声声起，无帆剪风浪。隔洋取利益，何患碧叶汤。与节省物流开支相比，消费者是否喝氧化、变质的茶似乎并不是大问题。

第三世界国家经济助推器

斯里兰卡

随着 19 世纪末 20 世纪初茶被培育到除南极洲的每一块大陆，它对全球经济的贡献日渐显著。在茶贸易刺激消费市场的同时，茶种植也逐渐融入第三世界国家人民的生活。继格鲁吉亚、阿塞拜疆、印度之后，亚洲又有斯里兰卡、土耳其、伊朗、巴基斯坦、尼泊尔、阿富汗等国先后加入产茶行列。以斯里兰卡为例，它的茶叶种植史极富戏剧性。斯里兰卡本以咖啡起家，今天它已经成为全世界第四产茶大国。

锡兰（Ceylon），南亚美丽的岛屿，在整个19世纪上半叶都以咖啡作为经济支柱。然而，1869年一场突如其来的植物传染病冲散了原本烘焙咖啡豆的芳香。种植园主管发现咖啡树叶上出现黄色的锈状斑点，后来人们称其为“咖啡锈病”（Hemileia Vastatrix）。谁也没想到，在不到10年的时间里，这种“黄锈”会席卷全岛，种植园无一幸免。万幸的是，在“咖啡锈病”发作前，人们在种植园内混种了一些金鸡纳树，它们让痛失咖啡的锡兰人多少得到了一些抚慰。可惜好景不长，19世纪晚期，金鸡纳由于产量过剩，价格一路暴跌到只有之前的十分之一，一蹶不振。至此，命运似乎只为锡兰留下一种值得托付的经济作物——茶。

“咖啡锈病”出现前，茶的引种一直没有得到种植园主们太多关注，毕竟那不是类似于从制作红茶到制作白茶的转变，而是要置换土地上的植物。1873年，23磅锡兰茶叶被送到伦敦，它在那里广受好评，这极大地鼓舞了处于失落中的种植园主。从那一刻起，茶开始取代咖啡，成为锡兰人心目中第一作物，人们决定砍伐咖啡树，改种茶。之后不久，茶便化身岛内第一饮品。1882年，锡兰茶已经可以自给自足。至1890年，锡兰全国适合于种茶树的地区基本都已被这种植被覆盖。[19]1972年以后，由于锡兰将自己国家的名称改为斯里兰卡（Sri Lanka），全世界都以此来称呼它，只有在提到茶时，人们才会使用它的曾用名。

非洲

茶叶在21世纪依然以亚洲为主要种植地，但这并未妨碍它为广大非洲民众谋幸福。非洲各国在20世纪50—60年代才先后摆脱殖民者。然而，政权独立并不代表经济独立，许多地区在之后的很长时间都未能解开束缚、摆脱绝对贫困。茶就是在这样的社会背景下为它们提供了全新的生机。肯尼亚、马拉维、坦桑尼亚、乌干达、赞比亚、卢旺达、马里、几内亚等非洲国家的众多人民都为自己谋求了新职业——茶农。肯尼亚，这颗镶嵌在东非大裂谷上的明珠，更是一跃成为全球第三大产茶国。

其实，非洲饮茶史并不是起源自大陆东端的大裂谷地区，相反是在遥远的西北海岸。摩洛哥拥有得天独厚的地中海入口位置，自古便是兵家必争之地。同时它又毗邻大航海时代的发起者——西班牙、葡萄牙，这份“天赐良缘”直接让战火在15世纪初烧到其家门口。1415年，葡萄牙人无法抵御摩洛哥广袤海港的诱惑[20]，占领了摩洛哥北部重镇——休达。后来在1662年查尔斯二世与凯瑟琳·布拉干萨联姻时，葡萄牙将休达的丹吉尔港作为聘礼的一部分上贡不列颠。然而，英国人并未守住这处风水宝地。1684年，摩洛哥将军阿里·伊本·阿卜杜拉·里菲武力托管了这座港湾，抹除了英国人在此的短暂记忆。

当然，穆斯林也并非一开始就拥有丹吉尔港，只不过阿拉伯人比欧洲人早来了700多年，在公元8世纪初将文化注入此地。伊斯兰教改变了摩洛哥原住民——柏柏尔人的生活，化身教徒的他们有一项重要任务——去伊斯兰教发源地朝圣。从陆路朝圣的角度，摩洛哥伊斯兰信徒虔诚无比，他们需要从非洲大陆西北极角横跨大陆，穿越撒哈拉沙漠地带，途经苏丹，过红海，才能抵达圣地——阿拉伯半岛上的麦加、麦地那。

18世纪，这条朝圣之路历经千年已经被开发得相当充分。曾经只专注于朝圣的大队人马此刻又加入了商业行为。他们负责向苏丹地区输送来自摩洛哥本地的谷物、宗教书籍、丝绸服装、烟草，来自地中海东部的香料、丝绸，以及来自欧洲的纺织品、糖、咖啡、茶、玻璃制品与火器。[21]由此可见，在商贸之路的原点，摩洛哥人必定更早接触茶。而大概率上，最初他们从欧洲人那里购买的是绿茶——此种饮品在当地流传至今。与东非、欧洲大部地区、西亚、中亚偏好红茶不同，摩洛哥、阿尔及利亚北部、突尼斯地中海沿岸的民众更专情于绿茶。

东非是整个非洲率先引进茶苗的地区，然而起步依旧很晚。肯尼亚1903年才由欧洲人真正引入茶种。那时，肯尼亚全国只有596名欧洲人，有约2000公顷土地归他们所有。1914年3月底，欧洲人数上升到5438名，土地面积也增至26000公顷。1929年12月底，人数进一步上升到16663名，所占土地也增加到2740000公顷。[22]然而，真正发展肯尼亚茶事业的人并不是他们。1964年，也就是肯尼亚建国的同年，它的茶叶发展局将小农（也就是非洲人）纳入茶叶种植者行列。之后，茶叶种植面积从1965年的4400公顷迅速增加到1982年的54689公顷[23]，肯尼亚农民才是本国茶树真正的播种者与收获者。尽管今日非洲茶农的总收入依旧比驻扎在当地的跨国茶企少得可怜，但起码他们可以拥有自己的茶树——自己的性命。

巴西

如果从中国过地心向下作垂线，发现的陆地不外乎阿根廷、巴西、乌拉圭这些南美洲国家。即便是在距离茶原产地最遥远的这一方天地，它的民众也在近代与茶结缘，其中一部分甚至与茶为伴——照料着种植园中的茶树。南美洲茶灌木传入的时间并不算晚，清嘉庆十七年（1812）已有记载：中国茶树登陆巴西，被种在里约（Rio de Janeiro）的植物园中。[24] 也就是说，巴西比俄罗斯和英国都更早实现茶植物本土化。只是由于植物园种茶面积有限，才未在开始阶段形成规模。更出人意料的是，与茶树同时抵达的还有清代茶技师，他们将茶的种植、加工技艺落户南美，之后扩展到圣保罗与米纳斯吉拉斯等地。

19 世纪中叶，一场被本地人称为“戏剧性的转变”正在巴西未来第一大城市——圣保罗上演。在城市周围，接近两万人参与到耕地改良中，为的是巩固他们“世界最大咖啡出口经济体”的核心地位。然而在此之前，这些人主要是茶农。[25] 不论是曾经的茶还是后来的咖啡，都成为后世圣保罗枝繁叶茂的根基，如果仅是作为巴西内陆货物前往港口——桑托斯的中转站之一，它没有可能发展出当代的规模与繁荣。

其实，对于人类文明进程与世界人口温饱来说，茶植物普及后能完成的使命远大于它在中国独自生长。智人所谓的进步本来就是在彼此欣赏、借鉴，或者换个词——剽窃后，百尺竿头，更进一步。印度将棉花、甘蔗、鸡传播到中国和西欧。中国接纳葡萄藤、苜蓿、黄瓜、无花果、芝麻、石榴树、核桃树；输出橘树、桃树、梨树、牡丹、杜鹃花、山茶，这些活动都在古典时期顺利达成。[26]它们是一种可以令人类普遍受益的物种交换与知识互补。中国茶树传播到瑞典、巴西、俄国、印度，或是更早的日本、更晚的肯尼亚，都可以看作之前交换的延续，只不过发生的时间更接近现代而已。

令人真正纠结的可能是制茶方法的流失，毕竟在当今社会它属于受保护的“知识产权”范畴，但这更无须过分忧愁。让我们回到本节开篇提到的公元 7 世纪早期的小亚细亚。由于查士丁尼大帝在 50 年前收到桑蚕，此刻该地区已经建立起完整的养蚕业，“但中国丝绸仍因美感与品质高超而备受欢迎”[27]，甚至直到千年后的 19 世纪，它依然是西方对中国的印象之一，受欢迎程度不输茶叶、瓷器。当今世界——在去除商业运作的光环后——即便许多国家参与生产，距离掌握积累了两千多年的茗品加工工艺，制作出品鉴级茶叶仍有很长的路要走。（见附录《横行世界的“短裤茶”》）

注释：

［1］参见［瑞典］卡特里娜·马尔默《林奈：打开自然之门的大师》，邓武译，中国民主法制出版社 2018 年版，第 34—43 页。

［2］参见［英］帕特里夏·法拉《性、植物学与帝国：林奈与班克斯》，李猛译，商务印书馆 2017 年版，第 153 页。

［3］参见［英］帕特里夏·法拉《性、植物学与帝国：林奈与班克斯》，李猛译，商务印书馆 2017 年版，第 140 页。

［4］Subodh Kapoor, *The Indian encyclopaedia*, COSMO Publications, 2002, p.6989. "At the request of the E. I. Company, on the suggestion of Warren Hastings, Sir Joseph Banks in 1788 had drawn up a memorandum recommending the introduction of plants from China."

［5］玉山县今天隶属于江西省上饶市管辖，茶叶依然是当地的特产之一。

［6］［英］马戛尔尼：《乾隆英使觐见记》，刘半农译，李广生整理，百花文艺出版社 2010 年版，第 194—195 页。

［7］参见［俄］伊万·索科洛夫编著《俄罗斯的中国茶时代：1790—1919 年俄罗斯茶叶和茶叶贸易》，黄敬东译，李皖译校，武汉出版社 2016 年版，第 120 页。

［8］Victor H. Mair & Erling Hoh., *The true history of tea*, Thames & Hudson, 2009, p.218.

［9］Subodh Kapoor, *The Indian encyclopaedia*, COSMO Publications, 2002, p.6984. "published a book upon the mode of cultivation this plant, upon the choice of ground, and the best processes for the preparation and manipulation of the leaves. On the mountain range which runs through the centre of the inland, the tea gardens, extending from near the base high up the mountains reach an atmosphere tempered by elevation."

［10］参见［英］帕特里夏·法拉《性、植物学与帝国：林奈与班克斯》，李猛译，商务印书馆 2017 年版，第 144 页。

[11] 参见 Victor H. Mair & Erling Hoh., *The true history of tea*, Thames & Hudson, 2009, p.212;[英]罗伊·莫克塞姆《茶：嗜好、开拓与帝国》，毕小青译，生活·读书·新知三联书店 2015 年版，第 89—95 页。

[12] 阿萨姆本地茶属大叶种乔木茶，与云南普洱周边地区的茶属同一亚种，该是更早时期由云南先民传入。关于它的起源如今仍属于植物界争论的话题。更多关于阿萨姆茶的信息见附录《横行世界的“短裤茶”》。

[13] 参见[英]罗伯特·福琼《两访中国茶乡》，敖雪岗译，江苏人民出版社 2016 年版，第 399 页。

[14] [美]休斯:《两个海洋通广州》，转引自卿汝楫《美国侵华史》第一卷，生活·读书·新知三联书店 1952 年版，第 27 页。

[15] 参见蒋相泽、吴机鹏主编《简明中美关系史》，中山大学出版社 1989 年版，第 11 页。

[16] 参见[英]罗伊·莫克塞姆《茶：嗜好、开拓与帝国》，毕小青译，生活·读书·新知三联书店 2015 年版，第 81 页。

[17] 参见[英]布莱恩·莱弗利《改变人类历史的交通工具　船舶》，姚典译，长沙少年儿童出版社 2019 年版，第 21 页。

[18] David M. Kennedy/Lizabeth Cohen, *The American Pageant: A History of the American People (Sixteenth Edition)*, Cengage Learning, 2016, pp.301-303. “In a fair breeze, they could outrun any steamer. They wrested much of the teacarrying trade between the Far East and Britain from their slower—sailing British competitors.”

[19] 参见罗龙新《闻着茶香去旅行：斯里兰卡红茶故事》，浙江人民出版社 2017 年版，第 11—18 页。

[20] 参见[肯尼亚]B. A. 奥戈特主编《非洲通史　第五卷　十六世纪至至十八世纪的非洲》，中国对外翻译出版有限公司 2013 年版，第 174 页。

[21] B.A. Ogot Editor, *General History of Africa · 5*, UNESCO, 1992, p. 323.

[22] A. Adu Boahen, *General History of Africa · 7*, UNESCO, 2011, p. 174.

[23] Robert M. Maxon & Thomas P. ofcansky, *Historical Dictionary of Kenya*, The Scarecrow Press, 2000, p.243. “In 1964, the Kenya

Tea Development Authority, which also markets tea, increased smallholder (viz. African) tea planting from some 4, 400 hectares (10, 868 acres) in 1965 to 54, 689 hectares (135, 082 acres) in 1982."

[24] 参见冯廷佺、周国文主编《世界红茶》，中国农业出版社 2019 年版，第 90 页。

[25] Jay Kinsbruner, Latin American History and Culture · 5, p.759, Gale Cengage Learning, 2008. "Early in the century, with a population approaching 20, 000, its primary product was tea, won with great effort from the infertile land surrounding the city."

[26] 参见［美］斯塔夫里阿诺斯《全球通史》(上册)，吴象婴等译，北京大学出版社 2016 年版，第 87 页。

[27] ［英］伯纳德 · 路易斯:《中东两千年》，郑之书译，国际文化出版公司 2017 年版，第 46 页。

附录

将时空串联的液体

（2014，澳大利亚）

2014 年，我决定在南澳大利亚州首府阿德莱德市开一家中西合璧的茶叶店，它既要保持东方茶的品质本色，也要融合西方线下的零售风格。我确信传统与时尚会在这里碰撞出奇幻的商业火花。经过 4 年半在一线的经营，感谢一切需要感谢的“神灵”，茶店已经成为这座城市一道亮丽的文化风景。在这其中，我个人最大的收获莫过于有机会与世界各地茶客直接交流，我很享受引领大家开启茶世界大门并逐步深入的过程，产品售卖不需要急功近利，是“导览”的相应回报。当然，在品牌创建之初，我可没有后来这份心态。

21 世纪重新认识茶

澳大利亚是个移民国家，阿德莱德市在这方面更是特点鲜明。100 多万人口中，有来自世界各个角落的移民，各国文化在这里碰撞、交融。在线下店经营过程中，据不完全统计，我曾为澳大利亚、加拿大、美国、英国、德国、意大利、希腊、北马其顿、埃及、以色列、黎巴嫩、伊朗、俄罗斯、韩国、日本、越南、印度、马来西亚、新西兰等几十个国家的茶友服务过。除了很少一部分来自东亚的移民之外，多数茶爱好者都是在我的协助下叩开了茶道之门。

在线下店开业前两年的筹备阶段，我就对澳大利亚茶叶市场进行了全面而细致的调研。令我费解的是，直到21世纪的第二个十年，这个国家竟仍被如此等级的茶叶占据市场——没有任何一款能让我勉强下咽。绿茶、轻发酵乌龙茶没有放在冰箱中保鲜；红茶、茉莉花茶存储时间过久且未经密封。不论它们的价格有多么昂贵，喝到的尽是腐败、变质的味道。这无疑在产品端给予我极大的自信。我也曾尝试给一些本地朋友用中国传统方式沏泡茶叶，但效果并不理想，大多数友人没有感受到这样喝茶的意义。这显然是销售端对我提出的挑战。

在做好了充足的资金与心理准备后，我的茶店在阿德莱德市最高价的地段——租金是“中国城”的3倍多——落了户。自开店之初，我就坚决贯彻传统冲泡方式，不是因为执拗，而是我深谙其中的道理。小茶壶、小茶杯、中式茶席，注水暖器、沏泡分茶，历经数百年修炼，泡茶仪式水到渠成。但当地人并不这么认为，大家纷纷对工夫泡茶投来异样的目光，经常有顾客会在中式茶套组前驻足，然后微笑着问我：“这些茶具难道不是给小孩子用的吗？它们为什么会这么……精致！”我用了足足3年时间为这座城市大多数饮茶人解答这个疑惑。

18世纪的"饮鸟"杯

自20世纪初袋泡茶在美国无意间问世以来，它仅用了将近100年就从无人问津变为趋之若鹜——占据全球90%销售市场。欧、美、澳许多连锁超市中，满满一货架的茶包装，根本没有除袋泡茶以外其他规格的货品，但小布袋有许多顽疾。密闭性差是很显然的，在这种极简包装下，几乎任何茶（除黑茶）都会因与外界空气接触而氧化、变质。当然，最致命的还是它改变了消费者的饮茶行为，在满足方便快饮需求的同时，彻底阉割了茶饮兴盛以来的仪式性。人们可能会问："不就是喝个'速泡饮料'吗，茶除了让白水多些味道还能干吗？"这正是在最近这100多年间迅速根植的问题。

其实，茶在最初传入欧洲与美洲的200多年间，一直笼罩在强烈的东方氛围下，贵族茶饮秉承着精致的原则。即便器型不像近代中式工夫茶茶具这么小，也从不倾向粗重。工夫茶仪式在中国成形较晚，距今至多300年。在仪式操持中，300毫升的茶壶已经算大器了。4—8克剂量的茶叶需经反复冲泡[1]，每一泡茶要被均分到品饮者的小杯中，这样做为的是感受茶叶不同冲泡程度味道与气韵的差别，茶杯至大一满口。没有添加、没有干扰，当舌苔经过茶汤的深度洗礼后，会感知、反馈茶最真切的品质优劣。就像品酒一样，固然杯子大——为了让酒体与空气迅速、充分接触——但品尝量只要确保沾满口腔的每一个味蕾即可。

分阶段小口啜茶的另一个好处在于心理层面。不论是准备环节还是品饮之中，将身法节奏放缓有利于让精力汇集于一处，这是跳出世事、松弛神经最行之有效的方法之一。随着与客人们逐渐熟识，我从他们口中得知了“当地人之所以不理解小口喝茶”的诱因。主要是之前市面上买到的茶质量太差，与“品”这个动作无法建立联系，静心更是无从提起。有些人喝茶单纯是听说它的某些药效，另一些人则是为了给自己一个喝甜饮的机会——加糖后的茶。上述两个原因都没必要使用小杯，因此人们才会对它的实用性产生疑虑。事实上，工夫茶在清代刚刚兴起的那些年，小杯文化也并非一蹴而就。18 世纪末的一首诗，诙谐地记录了初见小杯，当事人的感受。

故事被一位乾隆年间的进士记录在案，他的名字叫袁枚。1786 年，七旬老人袁枚游历到福建武夷山，发觉自己置身于茶的国度，逍遥自在、好不快活。品茶时，接待他的道士边介绍自己的茶好，边从袖口中掏出一把茶壶。那壶的小巧程度出乎袁枚的意料，斟茶的杯具更是让袁枚既惊又喜，不禁打趣道[2]：

道人作色夸茶好，
瓷壶袖出弹丸小。
一杯啜尽一杯添，
笑杀饮人如饮鸟。

武夷山，唐末、元代的皇家贡茶园所在地，一直令世人推崇备至。又因为后世它的茶师先后发明了红茶、乌龙茶以及间接性创造了白茶，令其成为当代茶爱好者的“朝圣之地”。没想到作为行业最经得起时间考验的风向标，它也曾经被人质疑过权威性、开过玩笑。比起袁枚诗中这么直截了当的评价，阿德莱德的客人们显然已经嘴下留情，但每当我为茶客解释小杯用法时，还是会产生一种回到过去的穿越感——仿佛自己是那位引荐新茶具的道人，而身前的爱茶人已经忍俊不禁。

17 世纪的“水晶球”

当然，文化并不总是单方向输出，有时它也会由我的客人输送给我。开店的前半年，沏茶时我总爱用白瓷盖碗，如果需要渲染情绪，也可以称之为“三才杯”。它由盖子、杯托和杯身组成，分别对应着东方哲学中的“天”“地”“人”。总之，它可以代替茶壶作为泡茶的工具。尤其是沏泡绿茶，每次打开杯盖加水时，青翠的茶色都会在乳白色器物的映衬下显露无余，令人垂涎。每当我低头望向茶叶时，经常会被问：“在中国，你们的茶能‘读到’什么？”起初，我会略带疑惑地笑笑，惊讶于当地茶友们的专业知识——我以为客人是在问我如何通过叶底、汤色判断茶质量。但时间久了，我发现他们并不关心这些。

在又一次遇到相同的问题时，我终于按捺不住好奇心，回问了客人：为什么要用“读”（read）这个动词，同时再一次解释了叶底和汤色的区别。我的表述被客人突如其来的哈哈大笑打断，他甚至没有理会我的茶艺培训，为我解释道：“‘读茶’是类似于迷信的行为，当代人大多不信，但仍然有人热衷于此，特别是当‘算命师’貌似吉卜赛人的时候。”他继续解释道，“尽管西方人都明白这种‘超自然’行为大概源自吉卜赛人，但还是主观认为‘读茶’应该多少与茶的发源地——中国有关。”我恍然大悟后为他解释，在中国冲泡之后的茶叶称为“叶底”，它无法预言我们命运，倒可以述说茶的过往，例如，油亮的叶底代表茶相对新鲜。当然，那天交谈的兴奋点显然不在此处。

在与另一位女性熟客的交谈中，我进一步了解了这种17世纪的“巫术”。她是一位苏格兰移民的后裔，看样子在50岁上下，很喜好茶，也愿意为营造更好的品茶环境投资。“读茶”这件事在她很小的时候就接触过，据她介绍，她的祖母是这方面的行家。要完成“读茶”首先必须冲泡整叶茶，后来流行欧洲的碎茶可没有“法力”。泡茶的杯子最好是白瓷，上宽下窄便于观察。这就难怪每次我掀开盖碗盖子时，大家会条件反射地提出“你们怎么读茶”这个问题。准备工作做好后进入实操环节，在一系列带有神秘色彩的转盏拿杯仪式后，占卜随之奉上——根据茶叶的姿态、位置来判别，预知未来。

女士边给我介绍，边指着某片茶叶对我说：“比如这个区域就预示着家里发生的事。”就在这时，我发现她的指甲里沾满泥土，她自己似乎也注意到了，并十分歉意地告诉我，这是因为在家收拾花园造成的，然后兴致不减地继续着她的话题。她的表情、手势甚至是指缝中的新泥，太符合她要模仿的对象，以至于有一刻，我感觉自己置身于两百年前的地中海北岸，对面是一位“通灵”法师。水晶球？根本不需要，这碗残茶会告诉我想知道的一切。

16 世纪的新材质

能从客人身上获得的不仅有故事，还有审美共鸣。在澳大利亚开始传播茶文化的 6 个月中，我交到了一些朋友，他们对茶的热爱源自天性，当大多数本地人对传统中国茶这个“新生事物”仍处于观望状态时，他们选择坐在我的对面，聆听茶的往事。这其中有一位老人家，名字叫 Bill，是位忠厚长者，后来我敬重地称他为“毕老爷”，尽管他并不知道这一点。Bill 第一次光顾茶店时的情景令我终生难忘。

那是 2014 年 4 月中旬茶店试运营的一天，由于临近复活节，不大的店里人头攒动。门口走来一位老先生，我的目光很快锁定在他的身上。他的头发、胡子全白，但仍然带着澳大利亚青少年独有的抗冻能力——深秋也可以只穿背心短裤。他的上衣很有年代感，以至于有些松垮地贴在身上。如果在街上看到他，通常会认为他是生活条件相对艰苦的老者。他的两只眼睛不停地检索着货架高处的瓷器，而那里摆放的都是高端观赏瓷，老人家对它们的喜爱显而易见。在环顾茶店一圈之后，他又一次驻足在一只“黄底福寿粉彩缠枝牡丹盖碗”前。我走上前去将盖碗取下，放在更低的位置让他可以近距离观察，并做了简单介绍。临走前他询问了盖碗的价格，并惊讶于这个小家伙可以买两套茶具礼盒。

20 分钟后，Bill 回到店里，买了那只盖碗。原来他是因为没有随身携带足够的现金，而当时店铺申请的刷卡机也还未安装，他不得不到隔一条街的银行提现。自那之后的两个月，Bill 频繁光顾茶店，几乎买全了货架高处所有茶具和店内最高品质的茶，这也为我提供了全面了解他的机会。Bill 是城市精英阶层，有祖产、有积蓄。但他表示，在我来之前他多么昂贵的茶都尝试过，他从不认为茶好喝，或者更客观地说，他并不知道茶原本有这样的味道与层次。之后，我又无数次从世界各地茶客口中听到类似的描述。

2014 年年底前，茶店并没有引入紫砂壶。尽管中式高端硬质瓷和当地茶店出售的软质瓷不是一类瓷器，但起码外观相似。紫砂的材质有点像泥，在这座刚刚被茶文化浸润的城市，到底会有多少喜好者，我没有数据支持，也没有信心。另一个原因来自价格。虽然当时很多壶师告诉我 90% 紫砂壶使用者辨别不出注浆壶[3]，我还是坚持要售卖传统器型、纯正原料的紫砂茶具，但它们的成本与运输过程中的破损风险令人忧虑。事实也的确不容乐观，在前期众多看过紫砂壶照片的受访者中，许多人对它的样貌无感，却对价格惊讶不已。即便如此，我还是决定少量尝试。

第一批紫砂壶分两次运抵，每次五把。Bill 购买了第一批中的两把和第二批的全部。在他第二次购买时，我有些诧异，问他买这么多壶做什么，尤其是在已经拥有很多瓷壶的前提下。他告诉我说，他的人生中只有最近这半年才品到了真茶，也快速弥补了之前对瓷器认知的缺失，但当他看到紫砂时，仍然觉得这种材质更符合某几类茶的气场，茶与器匹配在一起自然、大方。仿珐琅彩瓷固然亮丽，却比不上紫砂的舒适。这段简短的评语令我感慨不已，紫砂壶因茶而生，与茶为友。这个观点我之前似曾相识。

紫砂，成名自 16 世纪的制壶匠人——龚春（或供春），如今以他字号命名的壶型仍属经典。在那个世纪末，五色砂石这种新材质已经被广泛认知，所出产的茶具严重冲击了瓷器、锡器与银器的地位。明末有位文人专门写了一本书，翔实记录了民间制壶业最初的31位能工巧匠。他在描述宗师级艺人时大彬（1573—1648）时，称其不喜艳媚，崇尚素雅、饱满，技艺绝伦。[4]明之后的清代，更多文人参与设计、点评、制作紫砂壶。乾隆皇帝一生嗜茶，对茶具的选用颇为挑剔，他特意命人烧造过一批做工精细的紫砂茶具。[5]正是数十代紫砂匠人的孜孜以求，才令紫砂艺术动人心弦、历久弥新。紫砂是唯一与茶相生、相惜的材质。通过使用这样的茶具，Bill 领会了茶人的真挚，尽管“以器载道”常被提出，但真切悟性却不常有。（附图 1）

在 Bill 与我交谈时，有过这样一个瞬间：他拾起一把石瓢光器，扭过身来与我促首端详。而我却在几秒后出神了，随之在脑海里浮现出一幅山水人物画。墨色间，两位角巾素服的古人正在青石板上欣赏、把玩着他们喜爱的陶壶，那老者皓首苍髯，那青年兴趣盎然。

附图 1　民国时期大师制作的紫砂壶 宜兴陶瓷博物馆藏

8 世纪的配件

2018 年回国后，我继续为国际茶叶爱好者分享茶故事。在一次为外交部服务局旗下语言、文化中心分享茶课时，我有幸与来自五大洲近十个国家的宾客欢聚一堂，那天他们戏称我是“联合国驻茶大使”。席间，每位参与者都很舒适，大家聆听、畅谈，气氛逐渐活跃。就在此时，意外发生了。一位德国女士碰倒了面前的盖碗，好在茶汤不多，只是吓到了周围几人。盖碗歪在茶托上，慵懒地晃了几下才停下，我本有机会伸手提前结束它的扭动，但我没有，两个瓷器彼此相扣的声音让我走了神，想到了公元 8 世纪末期一场类似的意外。于是我把那个故事讲给了大家。

李唐王朝中后期，大户人家有位千金小姐，喝茶时担心杯盏会烫到自己的纤纤玉指，于是取了个碟子放在下面托住茶盏，但由于碟子上的釉制太滑，茶盏还是不小心倾覆了。姑娘并没有因此不悦，命人取来蜡融化，之后利用融蜡绕着盏底足点了一圈，果然将杯子固定其间。初试成功后，她又招呼工匠用大漆取代蜡，整个器物因此更加端庄。姑娘的父亲听后非常骄傲，向来访的宾朋介绍女儿的发明，盏托就这样被普及开来。[6] 推广初期，富人家制作了风格各异的盏托，直到宋朝才定型成后世博物馆中的样子。

如今，百家风格的盏托一去不复返，但唐代姑娘的设计仍有机会见到。21 世纪初，我曾有幸在明定陵博物馆见到一件随葬茶具，由上、中、下三部分组成。茶具底托为纯金打造，中间有一圈凸起，这正好可以将中层玉杯的底足卡入其中。不同之处在于，它的杯顶还有一件纯金镂空盖，整体器物变成了不折不扣的盖碗。故事的最后我告诉来宾，无论盖碗底托如何突出，都无法像两宋盏托那样固定茶盏，宋以后它的功能性呈递减趋势，否则也不会在今天出现与唐代相同的尴尬。德国姑娘听后起身，做了一个中国古代女性抱歉的身法，这让本来安静的会场爆发出欢笑，伴随着弥漫在空气中的茶香，松弛了每一位宾客的心神，引领着所有人的思绪，入境大唐茶室。

与不同国家好茶之人交流是件美妙之事，不经意间的一个举动、一席言谈就有可能联通某个历史年代，去感受某一场茶雅集，复刻某一件茶掌故。每当我把这些历史与现实的交汇分享给茶客时，又会以点带面牵出更多有趣的话题。例如，饮茶器具会不会在下一个十年借鉴什么古老的器型；会不会在将来的哪一天，紧压茶又像唐、宋那样成为主流；茶道在未来有可能回归到煎茶仪式吗？我的答案是：当更多学科的专业学者开始了解茶本质，更多艺术领域专家开始探索茶世界，一切皆有可能。

注释：

[1] 通常情况下，可以冲泡 5—7 泡，甚至更多，例如，8 克乌龙茶可以冲泡 7 次。投茶量不同是影响冲泡次数的首要原因。此外，茶的类别不同也是另一个重要因素。但不论是投茶量还是冲泡次数都没有硬性规定，因为制茶师的手法和调试的机械也会出现差别，过于精确数据会令泡茶变得教条。品茶口感很重要，体感更重要，只要能令个体身心愉悦就是正确的计量。

[2] 参见（清）袁枚《试茗》，载高泽雄、黎安国、刘定乡编《古代茶诗名篇五百首》，湖北人民出版社 2014 年版，第 233 页。

[3] 将泥料放入球筒内击打 48 小时，使之变成细泥浆。之后，将含有石蜡的泥浆加热注入石膏模中，冷却后脱模，便可得到壶坯。注浆壶制作时间只需几分钟，每人每天可以完成 300—500 把，极易满足市场需求。然而，此种壶毫无工艺可言，还会令壶体失去透气性。

[4] 参见（明）周高起:《阳羡茗壶系》，载朱自振、沈冬梅、增勤编著《中国古代茶书集成》，上海文化出版社 2010 年版，第 462 页。

[5] 参见故宫博物院武英殿展墙文字说明。

[6] 该故事出自（唐）李匡乂《资暇集》，更多内容见本书第二章“容声色纳寂寥”。

横行世界的“短裤茶”

（对未来的期盼）

21世纪初期，当我为世界各地茶客宣讲茶文化、冲泡工夫茶时，大家仍会惊呼“天哪，绿茶原来是这个颜色、这个味道”。可怕的是，这个比例在没有到访过中国的人群中近乎是100%。虽然红茶也时常让众人发出此种惊叹，但惊讶程度相对较低，“全发酵”红茶的氧化步骤多少会在其变质时遮掩部分气味。大多数当代茶在不加入任何添加剂（物）时，连最基本的摄入原因——好喝的饮品都无法满足，它们到底是怎么了。究其原因，是四个外力共同作用的结果。

北非人可以不喝薄荷茶

15年前，当我刚刚踏上留学之路时，行囊里塞满了各种不会被罚没的食品，干燥木耳、黑芝麻糊、辣酱，当然还有同仁堂感冒冲剂。不仅是我，相信各年龄段华人都可以轻而易举地用中国特产塞满皮箱。今天，这件事发生的概率已经小了很多，唐人街超市里的中国货应有尽有。然而，有一件物品仍保留在大多数中国旅人的行李清单中，它就是茶叶。中国的爱茶之人，尤其是资深老茶客几乎不会去任何国外渠道买茶。用他们的话说："那根本就不是同一种饮品。"这引出了当代茶最普遍又最令人不可思议的问题——茶在前往欧美、澳大利亚等地的物流过程中，大多已变质。

据多年对国际茶叶市场的了解，截至2021年我创作这本书时，也没有任何一个发达国家的任何一个茶品牌，可以保证自己的茶完全是通过空运发往全球——这曾在几年前令我辗转反侧。也就是说，不论这些茶最初是何等品质，最终将会以何等高昂的价格出售，它们都难逃受潮、氧化甚至是霉变的命运。针对这一假设，我曾做过实验。

2018年回国前，所有运往澳大利亚的茶都由我亲自对接国际物流，只采用空运，最慢情况下，至多一周完成运输、清关、投递等工作。每年春茶到店的一刻都令我无比开心，那些叶子仿佛刚刚制作完成一样，不论是色泽还是香气都传递着故土春天的信息。另一方面，茶具我选择海运，动辄两个月以上的运输、清关时间令人烦躁。我曾特意将绿茶、红茶各一包加入茶具货箱，单纯是为了比较运输对茶质量的影响。结果是：我根本没有勇气去喝那包绿茶，它的叶片已经出现土黄色斑点，干茶的味道像是陈腐了两三年。红茶相对好一点，从外观上看不出太大区别，但是味道不再微甜，而是带有一股奇怪的苦味，那不是天然的味道，更像是一些生化反应后的生成物。

前段时间，我认识了一位北非某航空公司的驻华负责人，有幸为他上了一系列茶课。当然，我也听他讲自己家乡的茶故事。他的夫人一直都是中国茶热忱、忠实的品饮者。在摩洛哥、阿尔及利亚、突尼斯这些地中海南岸的非洲国家，各国北部地区几乎都喝同一种茶，一种由中国珠茶（Gunpowder）与当地新鲜薄荷以及另一些添加物组成的混合茶。我的朋友告诉我，他妻子在陪他来中国工作前，一直受困于能否买到新鲜薄荷叶，她甚至还准备带上自己的珠茶，后经我朋友的劝说，终于放弃了把它带回原产国的想法。

等他们来到中国，发现这里的新鲜薄荷叶确实没有本国好找，但更难买到的则是珠茶，这里的人似乎从未听说过这种茶。于是，这位夫人不得不尝试像中国人那样喝绿茶——一杯除了茶叶不添加任何杂物的饮品。从那一刻起，她再未尝试用其他方法喝绿茶。好巧不巧，她也说出了与中国留洋者同样的话："那根本就不是同一种饮品。"好茶在中国的定义是一季作物，只能在春天收获。因此，高品质茶园也只生产一季茶，甚至可能在一个月内完成全年工作。跨国茶贸易公司来中国采购，往往要找到专门的外贸茶企，原因是春茶对它们用处不大，它们只在乎价格最低廉的夏茶、秋茶。这些茶在中国内地鲜有销售，却是加工珠茶的原料。

国际采购商除不考虑茶品质外，运输存在更大问题。北非与中国西北部地区牧民的饮食结构出奇地一致，都以羊肉作为基础食物。所以，黑茶显然比绿茶更符合他们助消化的需求。正是基于这种需求，才让1200多年前的一幕重演。公元8世纪后期，回鹘人深入大唐，用马换回茶。在几个月长途跋涉后，绿茶经"风餐露宿"逐渐具备黑茶的特质。如今，珠茶在闷热的船舱中经历类似的环境，产生相近的功能。北非人对珠茶如此依赖应该更多缘于功效而非口感，否则也不至于在品饮时添加众多辅料。然而，他们真正需要的是黑茶。绿茶在运输过程中氧化、变质不是21世纪黑茶的定义！这本该有更人道的解决方案。

几年前，我朋友所在的一家湖南茶企曾访问北非、西非各国，它带去的安化黑茶在当地格外畅销，是唯一一类被抢购一空的茶品，这并不让我感到意外。我甚至有一个更大胆的建议，如果把加盐、加奶，制作蒙古奶茶的方法介绍给北非，那里的人应该更少受到胃病的困扰。

伊朗茶商看到的本质

2017 年，澳大利亚茶店迎来了一位伊朗客人，他的儿子在南澳读高中，每年寒暑假他会往返两次看孩子。初到店里，我就感觉他具备一定的茶知识，后来在交谈中得知他和他哥哥都是茶商，主要将印度与斯里兰卡茶贩卖回国。尽管主营南亚茶，但他表示他更偏爱中国滇红。于是我邀请他坐下来，一起品尝店里的这款云南红茶。边喝茶他边给我介绍伊朗当地对茶的喜爱。与中国不同，伊朗人不使用小杯子，一般都会喝加糖的红茶，城市中到处都可以找到茶店，店主人甚至提供到周边写字楼送茶外卖的服务。当滇红沏到第三泡时，他话锋一转开始评论起面前的茶。

出乎我的意料，伊朗茶商了解滇红、阿萨姆红茶、锡兰红茶最初都是以“阿萨姆大叶种”茶树（Camellia Sinensis var Assam）的叶子作为原料，也知道大吉岭红茶是正山小种的子孙，属“中华小叶种”（Camellia Sinensis var Sinensis）。在这之后他向我抛出了两个问题。第一，为什么中国茶可以被冲泡这么多遍，且每一泡的层次都有变化；第二，大叶种与小叶种红茶是否可以采用同一台机械加工，因为印度大吉岭红茶 CTC 机（Crush Tear Curl）与斯里兰卡制茶机械看上去没什么两样。不过，从他的表情我能看出，他并不奢望我能把两个问题解答清楚。我并没有跟随伊朗朋友的节奏，因为那两个问题实际上有同一个原因。在说明之前，为了保证条理性，我简单介绍了一下三个大叶种红茶的研发顺序。

首先，大叶种茶被称作“阿萨姆大叶种”仅仅是因为英国人率先接触到阿萨姆地区的茶树。若是 19 世纪以前，英国人有机会深入“彩云之南”，大叶种茶说不定会以 Camellia Sinensis var Yunnan 命名。19 世纪 10—30 年代，关于“阿萨姆地区存在本地茶树”的消息从传言演变为一系列实地探险。最终于 1834 年确定当地有野生茶树，并就地建立苗圃。1836 年 C. J. 戈登交付了从中国得来的 8 万颗茶种，其中一部分被送到阿萨姆。但由于没人懂得如何加工茶叶，当英国驻印度董事会收到当地人“制作的红茶”时，那种仍是绿色的叶子已经腐败得无法品尝。直到中国茶匠加入，阿萨姆地区才正式出产适合品饮的茶。[1] 锡兰在尝试引入中华小叶种无果后，于 19 世纪 40 年代改种阿萨姆大叶种。然而，今天斯里兰卡岛内大多数茶树已经是后来引进的中华小叶种。

比起以上两茶，滇红的研发时间要晚近百年。原因很简单，云南当地有传统的绿茶、黑茶，但在 20 世纪 30 年代普洱茶市场惨淡，为了加入国际贸易，它不得不转型红茶。上述研发的先后顺序促成了印度、斯里兰卡地区茶叶的口感与耐泡度问题。南亚许多茶叶加工厂的机械运作原理与 150 年前区别不大，尽管零件、设备都有更新，但制茶方法是由当时甚至更早的武夷山小叶种红茶技师教授，并不是为醇类、醛类物质含量高的大叶种红茶量身打造。滇红是由吸收了福建、安徽、江西等地先进红茶加工经验，并深入了解大叶种茶树品性的茶匠反复实验后的茶品。此外，它并非一成不变，滇红的口感在创造后的近百年间一直都处于完善阶段。我 15 岁和 30 岁喝的滇红在外形、口感、汤色、回甘上都不尽相同。

而这样的变化也不单单存在于滇红的制作。今天，中国有几百种具备一定受众群体的茶品，它们都是经几代甚至数十代人反复尝试、反复摸索后的产物。不要说几十年、上百年，即便 5 年内也很少有茶的制法全然不变。虽然是师傅将制茶技艺传给徒弟，但徒弟永远不会照本宣科。尽管当代大多数茶都是机械或半机械加工，但机器几乎每年都要微调，以保证更符合茶性，更加贴近手工制作。即便是制茶大师，全手工制作一款高端茶，也会听取消费者的建议。就在这些变化、微调、聆听中，每一台机械、每一个手法都会做出针对性调整。

不要说叶种有差别，就是同一款茶香气不同，制作过程也存在很大差别，萎凋[2]时间可能更短、杀青加入的茶油可能更多、“走水”[3]程度可能更大、焙火温度可能更高，灵感随时可能出现。正是这些相对孤立的制作尝试与茶师私下的心得交换，造就了中国茶味道的持久与层次的多变。上述条件任何一项都无法在其他国家找到。印度的茶农只管采茶；斯里兰卡种植园主专注茶产量；到肯尼亚采购茶原料的买手判断口感与价格，制茶交给机械。这些在一线与茶接触最频繁的工作者除了茶农就是商人——人不识茶、茶不识人——制茶技艺的改善与进步成了最大的短板。伊朗茶商在遍尝各种红茶后，虽然想不出口感不同的原因，但道出了质量存在差异的本质。

德国夫妇不爱拼配茶

除了附录《将时空串联的液体》中提到的 Bill 老先生之外，有一对德国夫妇同样是第一批光顾茶店的客人。他们在四年时间里品尽了店里的茶，听了很多我讲的茶故事，也向身边许多朋友推荐了茶店。就连他们 3 个人高马大的儿子也成了茶店值得信赖的推广者。每次圣诞节回德国探亲前，他们一家五口都会同时出现在店里，为各自亲友挑选茶礼物。

德国夫妇都是工程师，工作日很忙，但每当周末来购物时，他们都会坐下来与我共饮几盏茶。他们告诉我，在他们德国的家乡没有很深厚的饮茶习惯，他们在此之前从未用这样小的杯子喝“真正”的茶。他们猜测原因可能是没人懂得如何经营茶，并一再强调如果我去了必定会带来一些改变。不仅是饮茶行为，夫妇二人对产品类型也有自己的观点。他们介绍，欧洲很多地区人们都热爱经拼配的花草或果味茶，但多数反而不关心那里面茶的质量，喝这些“茶”仅仅是为喝甜饮找一个听起来健康的说法。德国夫妇认识到了当代发达国家茶产品的根本弊病。

拼配茶在 21 世纪全球每一个都市大行其道。坦率地说，它是茶花开遍寰宇 100 多年后，国际茶品质量仍旧止步不前的罪魁祸首。我并不认为添加一些糖分或是果料会令饮茶变得不健康，但这些味道会覆盖茶本来的品质，不论这种品质是优秀的还是低劣的。茶在种植、加工、运输、仓储任何一个环节可能出现的问题，都会以味蕾形式反馈给消费者。然而，一甜遮百丑，如果遮不住就再提高点含糖量，或掺入些香气更大的花蕊、果料。英国伯爵红茶

（Earl Gray）的配方永远都不会像故事中说的那样——来自中国清代官员，因为中国人从不把任何花、果的油提炼出来喷入茶中，包括香柠檬（bergamot）。更重要的是，向茶中拼入其他杂质，自茶学兴起的那一天就备受鄙夷。茶圣陆羽在一千两百年前就曾指出：如果用葱、姜、枣、橘皮、茱萸、薄荷之类调味，反复烹煮，通过搅拌、拉伸、激扬使茶汤嫩滑，或是撇去汤沫使茶汤清澈，那么它将与沟渠之中的废水没有区别。[4]

在中国，唯一听起来像拼配的茗品是广受欢迎的茉莉花茶，但它并不是简单地把茉莉花与绿茶或白茶混在一起，而是在茶叶没有完全烘干前与新鲜茉莉花反复窨香。事实上，高端茉莉花茶几乎看不到茉莉花花瓣，因为它们必须要在干燥前从茶中筛离。不出意料，茉莉花茶在发明之初就是为了遮盖茶叶因过季而产生的异味，人类总会在处理相同问题时想到类似的办法。然而，经过一百余年变迁，茉莉花茶的窨制技艺在不断提升，加工选料丝毫不敢怠慢。高端茉莉银针（Sliver Needle Jasmine）与茉莉龙珠（Jasmine Pearl）甚至要选用上等芽头制作的绿茶或白茶作为原料。

且不说原料等级，拼配茶的配制过程通常不会发生在制茶国家，东非出产的茶很可能要转运到西欧后再行加工。干茶不可能在拆箱、拼配过程中不吸附潮气，如果是碎茶则情况更糟。其实，碎茶本身就是怪异的存在。在中国 2000 多年的制茶史中，从未出现过碎茶。尽管宋代品饮末茶，但那只是应冲点需求，在品饮前才会磨碎。尽量保持原叶的原因很科学——碎茶极不利于保鲜，小碎叶与空气的接触面积无限扩展，更易腐蚀、变质。生产碎茶无非是要让茶看起来规格一致，如此操作消费者将无法分辨原料是茶芽还是粗大的老叶，毕竟每年只有两个月产芽，而其他月份都只长叶。

2018 年回国前夕，正赶上德国夫妇来店里找我辞行，原来他们也准备离开南澳回到德国——那个阔别 20 年的家乡。那天我们聊到彼此年轻时喝茶的情况，他们表示，之所以早年不喝茶正是因为不觉得喝拼配茶有什么意义——茶不好看、果不新鲜。他们坚信身边有这种想法的人不在少数。他们描述“今日的欧洲对于茶就像立起了一堵密不透风的墙，隔绝了一切好茶的香气”。他们愿意为这堵墙敲一个小洞，让更多人了解茶的真实情况。尽管这种传播能量不大，但足以令我感动至极。

刁难需要化解

在一线经营茶店的四年半时间里，偶尔会碰到不为购物，只为让我回答一些问题的客人。他们的问题通常很尖锐，有时令我哭笑不得。起初，问话者态度中带着的那份傲慢令我非常反感，然而修炼时间久了，面对那些略带无礼的行为，我也可以统统化解，我确信它们只是因误会而起。

出现概率最高的问题是：“我只买有机茶，你们的茶是否有机？”答案其实很清楚——不是，否则必定会标注在包装上，只要买过一次有机茶就会知道。这样的问题已经不像是以购买为目的，通常更像基于一些比较阴暗、我不愿去想的原因。我本不喜欢与人争辩，因此都会目送他们面带满足地走出茶店。

“有机”代表一种高规格的食品卫生标准，然而另一方面，它也是一整条产业链。制定有机规则的机构与按规则开发土壤、施洒农药的种植园，无疑需要“有机认证商标”为他们带来实质的经济效益。中国在近些年开辟了很多新型有机茶园，尤其是在贵州的崇山峻岭间，那里的山场像近代新兴的产茶国一样——此前从未落户过茶植物。然而，中国高端茶产地对雇用“有机认证”团队没有需求，他们不需要这种标准为自己的茶提高身价，而他们的茶除了售卖给东亚、东南亚国际市场高消费人群之外，通常不会走出国门。我可能是第一批选择在国外销售此类茶品的人。

在此，我也向世界各地爱茶的朋友发出邀请，希望大家有机会来中国武夷山、黄山、蒙顶、狮峰山、祁门、布朗山、曼松王子山、君山、碧螺峰、太姥山、恩施游历一番，看看那里的春茶是如何在纯天然的环境下生长。毕竟农药、化肥这类化学、生物药剂，无论无机、有机都是近两个世纪甚至近几十年的产物，比起茶那两千多年的历史，它们都太年轻了。有机仅是确保茶叶卫生标准的方法之一，和茶树土壤是否肥沃、叶片内容物是否丰富、采集时令是否合理、加工技艺是否高超这些好茶的评定标准没有任何关系。而国际市场正是通过强调卫生标准掩盖做不出好茶的事实，将消费者成功带离正确的思考逻辑。

出现概率第二高的问题是：“你们的茶符合公平交易吗？”实话实说，在澳大利亚经营茶店前我从未听说过这个名词，在多次被客人教育之后，才开始有些概念。后来，当我读了莫克塞姆先生的《茶：嗜好、开拓与帝国》一书，才真正理解为何会有此一问。该书第三、四、五章中对印度、斯里兰卡早期茶园中无数“苦力”的记述，曾让我窒息。透过书卷我仿佛能闻到在“路旁水沟中尸体腐烂”的气味。有时场面太过揪心，都需要深呼吸、整理一下思绪再阅读。直到20世纪早期，阿萨姆、加尔各答、锡兰原野中的苗圃一派蓬勃生机，而道路两旁仍随处可见“生病、濒死或已死的工人”。在中国，形容古代战争残酷有一句诗是“一将功成万骨枯”，没想到它也曾适用于开辟茶园这等农事。

即便到了近代，第三世界国家种植园中茶农的收入依然微薄，生活条件依旧难以想象。茶叶采集者一家八口生活在不足十平方米的房间中，在印度屡见不鲜，非洲茶叶种植园中对“劳动力出卖者”的霸凌事件也是层出不穷。但茶农在中国——除了那些挨饿的年代——从未有过如此遭遇。事实上，当19世纪东印度公司派C. J. 戈登前往中国收集茶种、茶树并招募栽培、加工专家时，他就发现，招募到合适的中国人是一件十分困难的事。原因在于熟练的茶叶工人在中国待遇很高[5]，他们不仅是农民更是技师。当代茶师在中国的地位进一步提升，他们受尊重的程度不亚于教师，收入也远超体面。因为客人喜欢他们的茶而产生的满足感，更激励他们不断尝试、不断进取。

前段时间读到一本名为《史诗之城》的书，该作讲述了英统时期印度首都——加尔各答如今的社会面貌。在第八章中，作者库沙那瓦·乔杜里先生收录了一桩当地报社的茶故事。

作者本人曾是加尔各答知名报社——《政治家报》的编辑。报社每天安排茶水服务生分4次为编辑、记者奉茶，服务生均需身着体面的白色制服。每到傍晚时分，报社车间的印刷工人陆续上班，另一批奉茶者也随即登场。从穿着打扮上就能区分两组服务生，为车间工人服务的一批大多穿短裤。茶品质量同样有区别，为编辑们准备的茶相对可口，而为工人们冲泡的茶又浓又甜，旨在增进其肌肉力量。因此，那些茶被戏谑为“短裤茶”。[6] 按照规定，编辑与工人不得彼此交换饮品，双方也就没有机会品尝另一阶级的茶。然而事实并非如此，工人们确实不妄想得到高品质茶，编辑们却可以在晚上通过半卢比换得一杯“短裤茶”。这个报社的故事不禁让人联想到当代国际茶叶市场，简直可以说是它的缩影。

有一些无声的规则与利益正在令全世界绝大多数茶品沦为“短裤茶”。可悲的是，直到现在多数饮茶人也没有机会知道茶真正的味道。如果茶真是棉布茶袋里那些暗色的碎末，不混有果料或大壶加糖便苦涩难当，它如何可以在存世数千年后依然被传颂，又有什么值得保留的价值呢？当代“普遍”的茶触犯了太多不该出现的禁忌，让甘纯鲜爽、小杯饮啜、涤荡身体、自我沉淀、独自品悟这一系列从身体到心理的感受无从谈起，不失为一场时代的讽刺剧。但愿有一天，这个世界真能实现：好茶不分国界，品饮不负时光。

注释：

[1] Subodh Kapoor, *The Indian encyclopaedia*, COSMO Publications, 2002, pp.6989-6990. “In 1834...As it had been found in a wild state in Assam, the committee proceeded thither, established nurseries, and organized a sort of exploring service under Mr. C.A Bruce...A sample of the produce of the new gardens was sent to the Directors in 1836, but it arrived in such a mouldy condition, that it could not be tested.

It is said that his specimen merely consisted of green leaves... It was necessary to introduce Chinese tea-makers and artisans...Assam tea were forwarded to the Court of Directors in the years 1838-39, and were found, on arrival to be of excellent quality, and commanded very high prices in the open market."

[2] 鲜叶晾晒或在室温中脱水步骤的名称。

[3] 让叶梗中的芳香类物质进入茶芽、嫩叶中的制作步骤的名称。

[4] 参见（唐）陆羽《茶经》，载朱自振、沈冬梅、增勤编著《中国古代茶书集成》，上海文化出版社 2010 年版，第 10 页。原文："或用葱、姜、枣、橘皮、茱萸、薄荷之等，煮之百沸，或扬令滑，或煮去沫，斯沟渠间弃水耳。"

[5] 参见［英］罗伊·莫克塞姆《茶：嗜好、开拓与帝国》，毕小青译，生活·读书·新知三联书店 2015 年版，第 89—90 页。

[6] 参见［美］库沙那瓦·乔杜里《史诗之城：在加尔各答的街头世界》，席坤译，中国社会科学出版社 2020 年版，第 205—206 页。

后　记

弥补父母的亏欠

我能在童年与茶结缘，得益于家长的饮茶嗜好。我的父母在20世纪80年代末下海经商，工作很忙，交际面很广，也因此获赠了不少各地名茶。90年代中后期，在北京以茉莉花茶为绝对主力时，我家已是西湖龙井、碧螺春满冰箱。记得那是暑假中一个酷热难耐的下午，我拿出爸妈常喝的西湖龙井，还有冰箱旁边的喜力啤酒，一口气喝了个痛快。我的回忆定格在开始很苦，后来更苦，然后就没有然后了……在很长一段时间里，苦是我对茶唯一的印象。没过几年，家里又出现了大红袍与普洱，我更加确信，颜色深的茶就是苦药汤子。

2006年，父母突然安排我去澳大利亚留学，这个决定让我始料未及。父母跟我解释，“留学”是他们的一个梦。2009年我在南澳弗林德斯大学（Flinders University）计算机系毕业，本以为梦该醒了，谁知他们告诉我，他们的梦才刚刚开始。“我们做了这么多年的外贸生意，在跟外国朋友介绍咱们中国时，始终有种亏欠，对祖宗与后代的亏欠，对文化传播的亏欠，我们希望你能把它补上，这是当年送你出去的主要原因之一。”本以为会在2010年成为“数据猿”的我，怎么也没想到会在这一年捧起茶书，“重启学业”。

就着仅有的资源与在大学不错的人缘，我写了一个程序，进行了一波“大数据”测量。运算的结果是：当地人与多国移民对中华民族“一个半”文化感兴趣，一个完整的是“茶叶”，半个是“瓷器”，原因在于瓷器知识难度比较大、学习成本比较高。自那之后，我开始对这“一个半”兴趣点进行系统梳理。2010年的茶书，普洱茶的名山头没有今天多，村寨没有今天分得细；福鼎银针与政和银针还难分伯仲；祁门红茶仍被视为英国早餐茶（English Breakfast）的高级原料；凤凰单枞的香型中没提“鸭屎”。不得不承认，当时我确实没有多少可以借鉴的茶、瓷资料。

2014年3月，经过一系列统筹与规划，我的Tlife（品茶品生活）品牌在南澳大利亚州最有格调的街道——“The Parade”问世。门店的每一张设计图都由我亲手绘制，每一件瓷器历史都由我翻译校对，每一个货架高度与展柜距离都有它适合当地人群的原因。我本以为这家史无前例的店铺会在当地一炮走红，谁知除了对当地报社的吸引之外，它似乎并未被本土客人接受——他们认为这家店只属于中国人。我平生第一次对中国文化的欠认可度产生切身体会，然而这种体会，需要付出代价。

夭折的第一本书

开店的前半年，我爱上了《资治通鉴》。起初我把它当成了解从周威烈王到宋初历史面貌的“高铁”，寄希望于一本书读懂茶叶问世阶段的千年背景。后来我才知道，它的意义远不止于此。在门可罗雀的日子里，在无人问津的7个月中，我需要它告诉我，我还活着，不曾荒废，不曾辜负，有存在于这个世界的理由。那是一段令人窒息的光阴，一场没有笑容的岁月。在这场哭笑不得的挣扎中，我有了更多的精神寄托——《后汉书》《三国志》《新唐书》《中国通史》《全球通史》《枪炮、病菌与钢铁》等。

2015年，随着茶店步入正轨，我开始着手开设茶课，写茶类公众号文章，陆羽《茶经》自然成为必不可少的话题。在一连串前期创作后，我决定将《茶经》还原到它创作的年代，翻译、讲解、提炼，系统成文。别看只是区区几年前，那时线上、线下能查阅的茶学资料极其有限。还记得有一次凌晨3点，在检索陆羽提到的茶史文案时，在经过几小时的日语自学后，我终于在日本早稻田大学数字图书馆找了关于那条文献的影印原文。在一番振臂高呼与手舞足蹈后，我对着那20个字呆坐了很长时间，百感交集，久久不忍关闭网站。在一次家人帮我清理书房桌子时，看着抹布上的头发，打趣道：“你写的书不在电脑里，都在我手中的抹布上。”

2018年年中，在译注《茶经》的同时，由于父母的一些原因，我回到北京，茶店继续营业，书籍也照旧撰写。后来，在带队前往浙江、福建、日本京都完成茶旅研学后，我积累了更多心得，也终于在2019年年中完成了对书稿的第5次改动。然而，经过前后4年的创作，那本解读《茶经》的书却因众多出版社编辑都以内容生动性不足遭到婉拒，最终未能出版。这条伤疤整整一年才愈合，愈合的原因是我决定写另一本书，一本能出版的书。

《光阴一叶》需要感恩

2020 年 9 月，我在电脑里敲下了新书的第一行字。我已经记不清它具体是什么内容，因为它已经被推翻、重写了数十遍。我时刻告诫自己，这本书是为研究者所写，但更是为众多喜爱历史、喜爱茶知识的读者所作。创作的前半年，我会要求或央求我的夫人——张欣女士对每一个段落进行评判。我最不愿意听到的，也恰恰是她最常说的一句话是："听起来很专业，但很乏味。"我在懊恼、自嘲与愤怒中一遍遍整段删除，常会因文字逻辑安排而在深夜惊醒。打开电脑，删删改改，直到有一个版本在第二天能取悦这本书的"第一位读者"为止。在这里，我想感谢张欣女士精彩的建议与时刻的包容。

从 2021 年 4 月到 11 月的 7 个月中，中国国家图书馆就是我的"办公地点"。除国图每周一法定的休息日外，我几乎从未缺席，以至于工作人员见了我都会友好地打个招呼。感谢中国国家图书馆强大的馆藏资料，《光阴一叶》这本书中多部权威文献与图片都来自那里，即便某些内容在中文书籍中无法找到，它的日文与英文文献也从未让人失望，它的文津路古籍馆更是让我肃然起敬，每每去那里查阅线装书，都有种"朝圣"的感觉。

2021 年年底，在完成了书稿的第 2 轮写作后，我开启了一段新工作。经常需要在焦头烂额的工作之余，抽出时间，继续完善。同时，我忐忑且慎重地向文化艺术出版社投递了样章。也许是缘分所致，也许是出版社的编辑老师们眷顾，2022 年正月刚刚复工，我就收到了编辑王奕丹老师的电话，告诉我书稿被列入选题会。半个多月后的3月3日，当王编辑告诉我选题通过，可以开始正式出版流程时，拥有多年海外创业经历、本以为可以波澜不惊的我，竟然内心也开始颤抖。没想到这份感动只是刚刚开始。日后，董良敏、王奕丹、吴梦捷、袁可华老师对书稿视如己出，每次交流都令书籍轮廓更加清晰，令引文出处更加规范。

《光阴一叶》的完整度还要感谢日本福冈的山口惠女士，若不是她利用休息时间到九州福冈图书馆查阅资料，本书将在日文文献上留下遗憾。还要感谢陕西宝鸡法门寺一位没有透露姓名的负责人，他对地宫挖掘的讲解与相关书籍的转发，让我在撰写该章节时更加从容。图片方面，需要感谢摄影家徐家树老先生、国家图书馆“社科咨询室”成斌琴老师、陕西西安大兴善寺、北京王丹妮女士、日本宇治丸久小山园、北京石晓龙先生。感谢各位无私贡献的照片，或编辑图片的时间。正是由于上述各位的帮助，才让《光阴一叶》更加鲜活、更加立体。

在近些年宣讲茶的过程中，有一件事始终让我牵挂。许多茶友都曾表示想了解除了茶叶名称、茶叶口感之外的茶事、真实的茶历史。他们表现出的求知欲让我既兴奋又自责。我也曾推荐过一些互联网好评茶书，得到的反馈是那些作品的茶史章节没有出处、缺乏根据，而其中的故事听上去就不够真实。茶道、茶史并非一场雾里看花，但若是梳理不清，就难以深入人心，更难把它的身世讲给全世界。

一谈到历史，内容取舍是个大问题。篇幅庞大、包罗万象确实可以看起来更加权威，但内容过多、过于分散，不利于读者吸收，传播效果差。《光阴一叶》正文精简到14万字，写给广大读者；注释2万余字，写给希望从事茶学研究的朋友。此外，本书选取的绝大多数文献资料来自史书或跨学科书籍，务必做到言而有据。

茶应该是中国最不需要附加渲染的文化之一，只要能把它真实地继承下来、传播出去，就足以彰显它的伟大。当今中国国际化步伐不断前行，中外交流愈加频繁，世界也对中国传统文化越来越感兴趣，茶无疑是最受瞩目的题材之一。能为弘扬中国茶文化贡献自己的力量，我定当尽心竭力。

高　鹏

2022年8月